"十四五"时期国家重点出版物出版专项规划项目

智能建造理论·技术与管理丛书

一流本科专业一流本科课程建设系列教材

装配式结构设计

张艳霞　李杨龙　编著

机 械 工 业 出 版 社

本书根据我国现行装配式钢结构和装配式混凝土结构相关标准、规范编写，主要介绍了装配式建筑结构体系分类、构造要求和设计方法等，并提供了相关的结构设计案例，内容完整、新颖和实用。

本书共分 10 章，主要内容包括：绪论、装配式钢结构体系的特征、装配式多高层钢结构设计与分析、钢构件及节点设计与验算、装配式钢结构楼屋盖和墙板体系、模块化钢结构房屋体系、装配式混凝土建筑结构设计、装配式建筑的评价体系、多层装配式钢结构办公楼设计算例、钢框架-防屈曲钢板剪力墙结构设计算例。

本书可作为高等学校土木工程、智能建造等相关专业的教材，也可作为相关工程技术人员的培训教材，还可作为政府部门、设计单位和研究机构人员的参考书。

图书在版编目（CIP）数据

装配式结构设计 / 张艳霞，李杨龙编著. -- 北京：机械工业出版社，2025. 1. --（智能建造理论·技术与管理丛书）（一流本科专业一流本科课程建设系列教材）.
ISBN 978-7-111-77362-7

Ⅰ. TU370.4

中国国家版本馆 CIP 数据核字第 2025HR3033 号

机械工业出版社（北京市百万庄大街 22 号　邮政编码 100037）
策划编辑：林　辉　　　　　　责任编辑：林　辉　高凤春
责任校对：王荣庆　李　杉　　封面设计：张　静
责任印制：任维东
三河市航远印刷有限公司印刷
2025 年 6 月第 1 版第 1 次印刷
184mm×260mm·14 印张·343 千字
标准书号：ISBN 978-7-111-77362-7
定价：58.00 元

电话服务　　　　　　　　　网络服务
客服电话：010-88361066　　机　工　官　网：www.cmpbook.com
　　　　　010-88379833　　机　工　官　博：weibo.com/cmp1952
　　　　　010-68326294　　金　书　网：www.golden-book.com
封底无防伪标均为盗版　机工教育服务网：www.cmpedu.com

前　言

新型建筑工业化的基本特征主要包括设计标准化、生产工厂化、施工装配化、装修一体化、管理信息化五个方面。装配式建筑是新型建筑工业化的代表之一。2022 年，住房和城乡建设部发布了《"十四五"建筑业发展规划》，明确要大力发展装配式建筑。为满足新形势下建筑业人才培养的需求，我国高等学校开设智能建造本科专业的数量不断增多。但是，智能建造专业建设和人才培养仍存在课程体系不健全、教材体系不系统、师资队伍不完备等问题。

本书根据我国现行装配式钢结构和装配式混凝土结构相关标准、规范编写，全面参照了国家系列通用规范，主要介绍了装配式建筑结构体系分类、构造要求和设计方法等，并提供了相关的结构设计案例。

本书主要内容包括：绪论、装配式钢结构体系的特征、装配式多高层钢结构设计与分析、钢构件及节点设计与验算、装配式钢结构楼屋盖和墙板体系、模块化钢结构房屋体系、装配式混凝土建筑结构设计、装配式建筑的评价体系、多层装配式钢结构办公楼设计算例、钢框架-防屈曲钢板剪力墙结构设计算例。本书设置的典型装配式结构设计算例，可用于指导学生的装配式结构课程设计，强化教学实践环节，使得本书能够更好地满足新时代土木工程、智能建造等专业的人才培养的需要。

本书第 1~5 章和第 9、10 章由张艳霞编写，第 6~8 章由李杨龙编写。

感谢研究生王旭东、张昊、孙涛、崔议丹、林正奇、王凝、吴延辉为本书插图和例题所做的工作。

限于编著者水平，书中不足之处，希望读者给予批评指正。

编著者

目　录

前言

第1章　绪论 ………………………………………………………………………… 1

1.1　装配式建筑的发展历程 …………………………………………………… 1

1.2　装配式建筑的基本概念 …………………………………………………… 9

1.3　装配式建筑的发展前景 …………………………………………………… 12

第2章　装配式钢结构体系的特征 …………………………………………… 14

2.1　钢框架体系 ………………………………………………………………… 14

2.2　钢框架-支撑体系 ………………………………………………………… 16

2.3　钢框架-阻尼器体系 ……………………………………………………… 18

2.4　钢框架-屈曲约束钢板剪力墙体系 ……………………………………… 24

2.5　钢框架-混凝土核心筒体系 ……………………………………………… 25

第3章　装配式多高层钢结构设计与分析 ………………………………… 27

3.1　多高层钢结构材料选择 …………………………………………………… 27

3.2　多高层钢结构设计基本规定 ……………………………………………… 28

3.3　荷载与作用 ………………………………………………………………… 34

3.4　结构计算分析 ……………………………………………………………… 36

第4章　钢构件及节点设计与验算 …………………………………………… 44

4.1　构件设计与验算 …………………………………………………………… 44

4.2　节点设计 …………………………………………………………………… 48

第5章　装配式钢结构楼屋盖和墙板体系 ………………………………… 67

5.1　钢筋桁架楼承板的构造与计算 …………………………………………… 67

5.2　叠合板的构造 ……………………………………………………………… 80

5.3　外围护墙板的构造与连接 ………………………………………………… 82

5.4　内隔墙的构造与连接 ……………………………………………………… 84

第6章　模块化钢结构房屋体系 ……………………………………………… 88

6.1　概述 ………………………………………………………………………… 88

6.2　常见体系 …………………………………………………………………… 88

6.3　模块化集装箱式房屋 ……………………………………………………… 90

6.4　模块化框架箱式房屋 ……………………………………………………… 103

第7章　装配式混凝土建筑结构设计 ………………………………………… 112

7.1　装配式混凝土建筑结构基本规定 ………………………………………… 112

7.2　装配整体式剪力墙结构 …………………………………………………… 116

7.3 装配整体式框架结构 ···················· 124

第8章 装配式建筑的评价体系 ········· 131

8.1 装配式建筑的评价标准 ·················· 131
8.2 基本规定 ···································· 131
8.3 装配率计算 ································ 132
8.4 评价等级划分 ···························· 135

第9章 多层装配式钢结构办公楼设计算例 ··· 136

9.1 项目概况 ···································· 136
9.2 结构布置 ···································· 136
9.3 预估截面尺寸及模型建模 ·············· 138
9.4 结构参数定义 ···························· 144
9.5 结构模型分析 ···························· 147
9.6 构件与节点设计 ·························· 153
9.7 施工图绘制 ································ 165

第10章 钢框架-防屈曲钢板剪力墙结构设计算例 ··· 169

10.1 项目概况 ·································· 169
10.2 结构选型与结构布置 ·················· 170
10.3 结构基本信息 ·························· 172
10.4 模型建模 ································ 172
10.5 结构模型分析 ·························· 176
10.6 防屈曲钢板剪力墙节点设计 ········· 184
10.7 施工图绘制 ···························· 186

附录 ·· 190

附录A 常用型钢规格表 ···················· 190
附录B 螺栓和锚栓规格表 ·················· 205
附录C 钢材、焊缝和螺栓连接强度设计值 ··· 209
附录D 混凝土和钢筋材料力学指标 ········· 212
附录E A型钢筋桁架楼承板选用表 ········· 213

参考文献 ···································· 216

第1章

绪　　论

　　随着社会的不断发展和进步，建筑行业也在不断创新和改革。在传统的建筑施工方式中，需要进行大量的现场作业，消耗大量的人力和物力资源，而且施工周期长、安全隐患多、环境污染严重。因此，为了解决这些问题，装配式建筑成为当今建筑行业的一个重要发展方向。装配式建筑是用预制部品部件在工地装配而成的建筑，是新型建筑工业化的代表之一。新型建筑工业化的基本特征主要包括设计标准化、生产工厂化、施工装配化、装修一体化和管理信息化五个方面。这种工业化生产方式可以最大限度地节约建筑建造和使用过程中的资源、能源，提高建筑工程质量和效益，并实现建筑与环境的和谐发展。自2016年国务院办公厅印发《关于大力发展装配式建筑的指导意见》以来，以装配式建筑为代表的新型建筑工业化快速推进，建造水平和建筑品质明显提高。在住房和城乡建设部发布的《"十四五"建筑业发展规划》中明确，要大力发展装配式建筑。构建装配式建筑标准化设计和生产体系，推动生产和施工智能化升级，扩大标准化构件和部品部件使用规模，提高装配式建筑综合效益。首先，发展装配式建筑有助于大幅度降低建造过程中的资源、能源消耗。有数据统计显示，相较于传统的现浇建造方式，装配式建筑可节水、节约抹灰砂浆、节约模板木材、降低施工能耗等。其次，发展装配式建筑有助于减少施工过程造成的环境污染。这种装配式的新型建造方式可显著降低施工粉尘和噪声污染，大量减少建筑垃圾。然后，发展装配式建筑有助于提高工程质量、安全和劳动生产效率，缩短综合施工周期，不仅能确保部品部件质量，提高施工精度，大幅度减少建筑质量通病，还能够减少事故隐患，降低劳动者工作强度，提高施工安全性。同时，发展装配式建筑有助于促进形成新兴产业，促进建筑业与工业建造产业及信息产业、物流产业、现代服务业等深度融合，对发展新经济、新动能、拉动社会投资、促进经济增长具有积极作用。本章将着重介绍装配式建筑的发展历程和应用情况，并分析其未来发展前景。

■ 1.1　装配式建筑的发展历程

　　本节对装配式建筑的起源及发展历程进行了全面梳理。从17世纪向美洲移民时期所用的木构架拼装房屋，到1851年伦敦建成的用铁骨架嵌玻璃的水晶宫，装配式建筑的历史悠久。在经历了阶段性发展后，装配式建筑在20世纪得到了广泛关注。我国自20世纪50年代开始尝试借鉴国外经验，推行装配式建筑。如今，装配式建筑在我国已取得长足发展，形成了以装配式混凝土结构和钢结构为主的发展格局。

1. 1. 1　国外发展概况

装配式建筑的发展起源可追溯至 17 世纪，当时美洲所用的木构架拼装房屋就是一种装配式建筑。1851 年伦敦建成的用铁骨架嵌玻璃的水晶宫是世界上第一座大型装配式建筑。第二次世界大战后，欧洲国家以及日本等国家房荒严重，迫切要求解决住宅问题，这促进了装配式建筑的发展。装配式建筑符合绿色建筑节能环保要求，同时具有功能多样化、施工装配化、设计多样化、标准化、装修一体化等显著特点，近年来国外如美国、欧洲等国家和地区在装配式建筑领域的发展具有较长时间的积累和实践经验。

1. 19 世纪

1833 年，美国人奥古斯汀·泰勒在建设教堂时创新使用了预制框架，开启了预制式建筑的新时代。19 世纪，英国殖民扩张推动了建筑钢铁制造业的发展，使得预制部件在车间生产和组装。1871 年芝加哥大火后，钢铁结构建筑诞生，为现代建筑学奠定了基础。英国工程师约翰·斯米顿重新应用混凝土。1824 年，英国人 J. Aspdin 获得"波特兰水泥"专利。19 世纪中期，约瑟夫·莫尼尔制造出钢筋混凝土花盆，并在 1867 年获得专利，建造了首座钢筋混凝土桥。混凝土与钢筋的结合使得高楼大厦的建设成为现实。

2. 20 世纪初

在技术创新和原材料多样化的推动下，混凝土实现了功能丰富的应用。1908 年，托马斯·阿尔瓦·爱迪生创新性地发明了钢筋混凝土房屋原型，利用铸铁模板技术生产出单次浇筑（Single-pour）房屋。斯图加特住宅展览会上装配式独立住宅、法国莫平·尤金（Mopin Eugene）设计的多层公寓体系等是这一时期装配式建筑的代表性建筑。1930 年，国际现代建筑协会（CIAM）关注最低标准住宅和合理化建筑，倡导大规模工业化建筑，设计了基于混凝土柱和无梁悬挑楼板的开放系统住宅。Cité Frugès 工人住宅项目采用标准化生产和多样化组合，以 5m×5m 模块为基础，通过半单元模块重复组合实现六种户型。项目配有露台、天井和模块化窗户，提供了预留空间。

3. 第二次世界大战结束后

在第二次世界大战之后，由于住房紧缺和民众对住宅需求量的增加，再加上劳动力不足的问题，欧洲开始出现了建筑工业化的趋势。一些有远见的建筑师也在欧美地区推动了以标准化、预制化和系统化为原则的工业化运动。建筑机械化使得大规模生产和使用钢材、幕墙以及预制混凝土构件等装配式房屋成为可能，从而降低了建筑成本，很多企业积极参与其中，并且受到政府的支持。到了 20 世纪 60 年代，建筑工业化已经成为主导的生产模式，在许多经济发达国家（如美国、加拿大和日本等国家）得到了广泛应用。

4. 20 世纪 70 年代后

随着经济快速复苏，在此时期预制与现浇结合的建筑技术得到了广泛应用，并形成主导体系，装配式建筑标准体系也从专用逐渐转向通用。1976 年，美国建立了完善的装配式住宅体系标准和规范，住宅所使用的构件和部件实现了高度标准化、系列化和社会化，大量房屋都采用精标准住房，减少了装修污染，并节约了成本和资源。1980 年，产生了第一代欧洲规范，取代了成员国国家规范。欧洲标准化委员会发布了欧洲规范，并与欧洲标准同等地位。国际结构混凝土协会（FIB）于 2012 年发布了《模式规范》（MC2010），汇集了全球专家成果，建立了混凝土结构全寿命设计方法，推动了装配式建筑的发展。FIB 还出版了大量技术报告，涉及结构、构件和连接节点设计，进一步促进了欧洲装配式建筑的发展。日本在预制建筑领域取得了突破性进展，成功研发了具有整体性抗震和隔震设计的预制结构体系，代表性成果为 2008 年建设的两栋 58 层东京塔楼。目前，日本推广的钢结构住宅体系具有大空间、方便分割、使用钢管混凝土柱和耐火钢梁等特点。

1.1.2 国内发展概况

我国装配式建筑起步于新中国成立初期，由于初期钢年产量不高，国家实行节约用钢政策，钢结构应用较少。20 世纪 50 年代，我国装配式混凝土建筑开始得到研究与应用，在 20 世纪 70 年代、80 年代发展到第一个高峰，广泛应用于单层工业厂房、仓库及居住建筑。20 世纪 90 年代中期，钢产量增长，建设部提出合理采用钢结构方针。随着钢产量的进一步提高和钢结构建筑的积极推广，我国装配式钢结构建筑取得了巨大发展，主要应用于重型厂房、大跨度公共建筑、铁路桥梁及塔缆结构等建筑。随着材料技术、冶炼工艺、加工工艺、工业化程度的进步，装配式建筑又迎来新的发展阶段。

（1）第 I 阶段（20 世纪 50 年代）　我国的装配式建筑进入了起步阶段。早在第一个五年计划期间，我国就大力推动国内建筑行业的标准化、工厂化和装配式施工。这种全新的房屋建筑方式，旨在提高建筑效率，降低成本，满足国家经济建设和人民生活水平提高的需求。1955 年，我国在北京市朝阳区百子湾兴建了北京第一建筑构件厂，1959 年，北京民族饭店（图 1-1）首次采用预制装配式-剪力墙结构，标志着我国装配式建筑正式迈入实施阶段。这一举措不仅为我国建筑行业带来了全新的变革，也为后来的装配式建筑发展奠定了坚实基础。

图 1-1　北京民族饭店

（2）第 II 阶段（20 世纪 60—80 年代初）　多种装配式建筑体系在我国得到了迅猛发展。这是因为当时的建筑标准相对较低，建筑形式单一，便于采用标准化方式进行建造。同时，房屋的抗震性能要求不高，使得预制构件的运用得以普及。此外，整体建设规模较小，预制构件厂的供应能够满足市场需求。而在当时，木模板、支撑体系和建筑用钢筋等资源较为短缺，装配式建筑能够有效地缓解这些资源压力。此外，施工企业采用固定用工制度，预制装配式建筑可以降低现场劳动力投入，提高施工效率。1976 年兴建的北京前三门住宅区（图 1-2）是北京第一个最大单项住宅工程，内墙模板现浇混凝土和外墙预制混凝土板相结合的施工体系。

图 1-2　北京前三门住宅区

（3）第Ⅲ阶段（20 世纪 80 年代末至 21 世纪初）　装配式混凝土建筑在我国的发展曾遭遇停滞。以唐山大地震灾害为例，其中预制装配式房屋遭受严重破坏，结构整体性和抗震性能较差。此外，大板住宅建筑等也出现了渗漏、隔声和保温等方面的使用性能问题。并且，在我国建筑建设规模急剧增长的背景下，建筑设计逐渐呈现出个性化、多样化和复杂化的趋势。为了提高房屋建筑的抗震性能，我国在 20 世纪 80 年代末至 90 年代初开始应用一些低层轻型钢结构装配式小住宅，并在国内取得了一定的应用。在此期间，各类模板、脚手架的应用逐渐普及，商品混凝土也得到了广泛使用，现浇施工技术取得了重大发展。1973 年，北京市朝阳区建国门外大街北侧的 2 栋 16 层塔式外交公寓建成（图 1-3），采用装配整体式框架结构——板、梁、柱及抗震墙等结构构件预制，接头处现浇成整体。

（4）第Ⅳ阶段（21 世纪初至今新发展阶段）　随着我国经济的迅速发展，政府对节能减排、环境保护要求的日益提高，以及劳动力成本的快速上涨，建筑业转型升级势在必行。装配式建筑在北美、欧洲、日本的应用相当广泛，技术成熟，我国对装配式建筑的优越性和可靠性又有了新的认知。

近 10 年来，国内开展了大量装配式关键技术的试验研究，通过工程试点，尤其是近些年来，以高层住宅为主的装配整体式混凝土建筑得到了大量应用。在我国研究和应用装配式

图 1-3　北京市朝阳区建国门外大街外交公寓

混凝土结构住宅方面，已经出现了一些先进企业。例如，万科集团是我国最早探索工业化住宅并拥有 PCF 技术的企业之一；中南集团拥有 NPC 技术体系；安徽的西韦德公司和黑龙江的宇辉集团以及远大住工集团都拥有叠合板式剪力墙技术体系。宝业集团自身就享有"国家住宅产业化基地"的称号，并且已经在绍兴、合肥和武汉建立了三个大型住宅产业化制造基地。一些具有代表性的工程项目，如南京上坊北侧地块经济适用房项目（图 1-4）、北京市金域缇香高层住宅项目（图 1-5）、海门中南世纪城项目（图 1-6）以及北京市大兴新机场首期公租房工程（图 1-7）等，都证明了装配式剪力墙结构体系在我国应用上的成功之处。

图 1-4　南京上坊北侧地块经济适用房项目

图 1-5　北京市金域缇香高层住宅项目

图 1-6　海门中南世纪城项目

图 1-7　北京市大兴新机场首期公租房工程

随着我国钢材产量及质量持续增高，装配式钢结构建筑也逐步应用在住宅结构体系中。例如，浙江大学建筑设计研究院紫金院区 B1 楼（图 1-8），采用全专业 BIM 技术贯穿于设计到施工的全过程，其预制率为 86.5%，装配率为 96.8%，是国家 AAA 级装配式建筑兼三星级绿色建筑，同时也是 2019 年住建部装配式建筑科技示范项目。

图 1-8　浙江大学建筑设计研究院紫金院区 B1 楼

另外，钢框架-支撑结构也具有较多的工程应用，位于湖南湘阴县的"T30A 塔式酒店"（图 1-9）即采用了远大集团装配式斜支撑节点钢结构框架体系。主体结构施工仅用 15

图 1-9　T30A 塔式酒店

天。整栋建筑被划分为若干块空间模块，墙体、门窗、电气、空调、照明、给水排水等工程均在工厂中制造完成，随后运输至施工现场进行吊装。

模块化钢结构也是常见装配式钢结构体系之一，北京市亦庄蓝领公寓项目（图1-10）位于北京市经济技术开发区，创新采用模块化永久性建筑方式设计建造，是我国最高最大的模块化建筑群，北京市 AAA 级超高层装配率模块化示范工程。

图 1-10　北京市亦庄蓝领公寓项目

我国在已有研究成果和工程经验的基础上，编制了《装配式混凝土结构技术规程》（JGJ 1—2014）、《装配式混凝土建筑技术标准》（GB/T 51231—2016）、《装配式钢结构建筑技术标准》（GB/T 51232—2016）、《住宅轻钢装配式构件》（JG/T 182—2008），还编制了《装配式混凝土结构表示方法及示例（剪力墙结构）》（15G107-1）、《装配式混凝土结构连接节点构造（2015 年合订本）》（15G310-1～2）、《装配式钢结构住宅设计示例》（22J910-5）等系列与装配式混凝土建筑相关的国家建筑设计标准图集，这些标准和图集已能满足目前主流装配式建筑工程建设的基本需求。

根据数据揭示，我国房屋新开工面积在 2018 年之前呈现稳步上升的趋势。但是，随着房价的整体飙升，具备真实购买力的人群数量逐渐减少。自 2019 年至 2022 年，新开工面积持续下滑。但是，装配式建筑因其便利性、可重复使用性以及成本大幅降低等优点，占整体新开工面积的比例逐年上升。到 2022 年，这一比例已高达 25.0%，如图 1-11 所示。

图 1-11 2017—2022 年我国新开工面积以及装配式建筑占比

■ 1.2 装配式建筑的基本概念

装配式建筑是指建筑的结构系统、外围护系统、设备与管线系统、内装系统的部分或全部构件在工厂预制完成，然后运输到施工现场，将构件通过可靠的连接方式加以组装建成建筑产品。

装配式建筑的组织过程分为设计、预制和现场装配三个阶段。在设计阶段，将建筑拆分为标准和非标准部件，实现模具定型。在预制阶段，在工厂使用专用模具生产构件并运至现场。在现场装配阶段，现场采用大型吊装机械装配构件，通过节点连接成整体，形成完整的建筑结构。装配式建筑可充分发挥工厂生产优势，采用现代化管理方式替代传统手工建造方式。

1.2.1 装配式建筑的分类

按结构材料不同，装配式建筑一般可分为装配式钢结构、装配式混凝土结构、装配式竹木结构等，其中装配式混凝土结构是应用最为广泛的结构体系；但是，钢材具有轻质高强、易加工、易运输、易装配与拆卸的特点，所以钢结构是最适合的装配式建筑体系。装配式竹木结构因受材料产地限制，一般用于村镇式建筑，主要用于建造 3~5 层建筑。本书主要以介绍应用广泛的装配式钢结构建筑及装配式混凝土建筑为主。

1. 装配式钢结构建筑

钢结构建筑本身就是一种装配式建筑，也可称为装配式钢结构建筑。其结构系统由钢构（部）件构成，其钢构（部）件全部在工厂生产制作，在工地现场通过螺栓或栓焊结合方式组成结构承重系统，并与围护、机电、装修等系统共同构成完整的装配式钢结构建筑。装配式钢结构更偏重于采用工厂预制的各类标准或非标准钢结构组件，以现场装配为主要手段建造而成的结构。其主要包含以下四大主要系统：

（1）结构系统 结构系统由结构构件通过可靠的连接方式装配而成，以承受或传递荷载作用的整体。

（2）外围护系统　外围护系统由建筑外墙、屋面、外门窗及其他部品部件等组合而成，用于分隔建筑室内外环境的部品部件的整体。

（3）设备和管线系统　设备和管线系统由给水排水、供暖通风空调、电子和智能化、燃气等设备与管线组合而成，满足建筑使用功能的整体。

（4）内装系统　内装系统由楼地面、墙面、轻质隔墙、吊顶、内门窗、厨房和卫生间等组合而成，满足建筑空间使用要求的整体。

按照建筑组成，装配式钢结构建筑主要分为预制钢结构组件和预制建筑部品。其中，预制钢结构组件是指将整体钢结构划分而得的适合工厂制作、装配式施工、具有单一或复合功能的基本安装单元，包括柱、梁、预制墙体、预制楼面系统、预制屋面系统等。预制建筑部品是指由两个或两个以上的建筑单一产品或复合产品在现场组装而成，构成建筑某一部位的一个功能单元，或能满足该部位一项或者几项功能要求的、非承重建筑结构类别的集成产品统称。预制建筑部品包括屋顶、外墙板、幕墙、门窗、管道井、楼地面、隔墙、卫生间、厨房、阳台、楼梯和储柜等建筑外围护系统、建筑内装系统和建筑设备与管线系统类别的部品。

2. 装配式混凝土建筑

装配式混凝土建筑是指由预制构件通过可靠的连接方式建造的建筑。

装配式混凝土建筑有两个主要特征：第一个特征是构成建筑的主要构件特别是结构构件是预制的；第二个特征是预制构件的连接方式必须可靠。

装配式结构主要有两种类型：装配整体式结构和全装配式结构。当结构抗侧力体系主要受力构件现浇或预制构件间的连接，如柱与柱、墙与墙、梁与柱或墙等预制构件之间，通过后浇混凝土和钢筋套筒灌浆连接等技术进行连接，再通过现浇楼板或叠合楼板将结构构件连成整体，能保证装配式结构的整体性能，使其结构性能与现浇混凝土基本等同（周期比、侧向位移限值等均同现浇混凝土结构），此时称其为装配整体式结构。这种结构的优点是将预制装配和现浇整体结构相结合，既能减少模板的使用量、降低工程费用，又能提高工程的整体性。当主要受力预制构件之间的连接，如梁柱接头通过干式节点进行连接时，结构的总体刚度与现浇混凝土结构相比会有所降低，变形行为也与现浇混凝土结构有较大差异，这类结构属于全装配式结构。

1.2.2　装配式建筑的特点

装配式建筑是一种新兴的建筑方式，其特点主要体现在以下几个方面：

1）节能环保。装配式建筑的外挂板采用两面混凝土中间夹50mm厚挤塑板的设计，使其保温性能优于传统建筑的外墙外保温或外墙内保温。同时，工厂化生产减少了施工现场的建筑垃圾，使其更具环保优势。

2）设计多样化。装配式房屋采用大开间灵活分割的方式，可以根据住户的需要，分割成大厅小居室或小厅大居室。其核心问题之一就是要具备配套的轻质隔墙，而轻钢龙骨配以石膏板或其他轻板恰恰是隔墙和吊顶的最好材料。

3）功能现代化。现代化的装配式住宅应有水、电，同时还要具备良好的采光、通风、隔声、保温等性能。

4）建筑部品由车间生产加工完成，现场大量的装配作业，比原始现浇作业大大减少。采用建筑、装修一体化设计、施工，装修可随主体施工同步进行。

5）设计的标准化和管理的信息化，构件越标准，生产效率越高，相应的构件成本就会下降，配合工厂的数字化管理，整个装配式建筑的性价比越来越高。

6）符合绿色建筑的要求。装配式建筑也可以进行拆装，便于后续的改造和升级。自2015年以来，我国开始大力发展装配式建筑，以应对传统建筑方式在环保、节能、效率等方面的问题。

综上所述，装配式建筑具有高度的工业化程度、较低的环境影响、较好的质量控制和较好的适应性等特点。随着科技的不断发展和社会对建筑质量和效率要求的提高，装配式建筑将会成为未来建筑发展的重要方向。

1.2.3 装配式建筑的应用领域

装配式建筑作为我国建筑行业转型升级的重要方向，凭借其绿色、环保、高效的优势，得到了广泛的关注与应用，本节将探讨装配式建筑在我国的应用领域。

1. 居住建筑

装配式建筑在居住建筑领域的应用最为广泛。通过采用预制构件，可以实现墙板、楼梯、阳台等部件的标准化生产，提高施工质量和效率。同时，装配式住宅建筑具有较好的节能、环保性能，符合国家对绿色建筑的要求。

2. 公共建筑

装配式建筑在公共建筑领域的应用也逐渐增多。例如，将其应用于建设学校、幼儿园、培训机构等教育设施，其快速建设、低成本、可重复利用等特点，有利于缓解城市教育资源紧张的问题；将其应用于建设图书馆、博物馆、体育场馆等文化体育设施，其模块化、可移动等特点，便于根据需求进行空间调整，提高设施的使用效率。

3. 工业领域

装配式建筑可以应用于工厂、仓库、研发中心等制造业设施的建设。由于装配式建筑具有批量化、易操作、工期短等优点，可以满足制造业项目对设施快速建成的需求。

4. 农业领域

装配式建筑在农业领域的应用也逐渐受到关注。例如，在蔬菜大棚、畜禽舍、养殖场等领域，通过采用预制构件，可以快速搭建符合要求的建筑结构，提高农业生产效率。同时，由于预制构件的环保性能较好，可以减少对周边环境的影响。

5. 军事设施

装配式建筑在军事领域的应用也日益广泛，如营房、指挥所、战地医院等。装配式建筑具有快速搭建、便于拆卸和运输、适应性强等优点，适用于军事设施建设。

6. 灾害应急设施

装配式建筑在灾后重建领域具有显著优势。装配式建筑的特点是建造速度快、受气候条件制约小、节约劳动力且提高建筑质量，可以快速为受灾地区提供临时住所、学校、医院等设施，有利于受灾群众尽快恢复正常生活。

■ 1.3 装配式建筑的发展前景

1.3.1 我国装配式建筑相关政策

装配式建筑作为建筑行业发展的产物，在绿色低碳转型、实现可持续发展的当下，有着很大的发展前景。近年来，国家连续发布了多项政策支持装配式建筑发展。2022 年 1 月住建部印发了《"十四五"建筑业发展规划》，指出"十四五"期间装配式建筑占新建建筑的比例达到 30%以上，打造一批建筑产业互联网平台，形成一批建筑机器人标志性产品，培育一批智能建造和装配式建筑产业基地。2022 年 4 月国务院在《关于进一步释放消费潜力促进消费持续恢复的意见》一文中，提出要大力发展绿色消费，推动绿色建筑规模化发展，大力发展装配式建筑，积极推广绿色建材，加快建筑节能改造。2022 年 5 月中共中央办公厅、国务院出台《关于推进以县城为重要载体的城镇化建设的意见》，提出要推进生产生活低碳化，大力发展绿色建筑，推广装配式建筑、节能门窗、绿色建材、绿色照明，全面推行绿色施工。

我国在 2020 年明确提出二氧化碳排放力争于 2030 年前达到峰值，努力争取 2060 年前实现碳中和的目标，成为全球低碳实践的创新者和引领者。2022 年，在工作报告中提出有序推进碳达峰、碳中和工作，强调绿色发展。建筑业作为高能耗行业之一，需转变发展模式。预制混凝土结构和钢结构是两种主流预制施工模式，其中钢结构建筑更具绿色低碳特点，能大幅度减少固废、能耗、用水量和二氧化碳排放。此外，钢结构建筑拆除后钢材可回收利用，实现节能减排和资源高效利用。长远来看，以钢结构为主的新型绿色装配建筑体系，能有效降低环境影响、提高资源效率，使建筑构件朝安全、环保、节能和可持续发展的方向发展。

1.3.2 装配式建筑面临的挑战

装配式建筑作为一种符合可持续发展理念的建筑形式，在全球范围内得到了广泛的关注和推广。然而，在实际应用过程中，装配式建筑也面临着诸多挑战。本节将分析装配式建筑所面临的挑战，并提出相应的对策，以期为装配式建筑的进一步发展提供参考。

1）成本问题：装配式建筑的成本问题主要集中在预制构件的制作、运输和安装等环节。由于我国装配式建筑产业链尚不完善，建筑工业化程度不高，导致成本较高，影响了其在市场中的应用。

2）技术水平：装配式建筑对建筑工业化、信息化等技术要求较高。我国虽然在装配式建筑领域取得了一定的成绩，但是在工业化与智能化技术方面尚需进一步深入加强。

3）政策支持：虽然国家在政策层面对装配式建筑给予了大力支持，但部分地区政策落地效果不佳，政策扶持力度不均衡，制约了装配式建筑的发展。

4）社会认知：装配式建筑在我国的推广过程中，部分民众对其认知度不高，担忧装配式建筑的质量和安全性，从而影响了其在市场中的接受度。

5）产业链协同：装配式建筑涉及设计、生产、施工等多个环节，需要产业链各环节紧密协同。然而，目前我国装配式建筑产业链协同效应不佳，影响了建筑的整体质量和效率。

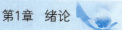

针对以上问题，结合我国发展情况，有些许装配式建筑对策建议：

1）加大政策扶持力度：相关部门应进一步完善装配式建筑相关政策，加大对装配式建筑的扶持力度，通过给予资金和税收等方面的优惠政策，推动装配式建筑产业的快速发展。

2）提高技术水平：企业和科研机构应积极增加技术创新投入，引进国外先进的技术，如智能化、自动化生产等，以提高装配式建筑的技术水平和质量，实现更高效、节能、环保的建造方式。

3）优化产业链协同：通过产业融合和技术创新等手段，促进装配式建筑产业链各环节之间的协同配合，实现资源共享和信息流通，降低生产成本，提高生产效率。

4）加强宣传推广：通过多种渠道加强对装配式建筑的宣传推广，包括媒体宣传、展览展示、案例推介等，提高社会公众对装配式建筑的认知度，解除人们对其质量和安全方面的疑虑。

5）培育人才：加强装配式建筑相关人才的培养，通过建立专业培训机构和技能竞赛等方式，提高装配式建筑人才的专业素养和技能水平，为装配式建筑产业的稳定发展提供坚实的人才支持。

第2章

装配式钢结构体系的特征

随着科技的不断进步，建筑行业也在逐步向工业化、装配化的方向发展。其中，装配式钢结构体系作为一种新型的建筑形式，越来越受到广泛的关注和应用。装配式钢结构体系主要分为：钢框架体系、钢框架-支撑体系、钢框架-阻尼器体系、钢框架-屈曲约束钢板剪力墙体系和钢框架-混凝土核心筒体系等。本章将详细介绍装配式钢结构体系的特点及其在建筑行业中的应用。

■ 2.1 钢框架体系

2.1.1 体系的组成与特点

钢框架体系是指沿房屋的纵向和横向均采用钢框架作为承重和抗侧力的主要构件所形成的结构体系，如图 2-1 所示。钢框架由水平杆件（钢梁）和竖向杆件（钢柱）正交连接形成，框架的纵、横梁与柱的连接一般采用刚性连接。它既能承受竖向荷载，又能抵抗水平荷载。

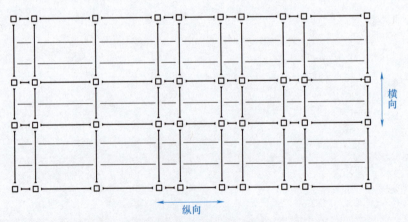

图 2-1　钢框架体系

框架结构利用柱与各层梁的刚性连接，有效改变了悬臂柱或铰接框架柱的受力状态，使柱在抵抗水平荷载时的自由悬臂高度，由原来独立悬臂柱或铰接框架柱的房屋总高度 H 减少为楼层高度的一半（$h/2$），从而使柱所承受的弯矩大幅度减小，使框架能以较小截面面积的梁和柱承担作用于高层结构上的较大水平荷载和竖向荷载。因此，框架抗侧力能力主要取决于柱和梁的抗弯能力。在竖向荷载作用下，框架柱的轴向压力自上而下逐渐增加，弯矩和剪力自上而下基本无变化。在水平荷载作用下，框架梁、柱的弯矩、剪力和轴力自上而下均逐层增加，上小下大。

　　框架在水平荷载作用下，在框架柱与梁内均引起剪力与弯矩，使梁、柱产生垂直于杆轴方向的变形。框架在水平荷载作用下产生的侧向位移由弯曲变形和剪切变形两部分组成（图2-2），倾覆力矩使框架发生整体弯曲所产生的侧移，即框架整体弯曲变形，各层水平剪力使该层柱、梁弯曲产生侧移。对于高度在60m以下的多层框架，框架整体弯曲变形占15%，框架整体剪切变形占85%，侧移曲线呈剪切型，最大的层间侧移常位于底层或下部几层。在水平荷载作用下，框架节点因腹板较薄，节点域将产生较大的剪切变形（图2-3），使得框架侧移增大10%~20%。当房屋层数较多，水平荷载较大时，梁柱截面尺寸将大到超出经济、合理范围。因此，钢框架体系一般仅适用于30层以下的高层建筑。

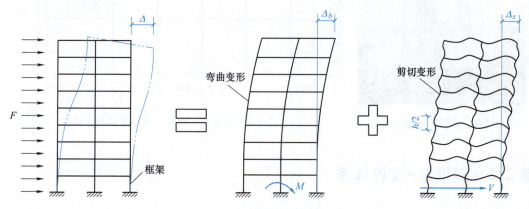

图2-2　水平荷载作用下变形特点

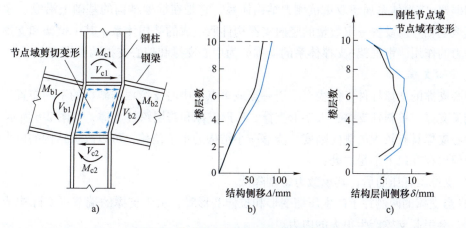

图2-3　节点域变形对框架侧移的影响

a）钢框架节点域的剪切变形　b）框架侧移曲线　c）层间侧移曲线

2.1.2　工程案例

　　北京长富宫中心（图2-4），1987年建成，结构体系采用钢框架体系。建筑平面尺寸为

48m×25.8m（图2-5），基本柱网尺寸为8m×9.8m，结构总高为94m，地下2层，地上26层，标准层层高为3.3m。外墙为200mm厚的预制带饰面的钢筋混凝土挂板。钢柱截面为尺寸均为450mm×450mm的箱形截面，壁厚自上而下为19～42mm。钢梁采用焊接H型钢，截面高度为650mm，翼缘宽200～250mm，腹板厚12mm，翼缘板厚度自上而下为19～32mm。多数钢梁为变截面，靠近支座处，翼缘加宽加厚。次梁采用轧制窄翼缘H型钢。

图2-4 北京长富宫中心

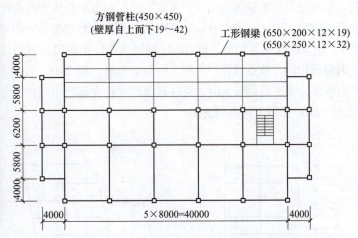

图2-5 北京长富宫中心典型层结构平面

2.2 钢框架-支撑体系

2.2.1 体系组成与特点

钢框架-支撑体系属于双重抗侧力结构体系，它是在框架结构的基础上沿纵、横两个方向或其他主轴方向设置一定数量的竖向支撑构件所组成的结构体系。其中框架和支撑共同抵抗侧向力的作用。钢框架-支撑体系的支撑分为中心支撑和偏心支撑两种类型。

1. 中心支撑

中心支撑的支撑杆件工作线交汇于一点或多点，中心支撑根据斜杆的不同布置，可形成十字交叉支撑、单斜杆支撑、人字形支撑、K形支撑和跨层跨柱支撑，如图2-6所示。

中心支撑具有较大的侧向刚度，能够减小结构的水平位移，可以改善结构的内力分布等优点。但也存在以下不足之处：

1）支撑斜杆压曲后，其承载力急剧降低。

2）当支撑的两侧柱子产生压缩变形和拉伸变形时，由于支撑的端节点实际构造做法并非铰接，会引起支撑产生很大的内力。

3）在往复水平地震作用下，斜杆从受压的压曲状态变为受拉伸状态，将对结构产生冲击作用力，使支撑及其节点和相邻的构件产生很大的附加应力。

2. 偏心支撑

偏心支撑的支撑杆件工作线不交汇于一点，一般在框架中支撑斜杆的两端，应至少有一端与梁相交（不在柱节点处），另一端交在梁与柱交点处，或偏离梁柱一段长度与另一根梁

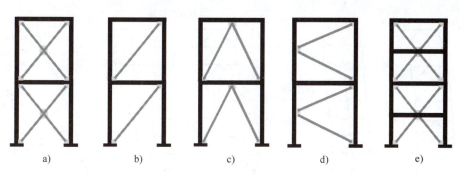

图 2-6 中心支撑的类型

a）十字交叉支撑 b）单斜杆支撑 c）人字形支撑 d）K 形支撑 e）跨层跨柱支撑

连接，在支撑斜杆杆端与柱之间构成消能梁段。偏心支撑分为门架式、单斜杆式、V 字形、人字形等，如图 2-7 所示。

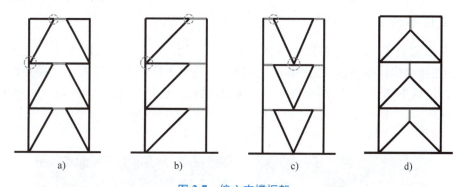

图 2-7 偏心支撑框架

a）门架式 b）单斜杆式 c）V 字形 d）人字形

　　偏心支撑能够改变支撑斜杆与梁（消能梁段）的先后屈服顺序，消能梁段（图 2-8）优于支撑先屈服。罕遇地震时，消能梁段在支撑失稳之前利用非弹性变形进行消能，从而保护支撑斜杆不屈曲或屈曲在后。偏心支撑与中心支撑相比具有较大的延性，适用于高烈度地区。

　　在水平荷载作用下，单独支撑体系顶部层间位移大，底部层间位移小，近似于弯曲型构件，单独框架体系顶部层间位移小，底

图 2-8 偏心支撑消能梁段

部层间位移大，属于剪切型构件。在钢框架-支撑体系中，通过多根刚性连杆（各层刚性楼盖）的协调，使两者的侧力变形趋于一致，支撑与框架之间产生相互作用力，在结构的上部为推力，在结构的下部为拉力。钢框架-支撑体系的整体侧移曲线为弯剪型，呈反 S 状，可以明显减小建筑物下部的层间位移和顶部的侧移，如图 2-9 和图 2-10 所示。

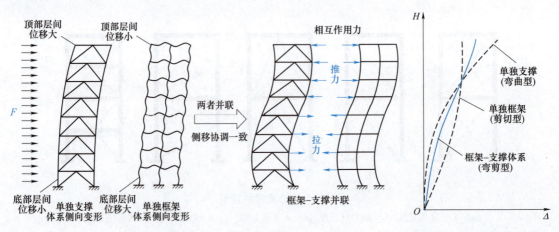

图 2-9　受力特性

图 2-10　水平荷载作用下钢框架-支撑体系的侧移曲线

2.2.2　工程案例

中国工商银行总行营业办公楼（图 2-11）位于北京市复兴门内大街，建筑面积为 96000m²。主楼结构体系为钢框架-偏心支撑体系，地下 3 层，地上 12 层，主楼矩形区共 48 根框架柱，包括 44 根焊接 H 形钢柱和 4 根箱形钢柱，柱网间距有 9m×13.7m 和 13.7m×13.7m 两种。

图 2-11　中国工商银行总行营业办公楼

■ 2.3　钢框架-阻尼器体系

钢框架-阻尼器体系是指在钢框架中增设阻尼器的结构。常见阻尼器类型分为速度相关型和位移相关型两种。速度相关型阻尼器是通过特殊材料特性耗能，耗能能力与消能器两端的相对速度相关，一般不会提供刚度，如黏滞阻尼器和黏弹性阻尼器。位移相关型阻尼器是通过塑性变形耗散能量，耗能能力与消能器两端的相对位移相关，能够为结构提供一定刚度，如屈曲约束支撑、金属阻尼器和摩擦阻尼器等。

2.3.1 黏滞阻尼器

黏滞阻尼器一般由缸体、活塞、黏滞材料等部分组成，如图 2-12 所示。其耗能原理为结构产生变形并带动阻尼器运动，导杆带动活塞在缸体内做往复运动，活塞两端形成压力差，黏滞材料从阻尼通道中通过，产生阻尼力并实现能量转变（机械能转化为热能）。黏滞阻尼器具有以下特点：

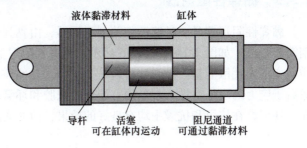

图 2-12 黏滞阻尼器

1）阻尼器不提供刚度，不会改变结构的频率。
2）速度型阻尼器，可在小震下耗能。
3）可用于抗震和抗风设计，用途广泛。
4）体积小、质量轻、易于安装维护。

黏滞阻尼器的安装主要有墙式和支撑式两种方式，如图 2-13 所示。

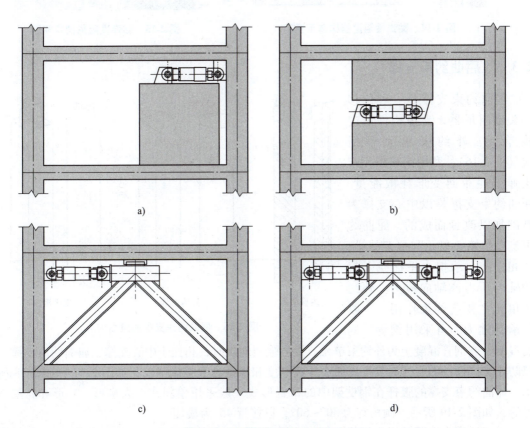

图 2-13 黏滞阻尼器的安装方式
a）墙式黏滞阻尼器 1 b）墙式黏滞阻尼器 2 c）支撑式黏滞阻尼器 1 d）支撑式黏滞阻尼器 2

2.3.2　黏弹性阻尼器

黏弹性阻尼器是一种速度相关型阻尼器，由黏弹性材料和约束钢板或圆（方形或矩形）钢筒等组成，如图 2-14 和图 2-15 所示。黏弹性阻尼器利用黏弹性材料间产生的剪切或拉压滞回变形来耗散能量。黏弹性材料是一种介于黏性液体和弹性体之间的阻尼材料，具有应变滞后于应力的阻尼特性，常见的有沥青、橡胶和环氧树脂等。黏弹性阻尼器的特点有小震时即可耗能，在抗风和抗震中均有良好的效果，简便实用、性能可靠、造价低廉。

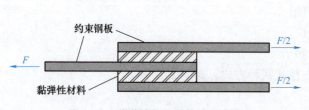

图 2-14　黏弹性阻尼器构造示意图

图 2-15　黏弹性阻尼器实物图

2.3.3　屈曲约束支撑

屈曲约束支撑是一种位移相关型阻尼器，支撑构件由内核单元、外约束单元等组成（图 2-16），利用内核单元产生弹塑性滞回变形耗散能量。屈曲约束支撑是以中心支撑为基础加以改良而成的，屈曲约束支撑的核心单元与框架的梁、柱相连接，承担水平荷载引起的轴向压力或轴向拉力。外约束单元主要起约束作用，一般不承受轴力，可采用钢管、钢

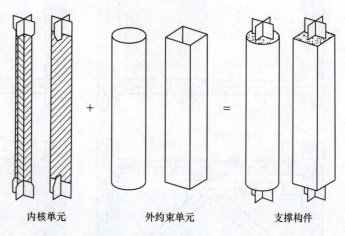

图 2-16　屈曲约束支撑的典型构成

筋混凝土或钢管混凝土为外约束单元。发生强烈地震时，相比于中心支撑，屈曲约束支撑可以防止支撑杆件因受压时发生屈曲而导致刚度和承载力大幅度降低，如图 2-17 和图 2-18 所示。屈曲约束支撑的腹杆在钢框架中的布置形式一般采用单斜式、人字形、V 形和跨层 X 形等，如图 2-19 所示。倾角宜为 30°~60°，以接近 45°为最佳。

屈曲约束支撑既可用于新建工程，又可用于既有建筑物抗震加固改造。图 2-20 所示为南加州大学宿舍加固改造工程，采用外贴框架–屈曲约束支撑加固，加固后不仅提高了结构耗能能力，还增加了结构刚度，减少了层间位移角，大大提升了结构的安全性能，且改造后

不影响建筑使用功能，美观大方，如图 2-21 所示。

支撑受压时
易发生屈曲

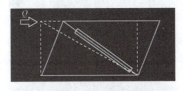

外套筒
约束芯板
受压屈曲

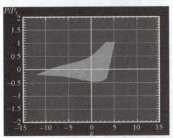

拉压承载力
差异显著
耗能效果差

拉压性能一致
滞回曲线饱满
有良好的耗能
能力

图 2-17　中心支撑荷载–位移滞回曲线　　图 2-18　屈曲约束支撑荷载–位移滞回曲线

  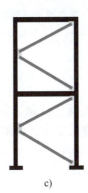 

a)　　　　　　　　　b)　　　　　　　　　c)　　　　　　　　　d)

图 2-19　防屈曲支撑的腹杆形式

a）单斜式　b）人字形　c）V 形　d）跨层 X 形

a)　　　　　　　　　　　　　　　　　　　　　b)

图 2-20　南加州大学宿舍加固改造工程屈曲约束支撑

a）屈曲约束支撑布置　b）屈曲约束支撑细节

a)   b)

图 2-21　南加州大学宿舍加固改造工程改造前后对比图

a）原始结构　b）加固改造后

2.3.4　金属阻尼器

金属阻尼器由各种不同金属（软钢、铅等）材料制成，利用金属材料屈服时产生的弹塑性滞回变形耗散外界荷载输入能量，如图 2-22 和图 2-23 所示。金属阻尼器与框架的连接方式有壁式连接和斜撑式连接两种，如图 2-24 所示。金属阻尼器外形简洁，安装便捷，具有造价低廉、耗能能力稳定的优点。

图 2-22　常见金属阻尼器构造

2.3.5　摩擦阻尼器

摩擦阻尼器一般由钢元件或构件、摩擦片和预压螺栓等组成，如图 2-25 和图 2-26 所示，属于位移相关型阻尼器。在地震作用下，通过钢元件或构件之间发生相对位移产生摩擦做功而耗散能量。摩擦阻尼器因其构造简单、性能稳定、阻尼力大等特点而被工程采用，且摩擦阻尼器耐疲劳性能比金属阻尼器更佳，是金属阻尼器的主要替代产品之一。对于带有摩擦阻尼器的结构，在正常使用荷载作用下，摩擦阻尼器为结构提供附加刚度而本身不滑移；在中震、大震作用下，摩擦阻尼器通过产生摩擦滑移做功以消耗吸收地震输入的能量，为结构提供附加阻尼，从而减小结构响应。

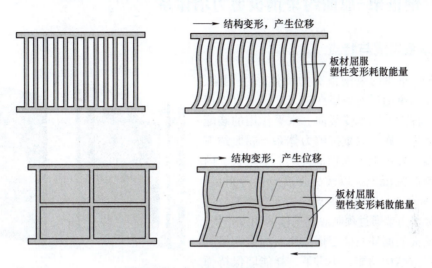

图 2-23 金属阻尼器耗能原理

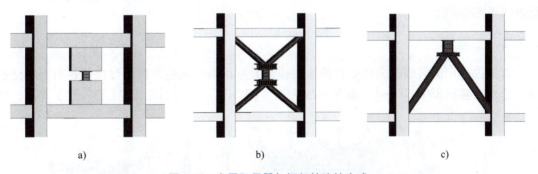

图 2-24 金属阻尼器与框架的连接方式

a) 壁式连接　b) 斜撑式连接 1　c) 斜撑式连接 2

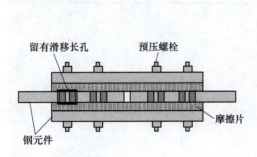

图 2-25 摩擦阻尼器构造

图 2-26 摩擦阻尼器实物图

■ 2.4 钢框架–屈曲约束钢板剪力墙体系

2.4.1 体系组成与特点

钢框架–屈曲约束钢板剪力墙体系由钢梁、钢柱、屈曲约束钢板剪力墙在施工现场通过连接而成，是一种能共同承受竖向、水平作用的装配式钢结构体系，属于双重抗侧力体系。屈曲约束钢板剪力墙主要由上下部钢框架梁、框架柱、内嵌钢板、预制混凝土板以及高强度螺栓等组成，如图2-27所示。与屈曲约束支撑的理念类似，屈曲约束钢板剪力墙通过预制混凝土板的约束作用，抑制耗能钢板的面外屈曲变形。屈曲约束钢板剪力墙具有双重结构功能，小震下，耗能墙保持弹性工作，可以提供较大的结构侧向刚度，中震或大震下，耗能墙通过良好的屈服塑性变形，具有优越的耗能减震能力。

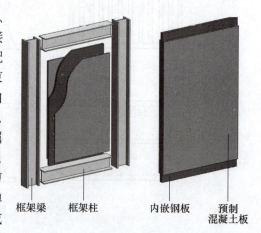

框架梁　框架柱　　内嵌钢板　预制混凝土板

图2-27　屈曲约束钢板剪力墙构造

2.4.2 工程案例

首钢二通厂南区棚改定向安置房项目位于北京市丰台区梅市口路与张仪村东五路交汇处，总建筑面积83091.33m²，如图2-28和图2-29所示。该项目地上24层，地下3层，地

图2-28　首钢二通厂南区棚改定向安置房项目

上主体结构形式采用钢框架-屈曲约束钢板剪力墙体系。项目采用模块化、标准化、多样化的设计手法，按照"百年宅"及SI体系理念进行建造，使装配率达到90%以上。

a)   b)

图 2-29 首钢二通厂南区棚改定向安置房项目屈曲约束钢板剪力墙细节图

■ 2.5 钢框架-混凝土核心筒体系

2.5.1 体系组成与特点

钢框架-混凝土核心筒体系是由外围钢框架与钢筋混凝土核心筒组成共同承受竖向或水平作用的高层建筑结构体系。核心筒是主要的抗侧力构件，将承担大部分的水平剪力和倾覆力矩。核心筒外围的钢框架主要是承担竖向荷载及小部分水平剪力。由于在水平荷载作用下，核心筒的侧移曲线属于弯曲型，而钢框架的侧移曲线属于剪切型，两者协调变形后，其侧移曲线属于弯剪型，呈反S状，如图2-30所示。

2.5.2 工程案例

1. 北京亦庄青年公寓

北京亦庄青年公寓（图2-31）位于北京市亦庄经济技术开发区，由6栋单身公寓和锅炉房、食堂等公共建筑组成，总建筑面积约120000m²。项目采用钢框架-混凝土核心筒体系，框架梁、柱均采用热轧H型钢，楼板采用压型钢板组合楼板。主体框架用钢量约为37kg/m²。

2. 北京雪莲大厦

北京雪莲大厦（图2-32）位于北京市朝阳区三元桥北，属于单栋高层建筑，地上部分36层，建筑总高度146.30m。结构形式采用钢管混凝土框架-钢筋混凝土核心筒体系。框架柱采用矩形钢管混凝土，梁采用热轧H型钢或焊接H型钢。为保证"强柱弱梁"，地上部分梁柱刚性节点采用美国加州地震后改进型"狗骨式"耗能节点连接。

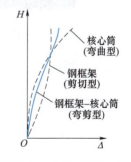

图 2-30 水平荷载作用下钢框架-混凝土核心筒体系的侧移曲线

图 2-31　北京亦庄青年公寓

a)

b)

图 2-32　北京雪莲大厦

第 3 章

装配式多高层钢结构设计与分析

装配式多高层钢结构常用于工业厂房、仓库、办公楼、公共建筑和住宅等领域。多高层钢结构设计要综合考虑材料选择、结构布置、构件选型、构造措施等因素，保证结构在竖向荷载、风荷载和地震作用下具有必要的承载能力、足够大的刚度、良好的变形能力和消耗地震能量的能力。本章介绍了装配式多高层钢结构建筑的设计方法与具体要求，包括多高层钢结构的材料选择、设计基本规定、荷载与作用以及结构计算分析等。

■ 3.1　多高层钢结构材料选择

钢结构工程中钢材费用占工程总费用的较大部分，工程设计中不仅应综合考虑结构的安全性，还应充分考虑工程的经济性，选用性价比较高的钢材。本节依据相关设计规范并结合多高层钢结构的用钢特点，提出了钢材和连接材料选材时应综合考虑的各类因素。

3.1.1　钢材

钢材的选用应综合考虑构件的重要性和荷载特征、结构形式和连接方法、应力状态、工作环境以及钢材品种和厚度等因素，合理地选用钢材牌号、质量等级及其性能要求。主要承重构件所用钢材的牌号宜选用 Q355 钢、Q390 钢，其材质和材料性能应分别符合《低合金高强度结构钢》（GB/T 1591—2018）或《碳素结构钢》（GB/T 700—2006）的规定。有依据时可选用更高强度级别的钢材。结构用钢板、热轧工字钢、槽钢、角钢、H 型钢和钢管等型材产品的规格、性能指标及允许偏差应符合国家现行相关标准的规定。

主要承重构件所用较厚的板材宜选用高性能建筑用 GJ 钢板，其材质和材料性能应符合《建筑结构用钢板》（GB/T 19879—2023）的规定。外露承重钢结构可选用 Q235NH、Q355NH 或 Q415NH 等牌号的焊接耐候钢，其材质和材料性能要求应符合《耐候结构钢》（GB/T 4171—2008）的规定。选用时宜附加要求保证晶粒度不小于 7 级，耐腐蚀指数不小于 6.0。承重构件所用钢材的质量等级不宜低于 B 级；抗震等级为二级及以上的多高层钢结构，其框架梁、柱和抗侧力支撑等主要抗侧力构件钢材的质量等级不宜低于 C 级。承重构件中厚度不小于 40mm 的受拉板件，当其工作温度低于 −20℃ 时，宜适当提高其所用钢材的质量等级。选用 Q235A 或 Q235B 级钢时应选用镇静钢。

钢结构承重构件所用的钢材应具有屈服强度，断后伸长率，抗拉强度和硫、磷含量的合格保证，在低温使用环境尚应具有冲击韧度的合格保证。对焊接结构尚应具有碳或碳当量的合格保证，铸钢件和要求抗层状撕裂（z 向）性能的钢材尚应具有断面收缩率的合格保证，焊接承重结构以及重要的非焊接承重结构所用的钢材应具有弯曲试验的合格保证。对直接承受动力荷载或需进行疲劳验算的构件，其所用钢材尚应具有冲击韧度的合格保证。

多高层民用建筑中按抗震设计的框架梁、柱和抗侧力支撑等主要抗侧力构件，其钢材抗拉性能应有明显的屈服台阶，其断后伸长率不应小于20%，钢材屈服强度的波动范围不应大于120N/mm²，钢材实物的实测屈强比不应大于0.85。抗震等级为三级及以上的多高层钢结构，其主要抗侧力构件所用钢材应具有与其工作温度相应的冲击韧度的合格保证。

偏心支撑框架中的消能梁段所用钢材的屈服强度不应大于345N/mm²，屈强比不应大于0.8，且屈服强度波动范围不应大于100N/mm²。有依据时，屈曲约束支撑核心单元可选用材质与性能符合《建筑用低屈服强度钢板》（GB/T 28905—2022）的低屈服强度钢。

钢结构楼盖采用压型钢板组合楼板时，宜采用闭口型压型钢板，其材质和材料性能应符合《建筑用压型钢板》（GB/T 12755—2008）的相关规定。

3.1.2　焊接材料

选用焊接材料时应注意其强度、性能与母材的正确匹配关系。手工焊焊条或自动焊用焊丝和焊剂的性能应与构件钢材性能相匹配，其熔敷金属的力学性能不应低于母材的性能。当两种强度级别的钢材焊接时，宜选用与强度较低钢材相匹配的焊接材料。焊条的材质和性能应符合《非合金钢及细晶粒钢焊条》（GB/T 5117—2012）、《热强钢焊条》（GB/T 5118—2012）的有关规定。框架梁、柱节点和抗侧力支撑连接节点等重要连接或拼接节点的焊缝宜采用低氢型焊条。焊丝的材质和性能应符合《熔化焊用钢丝》（GB/T 14957—1994）、《熔化极气体保护电弧焊用非合金钢及细晶粒钢实心焊丝》（GB/T 8110—2020）、《非合金钢及细晶粒钢药芯焊丝》（GB/T 10045—2018）及《热强钢药芯焊丝》（GB/T 17493—2018）的有关规定。埋弧焊用焊丝和焊剂的材质和性能应符合《埋弧焊用非合金钢及细晶粒钢实心焊丝、药芯焊丝和焊丝-焊剂组合分类要求》（GB/T 5293—2018）、《埋弧焊用热强钢实心焊丝、药芯焊丝和焊丝-焊剂组合分类要求》（GB/T 12470—2018）的有关规定。

3.1.3　螺栓紧固件材料

高强度螺栓可选用大六角高强度螺栓或扭剪型高强度螺栓。高强度螺栓的材质、材料性能、级别和规格应分别符合《钢结构用高强度大六角头螺栓》（GB/T 1228—2006）、《钢结构用高强度大六角螺母》（GB/T 1229—2006）、《钢结构用高强度垫圈》（GB/T 1230—2006）、《钢结构用高强度大六角头螺栓、大六角螺母、垫圈技术条件》（GB/T 1231—2006）和《钢结构用扭剪型高强度螺栓连接副》（GB/T 3632—2008）等的规定。

组合结构所用圆柱头焊钉（栓钉）连接件的材料应符合《电弧螺柱焊用圆柱头焊钉》（GB/T 10433—2002）的规定。其屈服强度不应小于320N/mm²，抗拉强度不应小于400N/mm²，伸长率不应小于14%。锚栓钢材可采用《碳素结构钢》（GB/T 700—2006）规定的Q235钢，《低合金高强度结构钢》（GB/T 1591—2018）规定的Q355钢、Q390钢或强度更高的钢材。

■ 3.2　多高层钢结构设计基本规定

抗震设计的多高层结构体系应具有合理的结构布置，使结构具有合理的刚度和承载力分

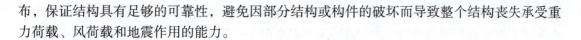

布，保证结构具有足够的可靠性，避免因部分结构或构件的破坏而导致整个结构丧失承受重力荷载、风荷载和地震作用的能力。

3.2.1 一般规定

1. 安全等级与结构重要性系数

建筑结构设计时，应根据结构破坏可能产生的后果，即危及人的生命、造成经济损失、对社会或环境产生影响等的严重性，采用不同的安全等级。建筑结构安全等级的划分应符合表3-1的规定。建筑结构抗震设计中的甲类建筑和乙类建筑，其安全等级宜规定为一级；丙类建筑，其安全等级宜规定为二级；丁类建筑，其安全等级宜规定为三级。

建筑结构中各类结构构件的安全等级，宜与结构的安全等级相同，允许对其中部分结构构件根据其重要程度和综合经济效果进行安全等级的适当调整，但不得低于三级。

表 3-1　建筑结构的安全等级

安全等级	破坏后果
一级	很严重：对人的生命、经济、社会或环境影响很大
二级	严重：对人的生命、经济、社会或环境影响较大
三级	不严重：对人的生命、经济、社会或环境影响较小

结构或结构构件按承载能力极限状态设计时，需考虑结构重要性系数 γ_0，其是考虑结构破坏后果的严重性而引入的系数，取值不应小于表3-2的规定。

表 3-2　结构重要性系数 γ_0

结构重要性系数	对持久设计状况和短暂设计状况			对偶然设计状况和地震设计状况
	安全等级			
	一级	二级	三级	
γ_0	1.1	1.0	0.9	1.0

2. 抗震设防要求

我国抗震设防的基本要求可以概括为"三水准"和"两阶段"。《建筑抗震设计规范（2016年版）》（GB 50011—2010）给出了抗震设计建筑基本设防目标是：当遭受低于本地区抗震设防烈度的多遇地震影响时，主体结构不受损坏或不需修理可继续使用；当遭受相当于本地区抗震设防烈度的设防地震影响时，可能发生损坏，但经一般性修理仍可继续使用；当遭受高于本地区抗震设防烈度的罕遇地震影响时，不致倒塌或发生危及生命的严重破坏。可总结为建筑抗震三水准设防，即"小震不坏、中震可修、大震不倒"。

我国《建筑抗震设计规范》采用了"两阶段"设计方法来实现上述"三水准"设防目标。第一阶段设计是承载力验算，取多遇地震烈度计算结构的弹性地震作用标准值和相应的地震作用效应，验算结构构件的承载能力和结构的弹性变形。第二阶段设计是弹塑性变形验算，对地震时易倒塌的结构、有明显薄弱层的不规则结构以及有专门要求的建筑，除进行第一阶段设计外，还要进行罕遇地震作用下结构薄弱部位的弹塑性层间变形验算并采取相应的抗震构造措施。

第一水准"小震不坏"通过第一阶段多遇地震作用下的内力与变形验算来保证；第二水准"中震可修"通过结构抗震构造措施要求来保证；第三水准"大震不倒"通过第二阶段罕遇地震作用下的弹塑性变形验算来保证。

3. 抗震设防分类

抗震设计的多高层建筑，应按《建筑与市政工程抗震通用规范》（GB 55002—2021）的规定确定其抗震设防类别。建筑工程分为以下四个抗震设防类别：

1）特殊设防类：指使用上有特殊设施，涉及国家公共安全的重大建筑工程和地震可能发生严重次生灾害等特别重大灾害后果，需要进行特殊设防的建筑，简称甲类。

2）重点设防类：指地震时使用功能不能中断或需尽快恢复的生命线相关建筑，以及地震时可能导致大量人员伤亡等重大灾害后果，需要提高设防标准的建筑，简称乙类。

3）标准设防类：指大量的除1）、2）、4）以外按标准要求进行设防的建筑，简称丙类。

4）适度设防类：指使用上人员稀少且震损不致产生次生灾害，允许在一定条件下适度降低要求的建筑，简称丁类。

4. 抗震措施和地震作用调整

关于抗震措施和地震作用，《建筑与市政工程抗震通用规范》（GB 55002—2021）针对以上四类建筑规定了下列要求：

1）标准设防类，应按本地区抗震设防烈度确定其抗震措施和地震作用，达到在遭遇高于当地抗震设防烈度的预估罕遇地震影响时不致倒塌或发生危及生命安全的严重破坏的抗震设防目标。

2）重点设防类，应按高于本地区抗震设防烈度一度的要求加强其抗震措施；但抗震设防烈度为9度时应按比9度更高的要求采取抗震措施；地基基础的抗震措施，应符合有关规定。同时，应按本地区抗震设防烈度确定其地震作用。

3）特殊设防类，应按高于本地区抗震设防烈度提高一度的要求加强其抗震措施；但抗震设防烈度为9度时应按比9度更高的要求采取抗震措施。同时，应按批准的地震安全性评价的结果且高于本地区抗震设防烈度的要求确定其地震作用。

4）适度设防类，允许比本地区抗震设防烈度的要求适当降低其抗震措施，但抗震设防烈度为6度时不应降低。一般情况下，仍应按本地区抗震设防烈度确定其地震作用。

当建筑场地为Ⅲ、Ⅳ类时，对设计基本地震加速度为0.15g和0.30g的地区，宜分别按抗震设防烈度8度（0.2g）和9度时各类建筑的要求采取抗震构造措施。对于划为重点设防类而规模很小的工业建筑，当改用抗震性能较好的材料且符合抗震设计规范对结构体系的要求时，允许按标准设防类设防。

5. 抗震等级

钢结构的房屋应依据抗震设防类别、烈度及房屋高度采用不同的抗震等级，并应符合相应的内力调整和抗震构造要求。丙类钢结构房屋的抗震等级见表3-3。高度接近或等于高度分界时，应允许结合房屋不规则程度和场地、地基条件确定抗震等级。

表 3-3 丙类钢结构房屋的抗震等级

房屋高度	抗震设防烈度			
	6 度	7 度	8 度	9 度
≤50m	—	四	三	二
>50m	四	三	二	一

3.2.2 钢结构体系和选型

1. 结构体系选用原则

多高层钢结构应根据房屋高度和高宽比、抗震设防类别、抗震设防烈度、场地类别和施工技术条件等因素考虑其适宜的钢结构体系。房屋高度不超过 50m 的多高层钢结构建筑可采用框架、框架-中心支撑或其他的结构体系，超过 50m 的高层钢结构建筑，当抗震设防烈度为 8、9 度时，宜采用框架-偏心支撑、框架-延性墙板或屈曲约束支撑等结构。所有的结构体系选用均应满足结构安全可靠、经济合理、施工高效等要求。

2. 最大适用高度

非抗震设计和抗震设防烈度为 6 度至 9 度的乙类和丙类多高层钢结构房屋适用的最大高度应符合表 3-4 的规定。平面和竖向均不规则的钢结构，适用的最大高度宜适当降低。

房屋高度是指室外地面到主要屋面板板顶的高度（不包括局部凸出屋顶部分）。超过表 3-4 内高度的房屋，应进行专门研究和论证，采取有效的加强措施。需要注意的是，表 3-4 内筒体不包括混凝土筒，框架柱包括全钢柱和钢管混凝土柱。甲类建筑，当抗震设防烈度为 6 度、7 度、8 度时，宜按本地区抗震设防烈度提高 1 度后符合表 3-4 的要求；当抗震设防烈度为 9 度时，应专门研究。

表 3-4 多高层钢结构房屋适用的最大高度　　　　　　　（单位：m）

结构类型	6 度，7 度 (0.10g)	7 度 (0.15g)	8 度		9 度 (0.40g)	非抗震设计
			0.20g	0.30g		
框架	110	90	90	70	50	110
框架-中心支撑	220	200	180	150	120	240
框架-偏心支撑 框架-屈曲约束支撑 框架-延性墙板	240	220	200	180	160	260
筒体（框筒，筒中筒，桁架筒，束筒）和巨型框架	300	280	260	240	180	360

3. 最大高宽比

多高层钢结构建筑的高宽比，是对结构刚度、整体稳定、承载能力和经济合理性的宏观控制。多高层民用建筑钢结构的高宽比不宜大于表 3-5 的规定。计算高宽比的高度从室外地面算起，当塔形建筑底部有大底盘时，计算高宽比的高度从大底盘顶部算起。

表 3-5　多高层民用房屋钢结构适用的最大高宽比

抗震设防烈度	6 度、7 度	8 度	9 度
最大高宽比	6.5	6.0	5.5

3.2.3　建筑形体及结构布置的规则性

多高层钢结构的建筑设计应根据抗震概念设计的要求明确建筑形体的规则性。多高层钢结构及其抗侧力结构的平面布置宜规则、对称，并应具有良好的整体性，建筑的立面和竖向剖面宜规则，结构的侧向刚度沿高度宜均匀变化，竖向抗侧力构件的截面尺寸和材料强度宜自下而上逐渐减小，应避免抗侧力结构的侧向刚度和承载力突变。建筑形体及其结构布置的平面、竖向不规则性，可按表 3-6 和表 3-7 划分。多高层钢结构建筑存在表 3-6 或表 3-7 中所列的某项平面不规则类型或某项竖向不规则类型以及类似的不规则类型，属于不规则的建筑。当存在多项不规则或某项不规则超过表 3-6 和表 3-7 规定的参考指标较多时，属于特别不规则的建筑。建筑形体复杂，多项不规则指标超过表 3-6 和表 3-7 规定上限值或某一项大大超过规定值，具有现有技术和经济条件不能克服的严重的抗震薄弱环节，可能导致地震破坏的严重后果，属于严重不规则的建筑。不规则多高层钢结构建筑应按规范要求进行水平地震作用计算和内力调整，并对薄弱部位采取有效的抗震构造措施。特别不规则的建筑方案应进行专门研究和论证，采用特别的加强措施。严重不规则的建筑方案不应采用。

表 3-6　平面不规则的主要类型

不规则类型	定义和参考指标
扭转不规则	在具有偶然偏心的规定水平力的作用下，楼层两端抗侧力构件弹性水平位移（或层间位移）的最大值与其平均值的比值大于 1.2
偏心布置	任一层的偏心率大于 0.15 ［偏心率按《高层民用建筑钢结构技术规程》（JGJ 99—2015）附录 A 的规定计算］或相邻层质心相差大于相应边长的 15%
凹凸不规则	结构平面凹进的尺寸，大于相应投影方向总尺寸的 30%
楼板局部不连续	楼板的尺寸和平面刚度急剧变化，例如，有效楼板宽度小于该层楼板典型宽度的 50%，或开洞面积大于该层楼面面积的 30%，或有较大的楼层错层

注：为控制结构的抗扭刚度，结构扭转为主的第一周期与平动为主的第一周期之比不应大于 0.9。

表 3-7　竖向不规则的主要类型

不规则类型	定义和参考指标
侧向刚度不规则	该层的侧向刚度小于相邻上一层的 70%，或小于其上相邻三个楼层侧向刚度平均值的 80%；除顶层或出屋面小建筑外，局部收进的水平方向尺寸大于相邻下一层的 25%
竖向抗侧力构件不连续	竖向抗侧力构件（柱、剪力墙、支撑）的内力由水平转换构件（梁、桁架等）向下传递
楼板承载力突变	抗侧力结构的层间受剪承载力小于相邻上一楼层的 80%

关于上文提到的结构侧向刚度不规则，正常设计的多高层钢结构下部楼层侧向刚度宜大于上部楼层的侧向刚度，否则变形会集中于侧向刚度小的下部楼层而形成结构软弱层，所以应对下层与相邻上层的侧向刚度比值进行限制。

对框架结构，楼层与其相邻上层的侧向刚度比 γ_1 可按式（3-1）计算，且本层与相邻上层的比值不宜小于 0.7，与相邻上部三层刚度平均值的比值不宜小于 0.8。

$$\gamma_1 = \frac{V_i \Delta_{i+1}}{V_{i+1} \Delta_i} \tag{3-1}$$

式中　γ_1——楼层侧向刚度比；

V_i、V_{i+1}——第 i 层和第 $i+1$ 层的地震剪力标准值；

Δ_i、Δ_{i+1}——第 i 层和第 $i+1$ 层在地震作用标准值作用下的层间位移。

对框架-支撑结构、框架-延性墙板结构、筒体结构和巨型框架结构，楼层与其相邻上层的侧向刚度比 γ_2 可按式（3-2）计算，且本层与相邻上层的比值不宜小于 0.9；当本层层高大于相邻上层层高的 1.5 倍时，该比值不宜小于 1.1；对结构底部嵌固层，该比值不宜小于 1.5。

$$\gamma_2 = \frac{V_i \Delta_{i+1}}{V_{i+1} \Delta_i} \frac{h_i}{h_{i+1}} \tag{3-2}$$

式中　γ_2——考虑层高修正的楼层侧向刚度比；

h_i、h_{i+1}——第 i 层和第 $i+1$ 层的层高。

3.2.4　水平位移限值和舒适度要求

在正常使用条件下，多高层钢结构应具有足够的刚度，避免产生过大的位移而影响结构的承载能力、稳定性和使用要求。在风荷载或多遇地震标准值作用下，按弹性方法计算的楼层层间最大水平位移与层高之比不宜大于 1/250。多高层钢结构薄弱层或薄弱部位弹塑性层间位移不应大于层高的 1/50。当多高层钢结构建筑为甲类建筑、9 度抗震设防的乙类建筑、采用隔震和消能减震设计的建筑结构或房屋高度大于 150m 时应进行罕遇地震作用下的薄弱层弹塑性变形验算；当多高层钢结构建筑为 7 度Ⅲ、Ⅳ类场地和 8 度时的乙类建筑以及表 3-8 所列高度范围且为竖向不规则类型的建筑时，宜进行弹塑性变形验算。

表 3-8　房屋高度范围

抗震设防烈度、场地类别	房屋高度范围/m
8 度Ⅰ、Ⅱ类场地和 7 度	>100
8 度Ⅲ、Ⅳ类场地	>80
9 度	>60

房屋高度不小于 150m 的高层钢结构应满足风振舒适度要求。在《建筑结构荷载规范》（GB 50009—2012）规定的 10 年一遇的风荷载标准值作用下，结构顶点的顺风向和横风向振动最大加速度计算值不应大于表 3-9 的限值。结构顶点的顺风向和横风向振动最大加速度，可按《工程结构通用规范》（GB 55001—2021）与《建筑结构荷载规范》的有关规定计算，也可通过风洞试验结果判断确定。计算时钢结构阻尼比宜取 0.01~0.015。

表 3-9　结构顶点的顺风向和横风向风振加速度限值

使用功能	$a_{\lim}$ /（m/s²）
住宅、公寓	0.20
办公、旅馆	0.28

多高层钢结构楼盖宜采用压型钢板现浇钢筋混凝土组合楼板、现浇钢筋桁架混凝土楼板或钢筋混凝土楼板，楼板应与钢梁有可靠连接。6 度、7 度时，房屋高度不超过 50m 的多高层钢结构建筑，尚可采用装配整体式钢筋混凝土楼板，也可采用装配式楼板或其他轻型楼盖，应将楼板预埋件与钢梁焊接，或采取其他措施保证楼板的整体性。对转换楼层楼盖或楼板有大洞口等情况，宜在楼板内设置钢水平支撑。楼盖结构应具有适宜的舒适度。楼盖结构的竖向振动频率不宜小于 3Hz，竖向振动加速度限值不应大于表 3-10 的限值。

表 3-10　楼盖竖向振动加速度限值

人员活动环境	加速度限值/(m/s²)	
	竖向自振频率不大于 2Hz	竖向自振频率不大于 4Hz
住宅、办公	0.07	0.05
商场及室内连廊	0.22	0.15

■ 3.3　荷载与作用

3.3.1　竖向荷载与风荷载

1. 竖向荷载

多高层钢结构建筑的楼面活荷载、屋面活荷载及屋面雪荷载等应按《工程结构通用规范》与《建筑结构荷载规范》的规定采用。计算构件内力时，楼面及屋面活荷载可取为各跨满载，楼面活荷载大于 $4kN/m^2$ 时宜考虑楼面活荷载的不利布置。

2. 风荷载

基本风压应按《工程结构通用规范》（GB 55001—2021）与《建筑结构荷载规范》（GB 50009—2012）的规定采用。计算风荷载时的结构阻尼比，对钢结构可取 0.01，对有填充墙的钢结构房屋可取 0.02，对其他结构可根据工程经验确定。

计算主体结构的风荷载效应时，风荷载体型系数 μ_s 可按下列规定采用：

1）对平面为圆形的建筑可取 0.8。

2）对平面为正多边形及三角形的建筑可按下式计算：

$$\mu_s = 0.8 + 1.2/\sqrt{n} \qquad (3-3)$$

式中　μ_s——风荷载体型系数；

　　　n——多边形的边数。

3）高宽比 H/B 不大于 4 的平面为矩形、方形和十字形的建筑可取 1.3。

4）下列建筑可取 1.4：

①平面为 V 形、Y 形、弧形、双十字形和井字形的建筑。

②平面为 L 形和槽形及高宽比 H/B 大于 4 的平面为十字形的建筑。

③高宽比 H/B 大于 4、长宽比 L/B 不大于 1.5 的平面为矩形和鼓形的建筑。

5）在需要更细致计算风荷载的场合，风荷载体型系数可由风洞试验确定。

3.3.2　地震作用

抗震设计时，结构所承受的"地震力"实际上是由于地震地面运动引起的动态作用，包括地震加速度、速度和动位移的作用，按照《工程结构设计基本术语标准》（GB/T 50083—2014）的规定，属于间接作用，应称"地震作用"。

1. 地震作用方向的选择

一般情况下，应至少在建筑结构的两个主轴方向分别计算水平地震作用，各方向的水平地震作用应由该方向抗侧力构件承担。有斜交抗侧力构件的结构，当相交角度大于15°时，应分别计算各抗侧力构件方向的水平地震作用。扭转特别不规则的结构，应计入双向水平地震作用下的扭转影响。其他情况，应计算单向水平地震作用下的扭转影响。9度抗震设计时，应计算竖向地震作用；高层建筑中的大跨度、长悬臂结构在7度（0.15g）、8度抗震设计时也应计入竖向地震作用。

2. 地震作用的计算方法

多高层钢结构抗震计算时宜采用振型分解反应谱法；对质量和刚度不对称、不均匀的结构以及高度超过100m的钢结构应采用考虑扭转耦联振动影响的振型分解反应谱法。高度不超过40m、以剪切变形为主且质量和刚度沿高度分布比较均匀的钢结构，可采用底部剪力法。7~9度抗震设防的甲类高层建筑钢结构、不满足表3-6和表3-7规定的特殊不规则的高层建筑钢结构以及表3-8所列高度范围的乙、丙类建筑钢结构，应采用弹性时程分析进行多遇地震下的补充计算。

3. 阻尼比

多高层钢结构抗震计算时的阻尼比取值，在多遇地震下的计算时，高度不大于50m可取0.04；高度大于50m且小于200m可取0.03；高度不小于200m时宜取0.02。当偏心支撑框架部分承担的地震倾覆力矩大于地震总倾覆力矩的50%时，多遇地震下的阻尼比可相应增加0.005。在罕遇地震作用下的弹塑性分析，阻尼比可取0.05。

4. 振型质量参与系数

振型个数一般可以取振型参与质量达到总质量90%所需的振型数，即振型质量参与系数之和达到90%。根据设计计算经验，当振型质量参与系数之和大于90%时，基底剪力误差一般小于5%，称振型质量参与系数之和大于90%的情形为振型数足够，否则称振型数不够。

5. 偶然偏心

偶然偏心主要是考虑结构地震动力反应过程中可能由于地面扭转运动，结构实际的刚度和质量分布相对于计算假定值的偏差，以及在弹塑性反应过程中各抗侧力结构刚度退化程度不同等原因引起的扭转反应增大，特别是目前对地面运动扭转分量的强震实测记录很少，地震作用计算中还不能考虑输入地面运动扭转分量。

多遇地震下计算双向水平地震作用效应时可不考虑偶然偏心的影响，但应验算单向水平地震作用下考虑偶然偏心影响的楼层竖向构件最大弹性水平位移与最大和最小弹性水平位移平均值之比。计算单向水平地震作用效应时应考虑偶然偏心的影响。偶然偏心的值可根据《高层民用建筑钢结构技术规程》（JGJ 99—2015）进行计算。

6. 地震作用内力调整

侧向刚度不规则、竖向抗侧力构件不连续、楼层承载力突变的楼层，其对应于地震作用标准值的剪力应乘以不小于 1.15 的增大系数，并应符合下列规定：

1）竖向抗侧力构件不连续时，该构件传递给水平转换构件的地震内力应根据烈度高低和水平转换构件的类型、受力情况、几何尺寸等，乘以 1.25~2.0 的增大系数。

2）侧向刚度不规则时，相邻层的侧向刚度比应依据其结构类型符合 3.2.3 节的规定。

3）楼层承载力突变时，薄弱层抗侧力结构的受剪承载力不应小于相邻上一楼层的 65%。

7. 剪重比

出于结构安全的考虑，《建筑抗震设计规范（2016 年版）》（GB 50011—2010）提出了对结构总水平地震剪力及各楼层水平地震剪力最小值的要求，按照式（3-4）计算，规定了不同烈度下的剪力系数，也称剪重比，当不满足时，需改变结构布置或调整结构总剪力和各楼层的水平地震剪力使之满足要求。

$$V_{Eki} > \lambda \sum_{j=1}^{n} G_j \tag{3-4}$$

式中 V_{Eki} ——第 i 层对应于水平地震作用标准值的楼层剪力；

        λ ——剪力系数，不应小于表 3-11 规定的楼层最小地震剪力系数值，对竖向不规则结构的薄弱层，尚应乘以 1.15 的增大系数；

        G_j ——第 j 层的重力荷载代表值。

表 3-11 楼层最小地震剪力系数值

类别	6 度	7 度	8 度	9 度
扭转效应明显或基本周期小于 3.5s 的结构	0.008	0.016（0.024）	0.032（0.048）	0.064
基本周期大于 5.0s 的结构	0.006	0.012（0.018）	0.024（0.036）	0.048

注：1. 基本周期介于 3.5s 和 5s 之间的结构，按插入法取值。

     2. 括号内数值分别用于设计基本地震加速度为 0.15g 和 0.30g 的地区。

3.4 结构计算分析

3.4.1 一般规定

1. 分析方法

在竖向荷载、风荷载以及多遇地震作用下，多高层钢结构的内力和变形可采用弹性方法计算。在罕遇地震作用下，多高层钢结构的弹塑性变形可采用弹塑性时程分析法或静力弹塑性分析法计算。

2. 楼板影响

计算多高层钢结构的内力和变形时，可假定楼板在其自身平面内为无限刚性，设计时应采取相应措施保证楼板平面内的整体刚度。当楼板可能产生较明显的面内变形时，计算时应采用楼板平面内的实际刚度，考虑楼板的面内变形的影响。当楼板开洞面积较大时，应根据楼板开洞实际情况确定结构计算时是否按弹性楼板计算。

多高层钢结构弹性计算时，钢筋混凝土楼板与钢梁间有可靠连接，楼板可视为钢梁的翼缘，两者共同工作，计算钢梁截面的惯性矩时，可计入钢筋混凝土楼板对钢梁刚度的增大作用，两侧有楼板的钢梁的惯性矩可取为 $1.5I_b$，仅一侧有楼板的钢梁的惯性矩可取为 $1.2I_b$，I_b 为钢梁截面惯性矩。弹塑性计算时，楼板可能开裂，不应考虑楼板对钢梁惯性矩的增大作用。

3. 周期折减系数

结构计算中不应计入非结构构件对结构承载力和刚度的有利作用。计算各振型地震影响系数所采用的结构自振周期，应考虑非承重填充墙体的刚度影响予以折减。当非承重墙体为填充轻质砌块、填充轻质墙板或外挂墙板时，自振周期折减系数可取 0.9~1.0。

4. 整体稳定性

结构计算中需控制重力 P-Δ 效应不超过 20%，使结构的稳定具有适宜的安全储备。在水平力作用下，多高层钢结构的整体稳定性应符合下列规定：

框架结构应满足下式要求：

$$D_i \geq 5 \sum_{j=i}^{n} G_j / h_i (i = 1, 2, \cdots, n) \tag{3-5}$$

框架-支撑结构应满足下式要求：

$$EJ_d \geq 0.7 H^2 \sum_{i=1}^{n} G_i \tag{3-6}$$

式中　　D_i——第 i 楼层的侧向刚度，可取该层剪力与层间位移的比值；

　　　　h_i——第 i 楼层层高；

　　G_i、G_j——第 i、j 楼层重力荷载设计值，取 1.3 倍的永久荷载标准值与 1.5 倍的楼面可变荷载标准值的组合值；

　　　　H——房屋高度；

　　　EJ_d——结构一个主轴方向的弹性等效侧向刚度，可按倒三角形分布荷载作用下结构顶点位移相等的原则，将结构的侧向刚度折算为竖向悬臂受弯构件的等效侧向刚度。

3.4.2　弹性分析

多高层钢结构的弹性计算模型应根据结构的实际情况确定，应能较准确地反映结构的刚度和质量分布以及各结构构件的实际受力状况。可选择空间杆系、空间杆-墙板元及其他组合有限元等计算模型。弹性分析时，应计入重力二阶效应的影响。

多高层钢结构弹性分析时，应考虑下述变形：梁的弯曲和扭转变形，必要时考虑轴向变形；柱的弯曲、轴向、剪切和扭转变形；支撑的弯曲、轴向和扭转变形；延性墙板的剪切变形；消能梁段的剪切变形和弯曲变形。

钢框架-支撑结构、钢框架-延性墙板结构的框架部分按刚度分配计算得到的地震层剪力应乘以调整系数，达到不小于结构总地震剪力的 25% 和框架部分计算最大层剪力 1.8 倍二者的较小值。

体型复杂、结构布置复杂以及特别不规则的多高层钢结构，应采用至少两个不同力学模型的结构分析软件进行整体计算。对结构分析软件的分析结果，应进行分析判断，确认其合理、有效后方可作为工程设计的依据。

3.4.3　弹塑性分析

对多高层钢结构进行弹塑性计算分析，可以研究结构的薄弱部位，验证结构的抗震性能。结构弹塑性分析的计算模型需包括全部主要结构构件，能较正确地反映结构的质量、刚度和承载力的分布以及结构构件的弹塑性性能。弹塑性分析时一般采用空间计算模型。

进行弹塑性计算分析时，可根据实际工程情况采用静力或动力时程分析法。房屋高度不超过 100m 时，可采用静力弹塑性分析方法；高度超过 150m 时，应采用弹塑性时程分析法；高度为 100~150m 时，可视结构不规则程度选择静力弹塑性分析法或弹塑性时程分析法；高度超过 300m 时，应有两个独立的计算。

采用弹塑性时程分析法进行罕遇地震作用下的变形计算时，一般情况下，采用单向水平地震输入，在结构的各主轴方向分别输入地震加速度时程。对体型复杂或特别不规则的结构，宜采用双向水平地震或三向地震输入。地震地面运动加速度时程的选取，时程分析所用地震加速度时程的最大值等，应根据《建筑抗震设计规范（2016 年版）》（GB 50011—2010）进行选取。

结构的弹塑性分析是一项非常复杂的工作，从计算模型的简化、恢复力模型的确定、地震波的选用，直至计算结果的后处理都需要进行大量的工作，而且分析过程中具有数据量庞大、计算周期较长的特点。目前主要使用软件进行结构的弹塑性分析。随着 SAUSAGE 等相关弹塑性分析软件不断发展，结构的弹塑性分析已经广泛应用于工程实践中。

3.4.4　极限状态设计表达式及荷载组合

结构的极限状态是指整个结构或结构的一部分超过某一特定状态就不能满足设计规定的某一功能要求，此特定状态称为该功能的极限状态。极限状态可分为承载能力极限状态、正常使用极限状态和耐久性极限状态。

承载能力极限状态可理解为结构或结构构件发挥允许的最大承载能力的状态。结构构件由于塑性变形而使其几何形状发生显著改变，虽未达到最大承载能力，但已彻底不能使用，也属于达到这种极限状态。当结构或构件出现下列状态之一时，即可认为超过了承载能力极限状态：

1）结构构件或连接因超过材料强度而破坏，或因过度变形而不适于继续承载。

2）整个结构或其一部分作为刚体失去平衡。

3）结构转变为机动体系。

4）结构或结构构件丧失稳定。

5）结构因局部破坏而发生连续倒塌。

6）地基丧失承载力而破坏。

7）结构或结构构件的疲劳破坏。

正常使用极限状态可理解为结构或结构构件达到使用功能上允许的某个限值的状态。例如，某些构件必须控制变形、裂缝才能满足使用要求。因过大的变形会造成如房屋内粉刷层剥落、填充墙和隔断墙开裂及屋面积水等后果；过大的裂缝会影响结构的耐久性；过大的变形、裂缝也会造成用户心理上的不安全感。当结构或构件出现下列状态之一时，即可认为超过了正常使用极限状态：

1）影响正常使用或外观的变形。

2）影响正常使用的局部损坏。

3）影响正常使用的振动。

4）影响正常使用的其他特定状态。

结构耐久性是指在服役环境作用和正常使用维护条件下，结构抵御结构性能劣化（或退化）的能力。结构的耐久性极限状态设计应使结构构件出现耐久性极限状态标志或限值的年限不小于其设计使用年限。当结构或结构构件出现下列状态之一时，应认定为超过了耐久性极限状态：

1）影响承载能力和正常使用的材料性能劣化。

2）影响耐久性能的裂缝、变形、缺口、外观、材料削弱等。

3）影响耐久性能的其他特定状态。

对结构的各种极限状态，均应规定明确的标志或限值。结构设计时应对结构的不同极限状态分别进行计算或验算；若仅为某一极限状态的计算或验算起控制作用时，可仅对该极限状态进行计算或验算。同时对每一种作用组合均应采用最不利的效应设计值进行设计。

工程结构设计时，应考虑持久状况、短暂状况、偶然状况与地震状况等不同的设计状况。持久设计状况，适用于结构使用时的正常情况；短暂设计状况，适用于结构出现的临时情况，包括结构施工和维修时的情况等；偶然设计状况，适用于结构出现的异常情况，包括结构遭受火灾、爆炸、撞击时的情况等；地震设计状况，适用于结构遭受地震时的情况。应针对不同的状况，合理地采用相应的结构体系、可靠度水平、基本变量和作用组合等设计技术条件，并按表 3-12 的分类分别进行相应的极限状态设计。

表 3-12　结构设计状况与相应极限状态设计分类

结构设计状况	进行承载能力极限状态设计	进行正常使用极限状态设计	进行耐久性极限状态设计
持久设计状况	√	√	√
短暂设计状况	√	必要时	—
偶然设计状况	√	—	—
地震设计状况	√	必要时	—

建筑结构按极限状态设计时，应按表 3-13 的规定对不同的设计状况采用相应的荷载作用组合，在每一种作用组合中还必须选取其中的最不利组合进行有关的极限状态设计。设计时应针对各种有关的极限状态进行必要的计算或验算，当有实际工程经验时，也可采用构造措施来代替验算。

表 3-13　极限状态设计的相应作用组合

极限状态类别	选用作用组合
承载能力极限状态设计	（1）对于持久设计状况或短暂设计状况，应采用作用的基本组合 （2）对于偶然设计状况，应采用作用的偶然组合 （3）对于地震设计状况，应采用作用的地震组合
正常使用极限状态设计	（1）对于不可逆正常使用极限状态设计，宜采用作用的标准组合 （2）对于可逆正常使用极限状态设计，宜采用作用的频遇组合 （3）对于长期效应是决定性因素的正常使用极限状态设计，宜采用作用的准永久组合

结构或构件的极限状态可以用荷载（作用）效应 S 和结构或构件抗力 R 之间的关系来描述。令 $Z = R - S$，则当 $Z > 0$，即 $R > S$ 时，结构或构件处于可靠状态；当 $Z < 0$，即 $R < S$ 时，结构或构件处于失效状态；当 $Z = 0$，即 $R = S$ 时，结构或构件处于极限状态。$Z = g(R, S)$ 是反映结构完成功能状态的函数，称为结构功能函数或状态函数。

在进行承载能力极限状态设计和正常使用极限状态设计时，结构构件需根据规定的可靠指标，采用由作用的代表值、材料性能的标准值、几何参数的标准值和各相应的分项系数构成的极限状态设计表达式进行设计，并满足 $R \geqslant S$ 的要求。耐久性极限状态设计则通过保证构件质量的预防性处理措施、减小侵蚀作用的局部环境改善措施、延缓构件出现损伤的表面防护措施和延缓材料性能劣化速度的保护措施等措施进行设计。

1. 承载能力极限状态设计

结构或结构构件的承载能力极限状态设计应符合下列规定：

1）结构或结构构件强度不足破坏或过度变形时的承载能力极限状态设计，应符合下式要求：

$$\gamma_0 S_d \leqslant R_d \tag{3-7}$$

式中　γ_0——结构重要性系数，结构安全等级为一级、二级或三级时，γ_0 分别按 1.1、1.0 或 0.9 采用；当为偶然作用或地震作用时，γ_0 按 1.0 采用；

S_d——作用组合的效应（如轴力、弯矩等）设计值；

R_d——结构或结构构件的抗力（即承载力）设计值。

2）结构整体或其一部分作为刚体失去静力平衡时的承载能力极限状态设计，应符合下式要求：

$$\gamma_0 S_{d,dst} \leqslant S_{d,stb} \tag{3-8}$$

式中　$S_{d,dst}$——不平衡作用效应的设计值；

$S_{d,stb}$——平衡作用效应的设计值。

承载能力极限状态设计表达式中的作用组合应为可能同时出现的作用的组合，每个作用组合中应包括一个主导可变作用或一个偶然作用或一个地震作用。当永久作用位置的变异对静力平衡或类似的极限状态设计结果很敏感时，该永久作用的有利部分和不利部分应分别作为单个作用。当一种作用产生的几种效应非全相关时，对产生有利效应的作用，其分项系数的取值应予降低。对不同的设计工况，应采用不同的作用组合。

对持久设计状况和短暂设计状况，应采用作用的基本组合，并应符合下列规定：

1）基本组合的效应设计值按下式中最不利值确定：

$$S_d = S\left(\sum_{i \geqslant 1} \gamma_{Gi} G_{ik} + \gamma_P P + \gamma_{Q1} \gamma_{L1} Q_{1k} + \sum_{j>1} \gamma_{Qj} \psi_{cj} \gamma_{Lj} Q_{jk} \right) \tag{3-9}$$

式中　$S(\cdot)$——作用组合的效应函数；

G_{ik}——第 i 个永久作用的标准值；

P——预应力作用的有关代表值；

Q_{1k}——第 1 个可变作用（主导可变作用）的标准值；

Q_{jk}——第 j 个可变作用的标准值；

γ_{Gi}——第 i 个永久作用的分项系数；

γ_P——预应力作用的分项系数；

γ_{Q1}——第 1 个可变作用（主导可变作用）的分项系数；

γ_{Qj}——第 j 个可变作用的分项系数；

γ_{L1}、γ_{Lj}——第 1 个和第 j 个考虑结构使用年限的荷载调整系数；

ψ_{cj}——第 j 个可变作用的组合值系数，应按有关规范的规定采用。

2）当作用与作用效应按线性关系考虑时，基本组合的效应设计值按下式中最不利值计算：

$$S_d = \sum_{i \geqslant 1} \gamma_{Gi} S_{G_{ik}} + \gamma_P S_P + \gamma_{Q1} \gamma_{L1} S_{Q_{1k}} + \sum_{j>1} \gamma_{Qj} \psi_{cj} \gamma_{Lj} S_{Q_{jk}} \tag{3-10}$$

式中　$S_{G_{ik}}$——第 i 个永久作用标准值的效应；

S_P——预应力作用有关代表值的效应；

$S_{Q_{1k}}$——第 1 个可变作用标准值的效应；

$S_{Q_{jk}}$——第 j 个可变作用标准值的效应。

对偶然设计状况，应采用作用的偶然组合，并应符合下列规定：

1）偶然组合的效应设计值按下式确定：

$$S_d = S\left[\sum_{i \geqslant 1} G_{ik} + P + A_d + (\psi_{f1} \text{ 或 } \psi_{q1}) Q_{1k} + \sum_{j>1} \psi_{qj} Q_{jk} \right] \tag{3-11}$$

式中　A_d——偶然作用的设计值；

ψ_{f1}——第 1 个可变作用的频遇值系数，应按有关标准的规定采用；

ψ_{q1}、ψ_{qj}——第 1 个和第 j 个可变作用的准永久值系数，应按有关标准的规定采用。

2）当作用与作用效应按线性关系考虑时，偶然组合的效应设计值按下式计算：

$$S_d = \sum_{i \geqslant 1} S_{G_{ik}} + S_P + S_{A_d} + (\psi_{f1} \text{ 或 } \psi_{q1}) S_{Q_{1k}} + \sum_{j>1} \psi_{qj} S_{Q_{jk}} \tag{3-12}$$

式中　S_{A_d}——偶然作用设计值的效应。

对地震设计状况，应采用作用的地震组合。地震组合的效应设计值应符合《建筑抗震设计规范（2016 年版)》（GB 50011—2010）的规定。

建筑结构的作用分项系数，应按表 3-14 采用。

表 3-14　建筑结构的作用分项系数

作用分项系数	适用情况	
	当作用效应对承载力不利时	当作用效应对承载力有利时
γ_G	1.3	≤1.0
γ_P	1.3	≤1.0
γ_Q	1.5	0

建筑结构考虑结构设计使用年限的荷载调整系数 γ_L，应按表 3-15 采用。

表 3-15　建筑结构考虑结构设计使用年限的荷载调整系数 γ_L

结构的设计使用年限（年）	γ_L
5	0.9
50	1.0
100	1.1

2. 正常使用极限状态设计

结构或结构构件按正常使用极限状态设计时，应符合下式要求：

$$S_d \leqslant C \tag{3-13}$$

式中　S_d ——作用组合的效应（如变形、裂缝等）设计值；

　　　C ——设计对变形、裂缝等规定的相应限值，应按相关结构设计规范的规定采用。

按正常使用极限状态设计时，可根据不同情况采用作用的标准组合、频遇组合或准永久组合。标准组合宜用于不可逆正常使用极限状态；频遇组合宜用于可逆正常使用极限状态；准永久组合宜用于当长期效应取决定性因素时的正常使用极限状态。设计计算时，对正常使用极限状态的材料性能的分项系数 γ_M，除各结构设计规范有专门规定外，应取 1.0。

各组合的效应设计值可分别按以下各式确定：

（1）标准组合

1）标准组合的效应设计值按下式确定：

$$S_d = S\left(\sum_{i \geqslant 1} G_{ik} + P + Q_{1k} + \sum_{j > 1} \psi_{cj} Q_{jk}\right) \tag{3-14}$$

2）当作用与作用效应按线性关系考虑时，标准组合的效应设计值按下式计算：

$$S_d = \sum_{i \geqslant 1} S_{G_{ik}} + S_P + S_{Q_{1k}} + \sum_{j > 1} \psi_{cj} S_{Q_{jk}} \tag{3-15}$$

（2）频遇组合

1）频遇组合的效应设计值按下式确定：

$$S_d = S\left(\sum_{i \geqslant 1} G_{ik} + P + \psi_{f1} Q_{1k} + \sum_{j > 1} \psi_{qj} Q_{jk}\right) \tag{3-16}$$

2）当作用与作用效应按线性关系考虑时，频遇组合的效应设计值按下式计算：

$$S_d = \sum_{i \geqslant 1} S_{G_{ik}} + S_P + \psi_{f1} S_{Q_{1k}} + \sum_{j > 1} \psi_{qj} S_{Q_{jk}} \qquad (3\text{-}17)$$

（3）准永久组合

1）准永久组合的效应设计值按下式确定：

$$S_d = S\left(\sum_{i \geqslant 1} G_{ik} + P + \sum_{j \geqslant 1} \psi_{qj} Q_{jk} \right) \qquad (3\text{-}18)$$

2）当作用与作用效应按线性关系考虑时，准永久组合的效应设计值按下式计算：

$$S_d = \sum_{i \geqslant 1} S_{G_{ik}} + S_P + \sum_{j \geqslant 1} \psi_{qj} S_{Q_{jk}} \qquad (3\text{-}19)$$

第4章

钢构件及节点设计与验算

■ 4.1 构件设计与验算

4.1.1 构件截面尺寸初估

1. 框架梁截面尺寸初估

框架梁通常采用热轧 H 型钢或焊接工字型钢。主梁根据荷载与支座情况并考虑刚度的要求，取跨度的 1/20~1/12。一般纵梁与横梁同高或纵梁高比横梁高小 150mm 以上，次梁可按简支梁进行估算。

钢框架梁、柱板件还应符合宽厚比的要求，详见表 4-1。框架梁、柱板件宽厚比的规定，是以结构符合强柱弱梁为前提，考虑柱仅在后期出现少量塑性不需要很高的转动能力而制定的。非抗侧力构件的板件宽厚比应按《钢结构设计标准》（GB 50017—2017）的有关规定执行。

2. 框架柱截面尺寸初估

框架柱截面按长细比估算，根据抗震等级有不同的限制。框架柱的长细比关系到钢结构的整体稳定，一级不应大于 $60\sqrt{235/f_y}$，二级不应大于 $80\sqrt{235/f_y}$，三级不应大于 $100\sqrt{235/f_y}$，四级不应大于 $120\sqrt{235/f_y}$。其板件还应符合表 4-1 板件宽厚比的要求。截面形状根据轴心受压、双向受弯或单向受弯的不同，可选择钢管或 H 型钢截面等。在柱高或对纵横向刚度有较大要求时，常采用箱形或圆管截面。

表 4-1 钢框架梁、柱板件宽厚比限值

板件名称		抗震等级				非抗震设计
		一级	二级	三级	四级	
柱	工字形截面翼缘外伸部分	10	11	12	13	13
	工字形截面腹板	43	45	48	52	52
	箱形截面壁板	33	36	38	40	40
	冷成型方管壁板	32	35	37	40	40
	圆管（径厚比）	50	55	60	70	70

（续）

板件名称		抗震等级				非抗震设计
		一级	二级	三级	四级	
梁	工字形截面和箱形截面翼缘外伸部分	9	9	10	11	11
	箱形截面翼缘在两腹板之间部分	30	30	32	36	36
	工字形截面和箱形截面腹板	$(72 \sim 120)\rho$	$(72 \sim 100)\rho$	$(80 \sim 110)\rho$	$(85 \sim 120)\rho$	$(85 \sim 120)\rho$

注：1. $\rho = N/Af$ 为梁轴压比。

2. 表列数值适用于 Q235 钢，采用其他钢号应乘以 $\sqrt{235/f_y}$，圆管应乘以 $235/f_y$。

3. 冷成型方管适用于 Q235GJ 或 Q345GJ 钢。

4. 工字形梁和箱形梁的腹板宽厚比，对一、二、三、四级分别不宜大于 60、65、70、75。

3. 支撑构件截面尺寸初估

支撑构件初估与框架柱类似，根据长细比估算。中心支撑杆件的长细比，按压杆设计时，不应大于 $120\sqrt{235/f_y}$；一、二、三级中心支撑不得采用拉杆设计，四级采用拉杆设计时，其长细比不应大于 180。中心支撑斜杆的板件宽厚比不应大于表 4-2 规定的限值。偏心支撑框架的支撑杆件长细比不应大于 $120\sqrt{235/f_y}$，支撑杆件的板件宽厚比不应超过《钢结构设计标准》（GB 50017—2017）规定的轴心受压构件在弹性设计时的宽厚比限值。支撑截面形式宜采用工字形、箱形等双轴对称截面。当采用单轴对称截面时，应采取防止绕对称轴屈曲的构造措施。

表 4-2　钢结构中心支撑板件宽厚比限值

板件名称	抗震等级			四级、非抗震设计
	一级	二级	三级	
翼缘外伸部分	8	9	10	13
工字形截面腹板	25	26	27	33
箱形截面壁板	18	20	25	30
圆管外径与壁厚之比	38	40	40	42

4.1.2　梁、柱构件验算

多高层钢结构构件的承载力应按下列公式验算：

持久设计状况、短暂设计状况

$$\gamma_0 S_d \leqslant R_d \tag{4-1}$$

地震设计状况

$$S_d \leqslant \frac{R_d}{\gamma_{RE}} \tag{4-2}$$

式中　γ_0——结构重要性系数，对安全等级为一级的结构构件不应小于 1.1，对安全等级为二级的结构构件不应小于 1.0；

S_d ——作用组合的效应设计值；

R_d ——构件承载力设计值；

γ_{RE} ——构件承载力抗震调整系数，结构构件和连接强度计算时取 0.75；柱和支撑稳定计算时取 0.8；当仅计算竖向地震作用时取 1.0。

框架梁与框架柱应按照规范要求进行强度、稳定和变形验算。当梁上设有符合《钢结构设计标准》（GB 50017—2017）中规定的整体式楼板时，可不计算梁的整体稳定性。

梁与柱的连接宜采用柱贯通型。柱在两个互相垂直的方向都与梁刚接时，宜采用箱形截面。当仅在一个方向刚接时，宜采用工字形截面，并将柱腹板置于刚接框架平面内。梁翼缘与柱翼缘应采用全熔透坡口焊缝。柱在梁翼缘对应位置应设置横向加劲肋，且加劲肋厚度不应小于梁翼缘厚度。当梁翼缘的塑性截面模量小于梁全截面塑性截面模量的 70% 时，梁腹板与柱的连接螺栓不得小于两列；当计算仅需一列时，仍应布置两列，且此时螺栓总数不得小于计算值的 1.5 倍。

4.1.3 强柱弱梁验算

抗震设计时应保证钢框架为强柱弱梁型。图 4-1 所示为强柱弱梁型框架与强梁弱柱型框架完全屈服时的塑性铰分布情况。显然，强柱弱梁型框架屈服时产生塑性变形而耗能的构件比强梁弱柱型框架多，而在同样的结构顶点位移条件下，强柱弱梁型框架的最大层间变形比强梁弱柱型框架小，

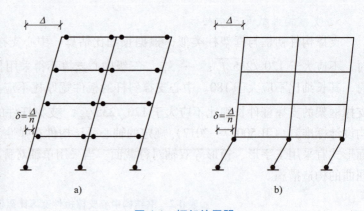

图 4-1 框架的屈服
a）强柱弱梁型框架 b）强梁弱柱型框架

因此强柱弱梁型框架的抗震性能较强梁弱柱型框架优越。

为保证钢框架为强柱弱梁型，对于抗震设防的框架柱在框架的任意节点处，汇交于该节点的、位于验算平面内的各柱截面的塑性抵抗矩和各梁截面的塑性抵抗矩宜满足下式的要求：

等截面梁与柱连接时：

$$\sum W_{pc}(f_{yc} - N/A_c) \geq \eta \sum f_{yb} W_{pb} \tag{4-3}$$

梁端加强型连接或骨式连接的端部变截面梁与柱连接时：

$$\sum W_{pc}(f_{yc} - N/A_c) \geq \sum (\eta f_{yb} W_{pb1} + M_V) \tag{4-4}$$

式中 W_{pc}、W_{pb} ——交汇于节点的柱和梁的塑性截面模量（mm^3）；

W_{pb1} ——梁塑性铰所在截面的梁塑性截面模量（mm^3）；

f_{yc}、f_{yb} ——柱和梁钢材的屈服强度（N/mm^2）；

N ——按多遇地震作用组合计算出的柱轴向压力设计值（kN）；

A_c ——框架柱的截面面积（mm^2）；

η ——强柱系数，一级取 1.15，二级取 1.10，三级取 1.05，四级取 1.0；

M_V——梁塑性铰剪力对梁端产生的附加弯矩（kN·m），$M_V = V_{pb}x$，V_{pb} 为梁塑性铰剪力，x 为塑性铰至柱面的距离，塑性铰可取梁端部变截面翼缘的最小处；骨式连接取 $(0.5 \sim 0.75)b_f + (0.3 \sim 0.45)h_b$，$b_f$ 和 h_b 分别为梁翼缘宽度和梁截面高度。梁端加强型连接可取加强板的长度加四分之一梁高。如有试验依据时，也可按试验取值。

当柱所在层的受剪承载力比上一层的受剪承载力高出 25%，或柱轴压比不超过 0.4，或作为轴心受压构件在 2 倍地震力下稳定性得到保证，或为与支撑斜杆相连的节点时，则可不验算"强柱弱梁"，不需满足式（4-3）式（4-4）。

4.1.4　节点域验算

柱与梁连接处，在梁上下翼缘对应位置应设置柱的水平加劲肋或隔板。由上下水平加劲肋和柱翼缘所包围的柱腹板称为节点域，如图 4-2 所示。

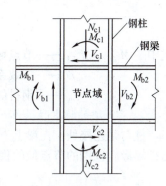

图 4-2　节点域及其周边受力情况

1. 节点域受剪承载力验算

在多高层钢结构中，节点域常常有较大的剪力，节点域的剪力及变形的作用对框架特性有很大的影响，不容忽视。大量的理论分析及试验研究表明，节点域对结构特性影响最大的是其剪切变形。在水平荷载作用下，框架节点因腹板较薄，节点域将产生较大的剪切变形，使得框架侧移增大 10% ~ 20%，因此其受剪承载力应满足式（4-5）的要求。

$$\frac{M_{b1} + M_{b2}}{V_p} \leqslant \frac{4}{3} \cdot \frac{f_v}{\gamma_{RE}} \tag{4-5}$$

式中　M_{b1}、M_{b2}——节点域左、右梁端作用的弯矩设计值（kN·m）；

f_v——钢材抗剪强度设计值（N/mm²）；

V_p——节点域的有效体积（mm³），可按照式（4-6）~式（4-9）计算。

工字形截面柱（绕强轴）：

$$V_p = h_{b1}h_{c1}t_p \tag{4-6}$$

工字形截面柱（绕弱轴）：

$$V_p = 2h_{b1}bt_f \tag{4-7}$$

箱形截面柱：

$$V_p = \frac{16}{9}h_{b1}h_{c1}t_p \tag{4-8}$$

圆管截面柱：

$$V_p = \frac{\pi}{2}h_{b1}h_{c1}t_p \tag{4-9}$$

式中　h_{b1}——梁翼缘中心间的距离（mm）；

h_{c1}——工字形截面柱翼缘中心间的距离、箱形截面壁板中心间的距离和圆管截面柱管壁中线的直径（mm）；

t_p——柱腹板和节点域补强板厚度之和，或局部加厚时的节点域厚度（mm），箱形柱为一块腹板的厚度，圆管柱为壁厚；

t_f——柱的翼缘厚度（mm）；

b——柱的翼缘宽度（mm）。

2. 节点域的屈服承载力验算

试验研究发现，钢框架梁柱节点域具有很好的滞回耗能性能，地震下让其屈服对结构抗震有利。但节点域板太薄，会使钢框架的位移增大较多，而太厚又会使节点域不能发挥耗能作用，故节点域既不能太薄又不能太厚。因此节点域在满足弹性内力设计式的要求条件下，其屈服承载力尚应符合下式要求：

$$\frac{\psi(M_{pb1} + M_{pb2})}{V_p} \leq \frac{4}{3}f_{yv} \tag{4-10}$$

式中　M_{pb1}、M_{pb2}——节点域两侧梁的全塑性受弯承载力；

ψ——折减系数，抗震等级三、四级时，取0.6；一、二级时，取0.7；

f_{yv}——钢材的屈服抗剪强度，取钢材屈服强度的0.58倍。

3. 节点域的稳定性验算

柱与梁连接处，在梁上下翼缘对应位置应设置柱的水平加劲肋或隔板。加劲肋（隔板）与柱翼缘所包围的节点域的稳定性，应满足下式要求：

$$t_p \geq \frac{h_{b1} + h_{c1}}{90} \tag{4-11}$$

当节点域不满足要求时，可根据规范相关要求对节点域腹板进行加厚或补强。

■ 4.2　节点设计

构件的连接节点是保证多高层钢结构安全可靠的关键部位，对结构的受力性能有着重要的影响。节点设计是否合理，不仅会影响结构承载力的可靠性和安全性，而且会影响构件的加工制作与工地安装的质量。因此，节点设计是整个设计工作中的一个重要环节，必须予以足够的重视。本节主要介绍框架梁、框架柱与支撑等构件连接节点的构造要求与设计方法。

4.2.1　节点分类

构件的连接节点按照连接部位划分主要有梁柱连接节点、梁梁连接节点、柱柱拼接节点、支撑与框架连接节点、柱脚节点几大类。

1. 梁柱连接节点

梁柱连接节点可分为刚接节点、半刚接节点和铰接节点。在多高层民用钢结构建筑中，一般采用梁柱刚接节点。梁与柱刚性连接时，梁的端部可直接与柱进行连接（图4-3），也可通过悬臂

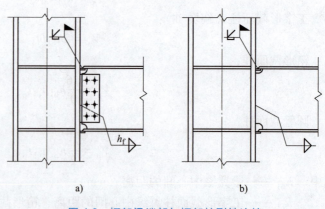

图4-3　框架梁端部与框架柱刚性连接

a）栓焊混合连接　b）全截面焊接

梁段与柱进行连接（图4-4）。梁柱刚接节点按照构造形式也可分为全螺栓连接、栓焊混合连接和全截面焊接。全螺栓连接是指翼缘和腹板均采用高强度螺栓摩擦型连接；栓焊混合连接是指翼缘采用全熔透对接焊缝，腹板用高强度螺栓摩擦型连接；全截面焊接是指翼缘和腹板均采用焊缝连接。

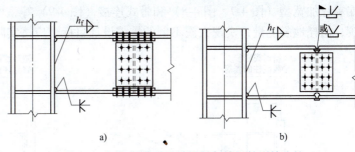

图 4-4　框架梁通过悬臂梁段与框架柱刚性连接

a）全螺栓连接　b）栓焊混合连接

框架梁通过悬臂梁段与框架柱刚性连接时，悬臂梁段与柱应预先采用全截面焊接连接。在实际工程中，常使用梁柱栓焊混合连接。

按照常规等截面梁与柱栓焊混合连接的多高层钢结构在遭受大震后的实地调查发现，造成破坏者，其破坏部位多在框架梁的下翼缘与柱的工地焊接连接处，致使钢结构所具有的良好延性并没有发挥出来。为了减轻震害，《多、高层民用建筑钢结构节点构造详图》（16G519）中给出了几种"强节点弱杆件"的改进措施，如盖板加强型（图4-5、图4-6）、

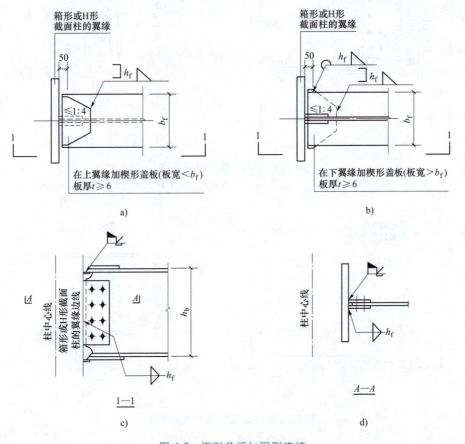

图 4-5　楔形盖板加强型连接

a）上盖板　b）下盖板　c）1—1 截面　d）A—A 截面

梁端翼缘加宽型（图4-7、图4-8）和骨式连接（图4-9）等，可使在大震作用下梁上出现塑性铰，消耗地震能量，实现大震不倒的抗震设计目标，应按实际需求选用。

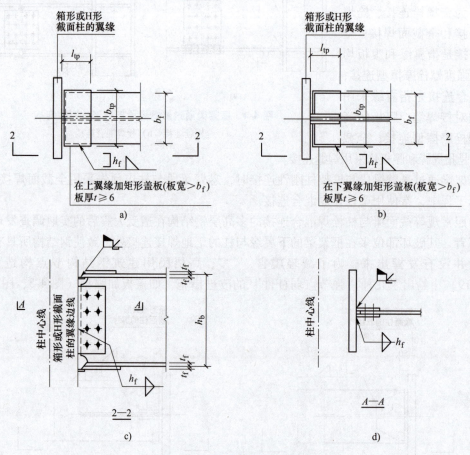

图 4-6　矩形盖板加强型连接

a）上盖板　b）下盖板　c）2—2 截面　d）A—A 截面（图 4-7~图 4-9 的 A—A 截面同此截面）

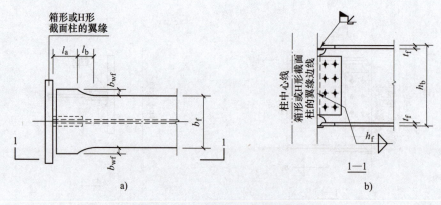

图 4-7　梁端翼缘扩展加强型连接

a）连接示意图　b）1—1 截面

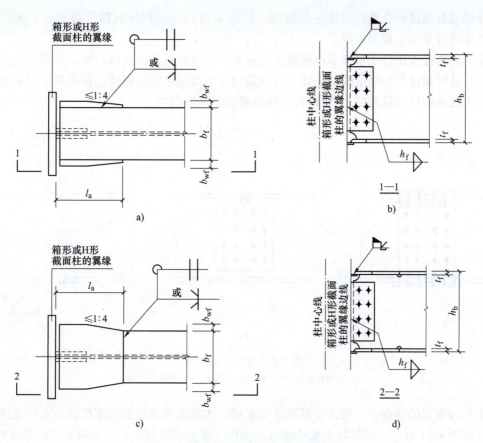

图 4-8 梁端翼缘局部加宽加强型连接

a) 类型 1 　b) 1—1 截面 　c) 类型 2 　d) 2—2 截面

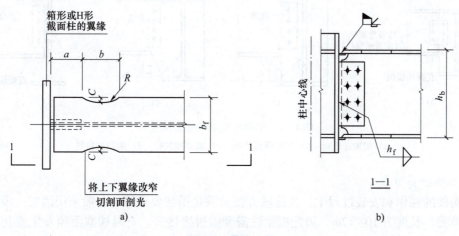

图 4-9 骨式连接

a) 连接示意图 　b) 1—1 截面

2. 梁梁连接节点

梁与梁的连接包括梁与梁的拼接、主梁和次梁的连接。梁与梁的拼接主要分为全螺栓连接、栓焊混合连接和全截面焊接三种类型，如图 4-10 所示。构件抗震等级为三、四级和非抗震设计时可采用全截面焊接。

主梁的拼接点应位于框架节点塑性区段以外，尽量靠近梁的反弯点处。主梁的接头主要用于柱外悬臂梁段与中间梁段的连接。按抗震设计的高层钢结构框架，在强震作用下塑性区一般将出现在距梁端算起的 1/10 跨长或两倍截面高度范围内。

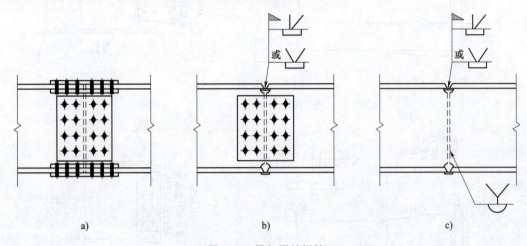

图 4-10　梁与梁的拼接

a）全螺栓连接　b）栓焊混合连接　c）全截面焊接

主梁与次梁的连接，一般为次梁简支于主梁，次梁腹板通过高强度螺栓与主梁连接，常用形式如图 4-11 所示。次梁与主梁的刚性连接用于梁的跨度较大，要求减小梁的挠度时。

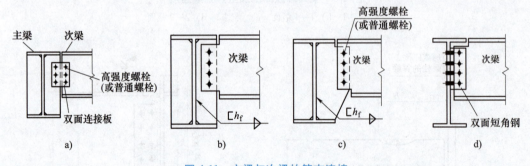

图 4-11　主梁与次梁的简支连接

a）附加连接板　b）次梁腹板伸出　c）加宽加劲肋　d）附加短角钢

3. 柱柱拼接节点

钢构件的制作和安装过程中，为运输方便及满足吊装要求等，一般采用两层一根作为柱的安装单元，长度为 10～12m。因此框架柱需要做拼接接头。有时柱截面须发生变化，也要进行拼接。根据设计和施工的具体要求，柱柱拼接可采用焊接或高强度螺栓连接。

框架柱拼接接头处一般应在柱的一个方向的两侧设置耳板用于安装定位，定位施焊后，割去耳板。在多高层钢结构建筑中，柱与柱的拼接节点应设在弯矩较小以及便于现场施焊的位置，一般取至距离梁面 1.2～1.3m 和柱净高的一半的较小值。

当 H 形柱在施工现场拼接时，翼缘宜采用坡口全熔透焊缝，腹板可采用高强度螺栓连接或焊接（图 4-12）。当翼缘与腹板采用全截面焊接时，上柱翼缘应开 V 形坡口，腹板应开 K 形坡口。当箱形柱在施工现场拼接时，一般全部采用焊接（图 4-13）。抗震设计时，框架柱的连接应采用坡口全熔透焊缝。非抗震设计时，框架柱的连接可采用部分熔透焊缝。

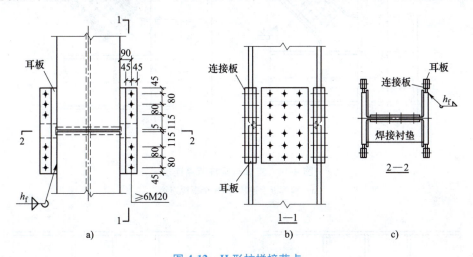

图 4-12 H 形柱拼接节点

a）节点示意图 b）1—1 截面 c）2—2 截面

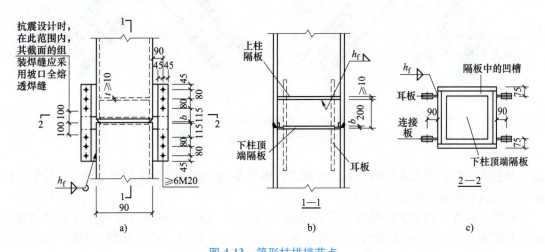

图 4-13 箱形柱拼接节点

a）节点示意图 b）1—1 截面 c）2—2 截面

4. 支撑与框架连接节点

抗震设计时，支撑宜采用 H 型钢制作，在构造上两端应刚接。支撑与框架的连接位置主要位于梁柱节点处（图 4-14）与框架梁中段（图 4-15）。柱和梁应在与 H 形截面支撑翼缘的连接处设置加劲肋。当 H 形截面支撑翼缘与箱形柱连接时，在柱壁板的相应位置应设置隔板。当 H 形截面支撑翼缘端部与框架构件连接时，连接处宜做成圆弧。

5. 柱脚节点

柱脚是结构中的重要节点，其作用是将柱下端的轴力、弯矩和剪力传递给基础，使钢柱与基础有效地连接在一起，确保上部结构能够承受各种外力作用。钢柱柱脚包括外露式柱

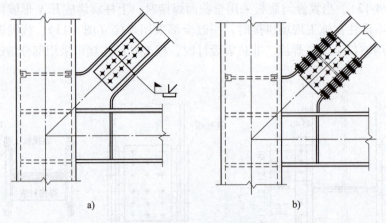

图 4-14　支撑与梁柱节点连接

a）栓焊混合连接　b）全螺栓连接

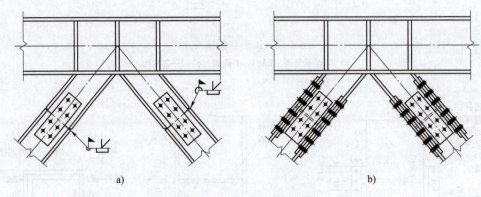

图 4-15　支撑与框架梁连接

a）栓焊混合连接　b）全螺栓连接

脚、外包式柱脚和埋入式柱脚三类。外露式柱脚与基础的连接有铰接和刚接之分。外包式柱脚和埋入式柱脚均为刚接柱脚。

外露式柱脚应通过底板锚栓固定在混凝土基础上，高层民用建筑的钢柱应采用刚接柱脚，如图 4-16a 所示。外包式柱脚由钢柱脚和外包混凝土组成，位于混凝土基础顶面以上，外包部分的钢柱翼缘表面宜设置栓钉，如图 4-16b 所示。埋入式柱脚是将柱脚埋入混凝土基础内，钢柱脚底板应设置锚栓与下部混凝土连接，如图 4-16c 所示。抗震设计时，宜优先采用埋入式柱脚。外包式柱脚可在有地下室的高层民用建筑中采用。抗震设防烈度为 6 度、7 度且建筑高度不超过 50m 时可采用外露式柱脚。

4.2.2　梁柱节点设计

梁与柱的连接应在弹性阶段验算其连接强度，在弹塑性阶段验算其极限承载力。本小节以较为常用的栓焊连接刚性节点为例介绍节点设计方法。计算简图如图 4-17 所示。

1. 弹性阶段承载力设计

梁与柱连接时，根据主梁翼缘的受弯承载力在整个截面受弯承载力中的占比，在弹性阶

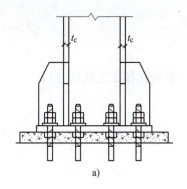
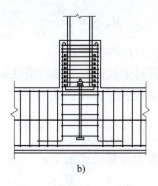
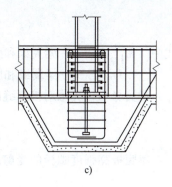

图 4-16　柱脚节点构造

a）外露式柱脚　b）外包式柱脚　c）埋入式柱脚

段承载力设计方法可分为简化设计法与全截面精确设计法两种。

（1）简化设计法　简化设计法是指假设梁翼缘承担全部梁端弯矩，梁腹板承担全部梁端剪力。当主梁翼缘的受弯承载力大于主梁整个截面受弯承载力的 70% 时，即主梁翼缘提供的塑性截面模量大于主梁全截面塑性截面模量的 70%，可以采用简化设计法。

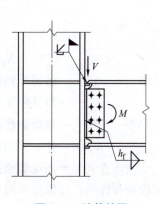

图 4-17　计算简图

梁翼缘与柱翼缘对接焊缝的抗拉强度验算公式如下：

$$\sigma_f = \frac{M}{b_f t_f (h - t_f)} \leqslant f_t^w \tag{4-12}$$

式中　M——梁端弯矩设计值；

b_f、t_f——梁翼缘宽度和厚度；

h——梁的高度；

f_t^w——对接焊缝的抗拉强度设计值。

当梁与柱采用栓焊混合连接时，由于栓焊混合连接一般采用先栓后焊的方法，此时应考虑翼缘焊接热影响引起的高强度螺栓预应力损失，故梁腹板高强度螺栓的受剪承载力验算宜计入 0.9 的热损失系数，计算公式如下：

$$N_v = \frac{V}{n} \leqslant 0.9 N_v^b \tag{4-13}$$

式中　V——梁端受剪承载力；

n——梁腹板高强度螺栓的数目；

N_v——单个高强度螺栓所承受的剪力；

N_v^b——单个高强度螺栓的受剪承载力设计值。

（2）全截面精确设计法　全截面精确设计法是指梁腹板除承担全部剪力外，还与梁翼缘一起承担弯矩。梁翼缘和腹板分担弯矩的大小可根据其刚度比确定。当梁翼缘提供的塑性截面模量小于梁全截面塑性截面模量的 70% 时，应考虑全截面的受弯承载力，可采用全截面精确设计法。

$$M_f = M \frac{I_f}{I_w + I_f} \tag{4-14}$$

$$M_w = M \frac{I_w}{I_w + I_f} \tag{4-15}$$

式中　　M_f、M_w——梁翼缘和腹板分担的弯矩；

　　　　I_f、I_w——梁翼缘和腹板对梁截面形心轴的惯性矩（腹板扣掉工艺孔尺寸）。

梁翼缘与柱翼缘对接焊缝的抗拉强度验算公式如下：

$$\sigma_f = \frac{M_f}{b_f t_f (h - t_f)} \leqslant f_t^w \tag{4-16}$$

梁腹板高强度螺栓的受剪承载力计算公式如下：

$$N_x^{M_w} = \frac{M_w y_1}{\sum x_i^2 + \sum y_i^2}$$

$$N_y^{M_w} = \frac{M_w x_1}{\sum x_i^2 + \sum y_i^2}$$

$$N_v = \sqrt{(N_x^{M_w})^2 + (N_y^{M_w} + N_y^V)^2} \leqslant 0.9 N_v^b \tag{4-17}$$

式中　　x_i、y_i——各螺栓到螺栓群中心 x 或 y 方向的距离；

　　　　x_1、y_1——最外侧螺栓到螺栓群中心 x 或 y 方向的距离；

$N_x^{M_w}$、$N_y^{M_w}$——最外侧螺栓由 M_w 引起的剪力在 x、y 方向的分量；

　　　　N_y^V——在 y 方向，单个高强度螺栓所承受的剪力，计算公式同式（4-13）。

需注意的是，当梁翼缘的塑性截面模量与梁全截面的塑性截面模量之比小于70%时，梁腹板与柱的连接螺栓不得少于两列；当计算仅需一列时，仍应布置两列，且此时螺栓总数不得少于计算值的 1.5 倍。

梁腹板连接板应采用与梁腹板相同强度等级的钢材制作，其厚度应比梁腹板大 2mm。连接板与柱的焊接应采用双面角焊缝，在强震区焊缝端部应围焊。梁腹板连接板的受弯和受剪承载力应按如下公式验算：

$$\sigma = \frac{M_w}{W_{nx}} \leqslant f \tag{4-18}$$

$$\tau = \frac{1.5V}{A_n} \leqslant f_v \tag{4-19}$$

式中　　W_{nx}——连接板净截面模量；

　　　　f、f_v——钢材抗弯、抗剪强度设计值；

　　　　A_n——螺栓孔处连接板侧净面积。

连接板与柱连接的角焊缝在混合应力作用下的强度应按如下公式验算：

$$\sigma_f = \frac{6M}{2 \times 0.7 h_f l_w^2} \tag{4-20}$$

$$\tau_f = \frac{V}{2 \times 0.7 h_f l_w} \tag{4-21}$$

$$\sqrt{\left(\frac{\sigma_f}{\beta_f}\right)^2 + \tau_f^2} \leqslant f_f^w \tag{4-22}$$

式中　l_w——焊缝计算长度；

　　　　σ_f——角焊缝有效截面上垂直于焊缝长度方向上的应力；

　　　　h_f——角焊缝的焊脚尺寸；

　　　　τ_f——角焊缝有效截面上平行于焊缝长度方向上的应力；

　　　　β_f——端焊缝强度设计值的增大系数，对承受静力荷载或间接承受动力荷载的结构，$\beta_f=1.22$，对直接承受动力荷载的结构，$\beta_f=1.0$；

　　　　f_f^w——角焊缝强度设计值。

2. 极限承载力设计

梁与柱的刚性连接极限承载力应按下列公式验算：

$$M_u^j \geq \alpha M_p \tag{4-23}$$

$$V_u^j \geq \alpha \frac{\sum M_p}{l_n} + V_{Gn} \tag{4-24}$$

式中　M_u^j——梁柱连接的极限受弯承载力；

　　　　M_p——梁的全塑性受弯承载力（加强型连接按未扩大的原截面计算），不记轴力时，取 $M_p=W_p f_y$；

　　　　$\sum M_p$——梁两端截面的塑性受弯承载力之和；

　　　　V_u^j——梁柱连接的极限受剪承载力；

　　　　V_{Gn}——梁在重力荷载代表值（9度尚应包括竖向地震作用标准值）作用下，按简支梁分析的两端截面剪力设计值；

　　　　l_n——梁的净跨；

　　　　α——连接系数，按表4-3取值。

表4-3　钢框架抗侧力结构构件的连接系数 α

母材牌号	梁柱连接		支撑连接、构件拼接		柱脚	
	母材破坏	高强度螺栓破坏	母材或连接板破坏	高强度螺栓破坏		
Q235	1.40	1.45	1.25	1.30	埋入式	1.2(1.0)
Q355	1.35	1.40	1.20	1.25	外包式	1.2(1.0)
Q335GJ	1.25	1.30	1.10	1.15	外露式	1.0

注：1. 屈服强度高于 Q355 的钢材，按 Q355 采用。

　　2. 屈服强度高于 Q355GJ 的 GJ 钢材，按 Q355GJ 的规定采用。

　　3. 括号内的数字用于箱形柱和圆管柱。

　　4. 外露式柱脚是指刚接柱脚，只适用于房屋高度在50m以下的情况。

（1）梁柱连接的极限受弯承载力 M_u^j　抗震设计时，梁与柱连接（图4-18）的极限受弯承载力应按照下列规定计算：

1）梁端连接的极限受弯承载力：

$$M_u^j = M_{uf}^j + M_{uw}^j \tag{4-25}$$

2）梁翼缘连接的极限受弯承载力：

$$M_{uf}^j = A_f(h_b - t_{fb})f_{ub} \qquad (4\text{-}26)$$

3）梁腹板连接的极限受弯承载力：

$$M_{uw}^j = mW_{wpe}f_{yw} \qquad (4\text{-}27)$$

$$W_{wpe} = \frac{1}{4}(h_b - 2t_{fb} - 2S_r)^2 t_{wb} \qquad (4\text{-}28)$$

4）梁腹板连接的受弯极限承载力系数 m 应按下列公式计算：

H 形柱（绕强轴）：

$$m = 1 \qquad (4\text{-}29)$$

箱形柱：

$$m = \min\left\{1, 4\frac{t_{fc}}{d_j}\sqrt{\frac{b_j f_{yc}}{t_{wb} f_{yw}}}\right\} \qquad (4\text{-}30)$$

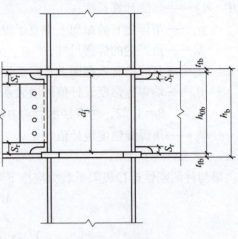

图 4-18　梁柱连接

式中　W_{wpe}——梁腹板有效截面的塑性截面模量；

f_{yw}——梁腹板钢材的屈服强度；

h_b——梁截面高度；

d_j——柱上下水平加劲肋（横隔板）内侧之间的距离；

b_j——箱形柱壁板内侧的宽度或圆管柱内直径，$b_j = b_c - 2t_{fc}$；

t_{fc}——箱形柱或圆管柱壁板的厚度；

f_{yc}——柱钢材屈服强度；

t_{fb}、t_{wb}——梁翼缘和梁腹板的厚度；

S_r——梁腹板过焊孔高度，高强度螺栓连接时为剪力板与梁翼缘间间隙的距离。

（2）梁的全塑性受弯承载力 M_p　H 形截面（绕强轴）和箱形截面梁考虑轴力的影响时，梁的全塑性受弯承载力 M_p 应按下列规定以 M_{pc} 代替。

当 $N/N_y \leqslant 0.13$ 时：

$$M_{pc} = M_p \qquad (4\text{-}31)$$

当 $N/N_y > 0.13$ 时：

$$M_{pc} = 1.15(1 - N/N_y)M_p \qquad (4\text{-}32)$$

式中　N——构件轴力设计值；

N_y——构件的轴向屈服承载力。

（3）梁柱连接的极限受剪承载力 V_u^j　梁柱连接的极限受剪承载力 V_u^j 应取下列各承载力的最小值：

$$V_u^j = \min\left\{nN_{vu}^b, nN_{cu}^b, V_{u1}, V_{u2}, V_{u3}\right\} \qquad (4\text{-}33)$$

单个高强度螺栓的极限受剪承载力：

$$N_{vu}^b = 0.58n_f A_e^b f_u^b \qquad (4\text{-}34)$$

单个高强度螺栓对应的板件极限承载力：

$$N_{cu}^b = d\sum tf_{cu}^b \qquad (4\text{-}35)$$

梁腹板净截面的极限受剪承载力：

$$V_{u1} = 0.58A_{nw}f_u \qquad (4\text{-}36)$$

连接件净截面的极限受剪承载力：

$$V_{u2} = 0.58 A_{nw}^{PL} f_u \qquad (4-37)$$

连接板和柱翼缘间的角焊缝的极限受剪承载力：

$$V_{u3} = 0.58 A_f^w f_u \qquad (4-38)$$

式中　n_f ——螺栓连接的剪切面数量；

　　　A_e^b ——螺栓螺纹处的有效截面面积；

　　　f_u^b ——钢材的抗拉强度最小值；

　　　f_{cu}^b ——螺栓连接板件的极限承压强度，取 $1.5 f_u$；

　　　d ——螺栓杆直径；

　　　$\sum t$ ——同一受力方向的钢板厚度之和；

　　　n ——连接的螺栓数；

　　　A_{nw} ——梁腹板的净截面面积；

　　　A_{nw}^{PL} ——连接件的净截面面积；

　　　A_f^w ——焊缝的有效受力面积。

4.2.3　梁梁节点设计

1. 主梁拼接节点

　　主梁的拼接主要用于柱外悬臂梁段与中间梁段的连接。本小节以较为常用的悬臂梁段与框架梁栓焊连接刚性节点为例介绍节点设计方法。计算简图如图 4-19 所示。

　　（1）弹性承载力设计　H 型钢翼缘为全熔透对接焊接，不再计算其拼接强度。腹板拼接板及每侧的高强度螺栓，按拼接处的弯矩和剪力设计值计算，即腹板拼接及每侧的高强度螺栓承受拼接截面的全部剪力及按刚度分配到腹板上的弯矩，其拼接强度不应低于原腹板强度。

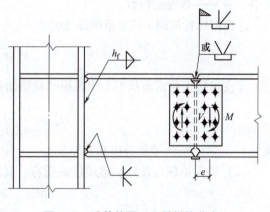

图 4-19　计算简图（主梁拼接节点）

　　当翼缘为焊接、腹板为高强度螺栓摩擦型连接，并采用先栓后焊的方法时，在计算中应考虑翼缘焊接高温对腹板连接螺栓预拉力损失的影响，连接螺栓的受剪承载力取 $0.9 N_v^b$。计算拼接螺栓时，应计入拼缝中心线至栓群中心的偏心附加弯矩。

　　梁腹板用螺栓拼接时，应以螺栓群角点处螺栓的受力满足其受剪承载力要求与控制条件，结合梁截面尺寸合理地布置螺栓群。

　　1）腹板螺栓群验算。梁腹板螺栓群承担弯矩：

$$M_w = (M + Ve) \frac{I_w}{I_w + I_f} \qquad (4-39)$$

式中　M、V ——梁拼接处的弯矩设计值和剪力设计值；

　　　e ——拼接缝至螺栓群中心处的偏心距。

梁腹板受力最大螺栓承载力校核：

$$N = \sqrt{(N_x^{M_w})^2 + (N_y^{M_w} + N_y^V)^2} \leqslant 0.9N_v^b \tag{4-40}$$

2）腹板连接板厚度。腹板连接板厚度应取下列四项中最大者：

$$t_s = \max\{t_s^M, t_s^V, t_s^s, t_s^A\} \tag{4-41}$$

①根据螺栓群承受的弯矩求板厚 t_s^M。拼接板弯曲应力应满足 $\dfrac{M_w h_s}{n_f I_j} \leqslant f$，其中拼接板净

截面惯性矩 $I_j = \left[\dfrac{1}{12} t_s^M h_s^3 - t_s^M (\sum y_i^2/n) d_0 \right] n_f$，则按拼接板受弯确定板的厚度为

$$t_s^M = \frac{M_w h_s}{n_f f \left[h_s^3/12 - (\sum y_i^2/n) d_0 \right]} \tag{4-42}$$

式中　h_s ——拼接板高度；

　　　d_0 ——螺栓孔孔径；

　　　n_f ——拼接板数量。

②根据螺栓群承受的剪力求板厚 t_s^V。假定全部剪力由拼接板均匀承受，则拼接板的厚度为

$$t_s^V = \frac{V}{n_f f_v (h_s - m d_0)} \tag{4-43}$$

式中　m ——螺栓的行数。

③根据螺栓间距 s 确定板的厚度 t_s^s。

$$t_s^s \geqslant \frac{s}{12} \tag{4-44}$$

④按拼接板截面面积不小于腹板的截面面积确定板厚 t_s^A。

$$t_s^A \geqslant \frac{(h_w - m d_0) t_w}{n_f (h_s - m d_0)} \tag{4-45}$$

式中　h_w、t_w ——梁腹板净高和厚度。

（2）极限承载力设计　梁拼接的受弯、受剪极限承载力宜满足下列公式要求：

$$M_{ub,sp}^j \geqslant \alpha M_p \tag{4-46}$$

$$V_{ub,sp}^j \geqslant \alpha \left(\frac{2M_p}{l_n} \right) + V_{Gn} \tag{4-47}$$

式中　$M_{ub,sp}^j$ ——梁拼接的极限受弯承载力；

　　　$V_{ub,sp}^j$ ——梁拼接的极限受剪承载力。

梁拼接翼缘处采用全熔透焊接，可不进行验算。在计算极限受剪承载力 $V_{ub,sp}^j$ 时可参照梁柱连接的极限受剪承载力 V_u^j 进行。

2. 主次梁拼接节点

主梁与次梁的连接，一般为次梁简支于主梁，次梁腹板通过高强度螺栓与主梁连接。计算简图如图 4-20 所示。

主梁与次梁为简支连接，故连接处仅考虑剪力影响。

梁腹板螺栓群应满足以下要求：

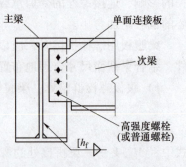

图 4-20　主梁与次梁连接

$$N_v^b = 0.9 n_f \mu P \tag{4-48}$$

$$n \geqslant \frac{(1.2 \sim 1.3)R}{N_v^b} \tag{4-49}$$

式中 N_v^b ——高强度螺栓的受剪承载力;

μ——抗滑移系数,按《钢结构设计标准》(GB 50017—2017)表 11.4.2-1 取值;

P——单个高强度螺栓的预拉力设计值,按《钢结构设计标准》表 11.4.2-2 取值;

n——拼接处高强度螺栓的数量;

R——次梁支座反力;

1.2~1.3——次梁反力 R 的增大系数,用于考虑连接并非完全简支的影响。

次梁端部截面应满足以下要求:

$$\tau_{max} = \frac{RS}{It_w} \approx \frac{1.5R}{h_0 t_w} \leqslant f_v \tag{4-50}$$

计算连接时,偏安全地认为螺栓群承受剪力和偏心扭矩。

螺栓连接受力计算如下:

$$N = \sqrt{(N_y^V)^2 + (N_x^T)^2} < N_{vb} \tag{4-51}$$

$$N_y^V = \frac{V}{n} \tag{4-52}$$

$$N_x^T = \frac{Ty_{max}}{\sum y_i^2} \tag{4-53}$$

$$T = Ve \tag{4-54}$$

式中 N_y^V ——剪力作用下高强度螺栓在 y 方向上承受的剪力;

N_x^T ——扭矩作用下高强度螺栓在 x 方向上承受的剪力。

4.2.4 柱脚节点设计

钢柱各类柱脚均应进行受压、受弯、受剪承载力计算,本小节主要介绍外包式柱脚的构造要求与设计方法。

1. 构造要求

钢柱外包式柱脚由钢柱脚和外包混凝土组成,位于混凝土基础顶面以上,钢柱脚与基础的连接应采用抗弯连接。抗弯连接构造应在底板上设置加劲肋,锚栓直径不宜小于 16mm,锚栓埋入长度不应小于直径的 25 倍;应保证锚栓四周及底部的混凝土有足够的厚度,避免基础冲切破坏。锚栓应按混凝土基础的要求设置保护层。

柱脚外包混凝土高度:H 形截面柱应大于柱截面高度的 2 倍,矩形管柱或圆管柱应为柱截面高度或圆管直径的 2.5 倍。当没有地下室时,外包宽度和高度宜增大 20%。当仅有一层地下室时,外包宽度宜增加 10%。抗震设防地区的柱脚外包混凝土高度应符合《建筑抗震设计规范(2016 年版)》(GB 50011—2010)的相关规定。当钢柱为矩形管或圆形管时,应在管内浇灌混凝土(强度等级不应小于基础混凝土的强度等级),浇灌高度应大于外包混凝土的高度。

外包混凝土厚度:H 形截面柱不应小于 160mm;矩形管柱或圆管柱不应小于 180mm,

同时不宜小于钢柱截面高度的30%，其强度等级不宜低于C30。

外包层混凝土内主筋伸入基础的长度不应小于25倍主筋直径，且四角主筋的两端都应加弯钩，下弯长度不应小于15倍主筋直径，外包层中应配置受拉主筋和箍筋，其直径、间距和配筋率应符合《混凝土结构设计规范（2015年版）》（GB 50010—2010）的有关规定。外包层顶部箍筋应加密且不应少于3道，其间距不应大于50mm。

柱脚底板尺寸和厚度在满足受力要求的前提下，柱脚底板宜尽量小，但伸出柱边的长度应满足锚栓最小边距的要求，厚度不应小于翼缘板厚，且不小于16mm。底板加劲肋应满足受力要求，其厚度不宜小于柱腹板厚度，且不小于12mm。

柱在外包混凝土的顶部箍筋处应设置水平加劲肋或横隔板，其宽厚比应符合《钢结构设计标准》（GB 50017—2017）中3.5节的相关规定。管柱的横隔板在中部应开空洞，以便浇灌混凝土。外包部分的钢柱翼缘表面宜按构造设置栓钉，栓钉直径（d）可在13mm、16mm、19mm、22mm中采用，通常采用16mm或19mm。栓钉杆长度可在（4~6）d的范围内采用，竖向间距不小于6d，横向间距不小于4d，边距为50mm。

2. 柱脚计算

（1）柱脚底板与肋板设计　柱脚底板尺寸和厚度应根据柱端弯矩、轴心力、底板的支承条件和底板下混凝土的反力以及柱脚构造确定。

底板应尽量设计成正方形，底板宽度B可按下式初步确定：

$$B = b + 2c \tag{4-55}$$

式中　b——柱截面宽度；

　　　c——底板伸出柱外的宽度，一般取20~30mm。

底板长度L按底板对基础顶的最大压应力不大于混凝土强度设计值f_c确定：

$$\sigma_{max} = \frac{N}{BL} + \frac{6M}{BL^2} \leqslant f_c \tag{4-56}$$

式中　N、M——柱下端的框架组合内力，即轴心力和相应的弯矩，若柱的形心轴与底板的形心轴不重合时，底板采用的弯矩应另加偏心弯矩Ne（e为下柱截面形心轴与底板长度方向的中心线之间的距离）；

　　　f_c——混凝土轴心抗压强度设计值，当计入局部承压的提高系数β_l时，则可取$\beta_l f_c$替代。

底板的厚度由底板在基础反力作用下产生的弯矩来决定。带加劲肋的柱脚，底板被加劲肋分成五种区格：一边支承的矩形板、两对边支承的矩形板、两邻边支承的矩形板、三边支承的矩形板、四边支承的矩形板。当b_1/a_1或$b_2/a_2 > 2$时，按照两对边支承计算。当$b_2/a_2 < 0.3$时，按悬臂长度为b_2的悬臂板计算，如图4-21所示。

底板被靴梁和加劲肋所分割区格的弯矩值可按下列公式计算：

悬臂板：

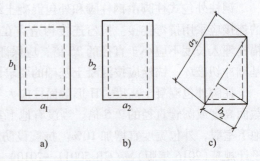

图4-21　底板区格划分
a）四边支承　b）三边支承　c）两邻边支承

$$M_1 = \frac{1}{2}\sigma_c a_4^2 \tag{4-57}$$

当 b_1/a_1 或 $b_2/a_2 > 2$ 及两对边支承时：

$$M_2 = \frac{1}{8}\sigma_c a_3^2 \tag{4-58}$$

三边支承板或两相邻边支承板：

$$M_3 = \beta_2 \sigma_c a_2^2 \tag{4-59}$$

四边支承板：

$$M_4 = \beta_1 \sigma_c a_1^2 \tag{4-60}$$

式中　σ_c ——所计算区格内底板下部平均应力；

　β_1、β_2 ——b_1/a_1、b_2/a_2 的有关参数，可查表4-4、表4-5获得；

　a_1、b_1 ——计算区格内板的短边和长边；

　a_2、b_2 ——对三边支承板，为板的自由边长度和相邻边的边长；对两相邻边支承板为两支承边对角线的长度和两支承边交点至对角线的距离；

　a_3 ——简支板跨度（即 a_1 或 a_2）；

　a_4 ——悬臂长度（或 $b_2/a_2 < 0.3$ 中的 b_2 值）。

表 4-4 β_1 值表

b_1/a_1	1.0	1.1	1.2	1.3	1.4	1.5	1.6	1.7	1.8	1.9
β_1	0.0479	0.0553	0.0626	0.0693	0.0753	0.0812	0.0862	908	0.0948	0.0985

表 4-5 β_2 值表

b_2/a_2	0.30	0.35	0.40	0.45	0.50	0.55	0.60	0.65	0.70	0.75
β_2	0.0273	0.0355	0.0439	0.0522	0.0602	0.0677	0.0747	0.0812	0.0871	0.0924
b_2/a_2	0.85	0.9	0.95	1.00	1.10	1.20	1.30	1.40	1.50	1.75
β_2	0.1015	0.1053	0.1087	0.1117	0.1167	0.1205	0.1235	0.1258	0.1275	0.1302

求得各区域板块所受的弯矩后，按其中的最大值确定底板的厚度：

$$t = \sqrt{\frac{6M_{max}}{f}} \tag{4-61}$$

式中　M_{max} ——在基础反力作用下，各区格单位宽度上弯矩的最大值，当锚栓直接锚在底板上时，则取区格弯矩和锚栓产生弯矩的较大值；

　f ——钢材的强度设计值。

肋板的高度 h_s 由与柱的连接焊缝长度确定，且一般不小于 200mm，并应符合下式的要求：

$$\tau_f = \frac{V_s}{2h_e(h_s - 2h_f)} \leqslant f_f^w \tag{4-62}$$

式中　V_s ——肋板所承担区域的基础反力；

　h_s ——腹板高度；

　h_f ——焊脚尺寸；

h_e——角焊缝的计算厚度，直角角焊缝为 $0.7h_f$；

f_f^w——角焊缝的强度设计值。

肋板的厚度 t_s 按下式计算：

$$t_s = \frac{1.5V_s}{f_v h_s} \qquad (4-63)$$

式中　h_s——肋板的高度；

　　　f_v——钢材的抗剪强度设计值。

（2）柱脚底板下混凝土的局部承压验算　柱脚轴向压力由钢柱直接传给基础，承压面积为底板面积，柱脚底板下混凝土的局部承压按《混凝土结构设计规范（2015 年版）》（GB 50010—2010）相关规定，根据下式进行验算：

$$F_1 \leq 1.35\beta_c\beta_1 f_c A_{ln} \qquad (4-64)$$

式中　F_1——局部受压面上作用的局部荷载或局部压力设计值，此时可取柱脚轴力设计值；

　　　β_c——混凝土强度影响系数：当混凝土强度等级不超过 C50 时，β_c 取 1.0；当混凝土强度等级为 C80 时，β_c 取 0.8；其中间值按线性内插法确定；

　　　β_1——混凝土局部受压时的强度提高系数，柱脚验算时取 1.0；

　　　f_c——混凝土轴心抗压强度设计值；

　　　A_{ln}——混凝土局部受压净面积，柱脚验算时按底板面积计算。

（3）柱脚受弯承载力验算　柱脚弯矩由外包层混凝土和钢柱共同承担，其基本思路是将外包式柱脚分为两部分，一部分弯矩由柱脚底板下的混凝土与锚栓承担，另一部分弯矩由外包的钢筋混凝土承担，按外包层的有效面积计算，如图 4-22 所示。柱脚的承载力是这两部分承载力的叠加。在计算基础底板下部混凝土的承载力时，应忽略锚栓的抗压强度。柱脚的受弯承载力按下式验算：

$$M \leq 0.9A_s f h_0 + M_1 \qquad (4-65)$$

式中　M——柱脚的弯矩设计值；

　　　A_s——外包混凝土中受拉侧的钢筋截面面积；

　　　f——受拉钢筋抗拉强度设计值；

　　　h_0——受拉钢筋合力点至混凝土受压区边缘的距离；

　　　M_1——钢柱脚的受弯承载力。

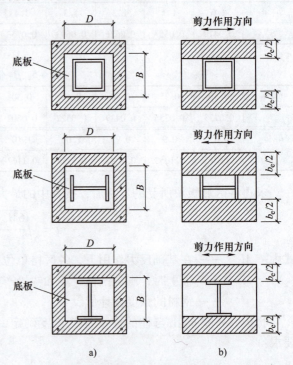

图 4-22　外包式钢筋混凝土的有效面积（斜线部分）

a）受弯时的有效面积　b）受剪时的有效面积

M_1 为在轴力与弯矩作用下按钢筋混凝土压弯构件截面设计方法计算的柱脚受弯承载力。设截面面积为底板面积，由受拉边的锚栓单独承受拉力，混凝土基础单独承受压力，受压边的锚栓不参加工作，锚栓和混凝土的强度均取设计值，可按照下式进行计算：

$$M_1 = N_t L_0 + \frac{NL}{2} - \frac{\sigma_c E L_0}{3(f_t^a E_c + f_c E)}(N_t + N) \tag{4-66}$$

式中　N——钢柱脚轴心压力；

　　　N_t——受拉边锚栓的拉力，$N_t = A_t f_t^a$；

　　　σ_c——混凝土压应力；

　　　f_t^a——锚栓抗拉强度设计值；

　　　f_c——基础混凝土轴心抗压强度设计值；

　　　A_t——锚栓有效面积；

　　　L——钢柱脚底板的长度；

　　　L_0——受拉边锚栓中心至底板边缘的距离；

　E、E_c——钢和混凝土的弹性模量。

（4）柱脚极限受弯承载力验算　外包式柱脚还应进行"强节点弱杆件"原则下的极限承载力验算。柱脚的极限受弯承载力应按下式验算：

$$M_u \geqslant \alpha M_{pc} \tag{4-67}$$

式中　M_u——柱脚连接的极限受弯承载力；

　　　M_{pc}——考虑轴力时，钢柱截面的全塑性受弯承载力；

　　　α——连接系数，按表4-3的规定采用。

外包式柱脚的极限受弯承载力 M_u 取 M_{u1}（考虑轴力影响，外包钢筋混凝土顶部箍筋处钢柱弯矩达到全塑性弯矩 M_{pc} 时，按比例放大的外包混凝土底部弯矩）和 M_{u2}（外包钢筋混凝土的极限受弯承载力加钢柱脚的极限受弯承载力 M_{u3} 之和）两者中的最小值。外包式柱脚的极限受弯承载力的弯矩组成方式如图4-23所示。

$$M_u = \min(M_{u1}, M_{u2}) \tag{4-68}$$

M_{u1} 应按下式计算：

$$M_{u1} = \frac{M_{pc}}{1 - l_r/l} \tag{4-69}$$

式中　l——钢柱底板至柱反弯点的距离，可取柱脚所在楼层层高的2/3；

　　　l_r——外包混凝土顶部箍筋到柱底板的距离。

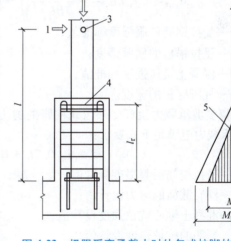

图4-23　极限受弯承载力时外包式柱脚的受力状态

1—剪力　2—轴力　3—柱的反弯点　4—最上部箍筋
5—外包钢筋混凝土的弯矩　6—钢柱的弯矩
7—作为外露式柱脚的弯矩

M_{pc} 按下列情况确定：

H形截面（绕强轴）和箱形截面：

当 $N/N_y \leqslant 0.13$ 时：　$M_{pc} = M_p = W_p f_y \tag{4-70}$

当 $N/N_y > 0.13$ 时：　$M_{pc} = 1.15(1 - N/N_y)M_p \tag{4-71}$

H形截面（绕弱轴）：

当 $N/N_y \leqslant A_w/A$ 时：

$$M_{pc} = M_p \qquad (4-72)$$

当 $N/N_y > A_w/A$ 时：

$$M_{pc} = \left\{ 1 - \left(\frac{N - A_w f_y}{N_y - A_w f_y} \right)^2 \right\} M_p \qquad (4-73)$$

圆管空心截面柱：

当 $N/N_y \leqslant 0.2$ 时：

$$M_{pc} = M_p \qquad (4-74)$$

当 $N/N_y > 0.2$ 时：

$$M_{pc} = 1.25(1 - N/N_y)M_p \qquad (4-75)$$

式中　N——构件轴力设计值；

　　　N_y——构件的轴向屈服承载力；

　　　A——钢柱的截面面积；

　　　A_w——钢柱腹板的截面面积；

　　　W_p——钢柱的塑性截面模量；

　　　f_y——构件腹板钢材的屈服强度。

M_{u2} 应按下式计算：

$$M_{u2} = 0.9 A_s f_{yk} h_0 + M_{u3} \qquad (4-76)$$

式中　f_{yk}——受拉钢筋屈服强度标准值；

　　　M_{u3}——钢柱脚的极限受弯承载力。

M_{u3} 应按下式计算：

$$M_{u3} = A_t f_y^a \left(L_0 - \frac{A_t f_y^a + A f_y}{2 B f_{ck}} \right) + A f_y \left(\frac{L}{2} - \frac{A_t f_y^a + A f_y}{2 B f_{ck}} \right) \qquad (4-77)$$

式中　A_t——受拉钢筋屈服强度标准值；

　　　f_y^a——受拉锚栓的屈服强度；

　　　f_{ck}——混凝土抗压强度标准值；

　　　B——柱脚底板的宽度。

（5）柱脚受剪承载力验算　外包式柱脚的剪力主要由外包混凝土承担。外包层混凝土截面的受剪承载力应满足下式要求：

$$V \leqslant b_e h_0 (0.7 f_t + 0.5 f_{yv} \rho_{sh}) \qquad (4-78)$$

式中　V——受拉钢筋屈服强度标准值；

　　　b_e——柱底截面的剪力设计值；

　　　f_t——混凝土轴心抗拉强度设计值；

　　　f_{yv}——箍筋的抗拉强度设计值；

　　　ρ_{sh}——水平箍筋的配箍率；$\rho_{sh} = A_{sh}/b_e s$，当 $\rho_{sh} > 1.2\%$ 时，取 1.2%；A_{sh} 为配置在同一截面内箍筋的截面面积；s 为箍筋的间距。

（6）柱脚极限受剪承载力验算　抗震设计时，外包式柱脚极限受剪承载力应满足下列公式要求：

$$V_u \geqslant M_u/l_r \qquad (4-79)$$

$$V_u = b_e h_0 (0.7 f_{tk} + 0.5 f_{yvk} \rho_{sh}) + M_{u3}/l_r \qquad (4-80)$$

式中　f_{tk}——混凝土轴心抗拉强度标准值；

　　　f_{yvk}——箍筋的抗拉强度标准值。

第5章

装配式钢结构楼屋盖和墙板体系

随着建筑产业化和住宅工业化进程的推进，装配式钢结构楼屋盖和墙板体系在建筑工业化发展中的优势逐渐突显出来。装配式钢结构楼屋盖和墙板可进行大量预制化、标准化生产，提高了建筑效率，在保障建筑质量的同时，有效降低了建筑成本和减少了环境污染。钢筋桁架楼承板和叠合板是装配式钢结构楼屋盖体系中的典型构件。其中，叠合板又可分为钢筋桁架叠合板、带肋预应力叠合板及预应力空心叠合板。装配式钢结构墙板可分为预制外围护墙和预制内隔墙，是装配式建筑的主要围护结构。其中，绝大多数的墙板附着于主体结构上，须具备适应主体结构变形的能力。本章主要对楼屋盖和墙板体系的连接及构造要求进行介绍，并以钢筋桁架楼承板为例，重点介绍楼屋盖体系的计算方法。

■ 5.1 钢筋桁架楼承板的构造与计算

钢筋桁架楼承板（图 5-1）是将楼板中的上下钢筋在工厂预制为钢筋桁架，再将钢筋桁架与镀锌板底模焊接为一体的楼承板，适用于工业与民用建筑及构筑物的组合楼盖。

a)   b)

图 5-1 钢筋桁架楼承板现场施工图

5.1.1 钢筋桁架楼承板的构造

钢筋桁架楼承板主要由钢筋桁架和底板两部分组成。钢筋桁架是以钢筋为桁架上弦、下弦及腹杆，通过电阻点焊连接而成的桁架，提供楼板施工阶段的刚度，代替楼板使用阶段的受力钢筋。底板则是位于钢筋桁架下边，作为模板用的微肋压型钢板。钢筋桁架楼承板的构造如图 5-2~图 5-6 所示。

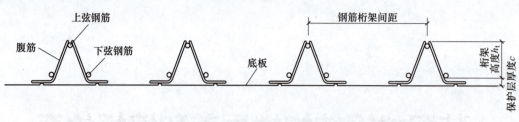

图 5-2 钢筋桁架楼承板的构造示意图

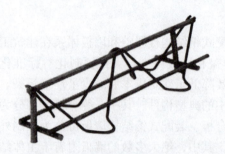

图 5-3 钢筋桁架

图 5-4 底板

图 5-5 钢筋桁架楼承板

图 5-6 浇筑完成的钢筋桁架楼承板

5.1.2 钢筋桁架楼承板的选型

钢筋桁架楼承板应进行施工阶段和使用阶段两阶段设计。在施工阶段，钢筋桁架楼承板应能承受楼板混凝土自重与一定的施工荷载；在使用阶段，钢筋桁架上下弦钢筋与混凝土应能共同工作承受使用荷载。

钢筋桁架楼承板应根据楼板厚度、跨度、使用荷载情况等查附录 E 选取相对应的楼承板型号。单向连续板的支座负筋、双向板垂直于钢筋桁架方向的板底钢筋及支座负筋均应按计算确定。

钢筋桁架楼承板的高度应按式（5-1）计算，计算参数的物理含义如图 5-7 所示。

$$h_t = h - 2c \tag{5-1}$$

式中　h——楼板结构层厚度，一般取值为 100~300mm；

　　　c——楼板钢筋保护层厚度，一般框架结构楼板钢筋保护层厚度为 15mm。

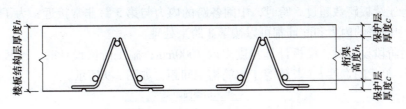

图 5-7　钢筋桁架楼承板的高度计算参数示意图

5.1.3　钢筋桁架楼承板的计算

钢筋桁架楼承板进行施工阶段和使用阶段设计时，主要设计内容包括荷载计算、内力计算、配筋验算和挠度验算，具体设计流程如图 5-8 所示。

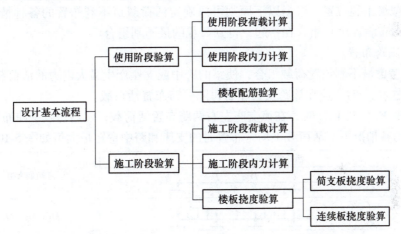

图 5-8　钢筋桁架楼承板设计流程图

1. 荷载计算

荷载标准值：

$$S_k = g + q \tag{5-2}$$

荷载设计值：

$$S_d = \gamma_G g + \gamma_Q q \tag{5-3}$$

式中　γ_G——永久荷载的分项系数，取 1.3；

γ_Q——可变荷载的分项系数，取 1.5；

g——恒荷载，使用阶段为楼板自重、面层、吊挂荷载；施工阶段为混凝土的自重、楼承板自重；

q——活荷载，使用阶段，结构设计总说明通常会给出，如未明确，则根据建筑功能，按《建筑结构荷载规范》（GB 50009—2012）取值；施工阶段为施工活荷载，采用均布荷载为 $1.5\mathrm{kN/m^2}$ 和跨中集中荷载沿板宽为 $2.5\mathrm{kN/m^2}$ 中较不利者，不考虑二者同时作用。

2. 内力计算

（1）计算原则

1）楼板跨数不大于 5 跨时，取实际跨数计算。

2）楼板跨数大于 5 跨时，取 5 跨：两边各取两跨，第 3 跨代表所有中间跨。

3）等跨连续板跨数超过 5 跨时，中间各跨的内力与第 3 跨非常接近，为了减少计算工作量，所有中间跨的内力和配筋都可以按第 3 跨来处理。

4）使用阶段设计时，模板计算宽度 b 取 1000mm；施工阶段设计时，模板计算宽度取钢筋桁架一个单元的宽度 b，其值等于钢筋桁架间距，如图 5-9 所示。

图 5-9　施工阶段模板计算宽度 b

（2）荷载最不利位置　根据以下原则可以确定活荷载最不利布置的各种情况，它们分别与恒荷载（布满各跨）组合在一起，得到荷载的最不利组合。

1）g 应满跨布置。

2）q 应考虑最不利位置荷载组合，使梁的跨中或支座产生最大内力的活荷载组合：

当求跨中 M_{max} 时，应在该跨及其左右每隔一跨布置活荷载。

当求支座 M_{max} 及 V_{max} 时，在该支座左右两跨布置活荷载，然后每隔一跨布置。

恒荷载均布情况下，活荷载不均匀布置时的支座和跨中弯矩最大值如图 5-10 所示。

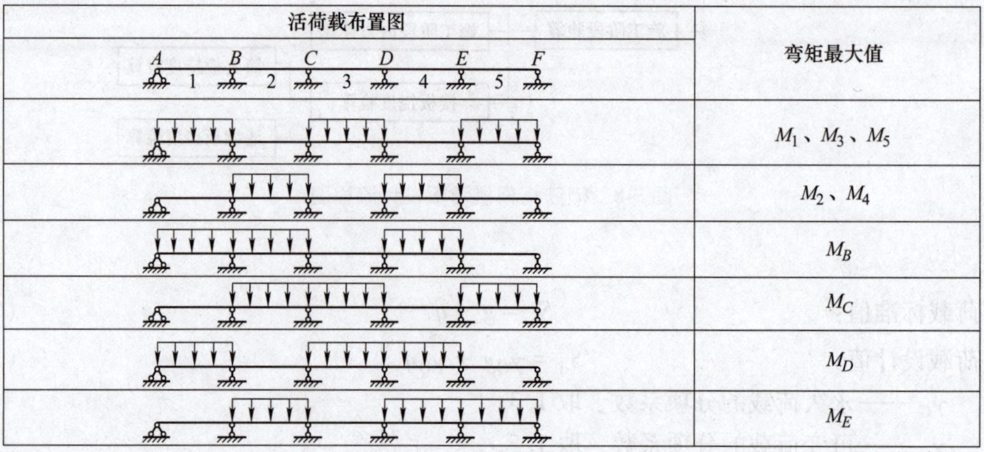

活荷载布置图	弯矩最大值
A　1　B　2　C　3　D　4　E　5　F	
	M_1、M_3、M_5
	M_2、M_4
	M_B
	M_C
	M_D
	M_E

图 5-10　弯矩最不利时活荷载布置图

跨中弯矩设计值计算公式如下：

$$M = 1.3 a_{m1} g l_0^2 + 1.5 a_{m2} q l_0^2 \tag{5-4}$$

式中　a_{m1}——恒荷载跨中弯矩系数；

　　　a_{m2}——活荷载跨中弯矩系数。

支座弯矩设计值计算公式如下：

$$M' = 1.3 a_{mb1} g l_0^2 + 1.5 a_{mb2} q l_0^2 \tag{5-5}$$

式中　a_{mb1}——恒荷载支座弯矩系数；

　　　a_{mb2}——活荷载支座弯矩系数。

3. 施工阶段挠度验算

挠度计算公式（分单跨简支板和多跨连续板）如下：

单跨简支板：

$$f = \frac{5(g+q)l_0^4}{384E_s I_0} \qquad (5\text{-}6)$$

多跨连续板：

$$f = \frac{a_{d1}g l_0^4 + a_{d2}q l_0^4}{100E_s I_0} \qquad (5\text{-}7)$$

式中　a_{d1}——恒荷载挠度系数（详见《建筑结构静力计算实用手册》）；

a_{d2}——活荷载挠度系数（详见《建筑结构静力计算实用手册》）；

E_s——钢筋弹性模量；

I_0——钢筋桁架截面惯性矩。

4. 钢筋桁架惯性矩 I_0 的计算

计算钢筋桁架惯性矩时，忽略腹筋的影响，其计算简图如图5-11所示。

上弦钢筋面积：

$$A_1 = \frac{\pi d_1^2}{4} \qquad (5\text{-}8)$$

下弦钢筋面积：

$$A_2 = \frac{\pi d_2^2}{4} \qquad (5\text{-}9)$$

上下弦钢筋形心轴距离：

$$h_d = h_t - \frac{d_1 + d_2}{2} \qquad (5\text{-}10)$$

钢筋桁架惯性矩 I_0：

$$I_0 = \frac{\pi d_1^4}{64} + A_1\left(\frac{2}{3}h_d\right)^2 + 2\left[\frac{\pi d_2^4}{64} + A_2\left(\frac{1}{3}h_d\right)^2\right] \qquad (5\text{-}11)$$

式中　h_t——钢筋桁架高度；

d_1——上弦钢筋直径；

d_2——下弦钢筋直径。

《组合楼板设计与施工规范》（CECS 273—2010）规定，钢筋桁架板在施工阶段的挠度可按桁架计算，楼承板施工阶段挠度不应大于板跨 l 的1/180，且不应大于20mm。若验算不通过，可在跨中设置临时支撑，再次验算。常规的临时支撑做法为在楼承板下增加一道临时型钢次梁或搭设钢管架，如图5-12所示。

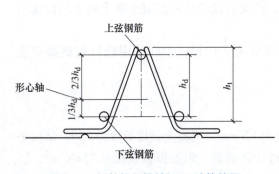

图5-11　钢筋桁架惯性矩 I_0 计算简图

图5-12　临时支撑

5.1.4 钢筋桁架楼承板的构造要求

《组合楼板设计与施工规范》（CECS 273—2010）规定，两块钢筋桁架板纵向连接处，上、下弦部位应布置连接钢筋，连接钢筋应跨过支承梁并向板内延伸，且应满足下列要求：

1. 上弦连接钢筋

当楼板在该支座处设计成连续板时，支座负弯矩钢筋应按计算确定，向跨内的延伸长度应覆盖负弯矩图并应满足钢筋的锚固要求。

当楼板在该支座处设计成简支板时，钢筋桁架上弦部位应配置构造连接钢筋，且配筋不应小于$\Phi 8@200$，连接钢筋由钢筋桁架端部向板内延伸的长度l不应小于$1.6l_s$，且不应小于$300mm$。l_s为按《混凝土结构设计规范（2015 年版）》（GB 50010—2010）计算的钢筋锚固长度。

2. 下弦连接钢筋

钢筋桁架下弦部位应按构造配置不小于$\Phi 8@200$的连接钢筋，连接钢筋由钢筋桁架端部向板内延伸的长度l不应小于$1.2l_s$，且不应小于$300mm$。

3. 分布钢筋

钢筋桁架组合楼板板底垂直于下弦杆方向时应按《混凝土结构设计规范（2015 年版）》的规定配置构造分布钢筋，如图 5-13 所示。

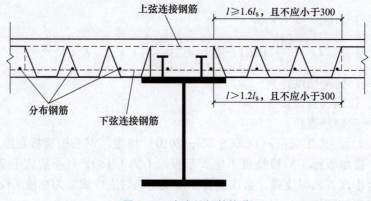

图 5-13 支座处钢筋构造

4. 支承长度与连接构造

楼承板在钢梁上的支承长度不应小于$50mm$，在设有预埋件的混凝土梁上的支承长度不应小于$75mm$，如图 5-14 所示。

钢筋桁架楼承板与钢梁连接，板端头与钢梁熔透定位焊，中间采用栓钉与钢梁穿透熔焊。

5.1.5 钢筋桁架楼承板算例

【例5-1】已知次梁间距为 3.6m，楼板厚度为 120mm，混凝土强度等级为 C30，结构平面布置如图 5-15 所示。恒荷载中，楼板自重通过计算确定，附加恒荷载取 0.75kN/m²，活荷载取 2.0kN/m²。试对该结构楼板进行配筋设计，并进行施工阶段验算。

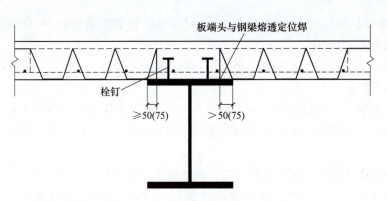

图 5-14　支座处支承长度与连接构造

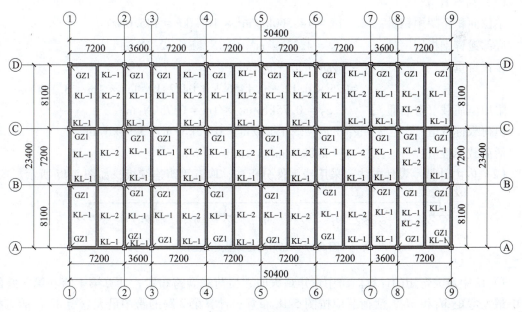

图 5-15　结构平面布置

1. 使用阶段验算

选用 5 跨单向连续板进行计算，计算简图如图 5-16 所示。模板计算跨度 $l_0 = 3600\text{mm}$，混凝土楼板厚度 $h = 120\text{mm}$，模板计算宽度 b 取 1000mm。

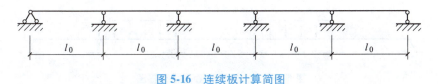

图 5-16　连续板计算简图

由题可知，板的厚度为 120mm，次梁间距为 3.6m，根据附录 E 可选择 TDA6-90 板，其连续板施工阶段最大适用跨度为 4200mm，满足要求。

采用 TDA6-90 板，查附录 E 可知：桁架高度 h_t 为 90mm，上弦钢筋直径为 12mm，下弦钢筋直径为 10mm，惯性矩 I_0 为 $4.124 \times 10^5 mm^4$。单位桁架用钢量为 $14.560kg/m^2$，底部镀锌钢板用钢量为 $4.22kg/m^2$。

根据《建筑与市政工程抗震通用规范》（GB 55002—2021），永久荷载分项系数取 1.3，可变荷载分项系数取 1.5。

采用 C30 混凝土，混凝土重度 γ_0 为 $25kN/m^3$，查附录 D 可知：混凝土抗压强度设计值 f_c 为 $14.3N/mm^2$，混凝土弹性模量 E_c 为 $30000N/mm^2$，混凝土抗拉强度设计值 f_t 为 $1.43N/mm^2$。

采用 HRB400 级钢筋，查附录 D 可知：钢筋抗压强度设计值 f'_y 为 $360N/mm^2$，钢筋强度标准值 f_{yk} 为 $400N/mm^2$，钢筋抗拉强度设计值 f_y 为 $360N/mm^2$，钢筋弹性模量 E_s 为 $2.0 \times 10^5 N/mm^2$。

（1）荷载计算

单位面积桁架用钢量：　　　$p_1 = 14.560kg/m^2 \times 10N/kg = 145.6N/m^2$

底部镀锌钢板用钢量：　　　$p_2 = 4.22kg/m^2 \times 10N/kg = 42.2N/m^2$

楼板自重：　　　$g_1 = (\gamma_0 h + p_1 + p_2)b$

　　　　　　　$= (25 \times 0.12 + 0.1456 + 0.0422)kN/m^2 \times 1m = 3.19kN/m$

附加恒荷载（除自重）：　　$g_2 = 0.75kN/m^2 \times 1m = 0.75kN/m$

恒荷载标准值：　　　$g = g_1 + g_2 = 3.19kN/m + 0.75kN/m = 3.94kN/m$

活荷载标准值：　　　$q = 2.0kN/m^2 \times 1m = 2kN/m$

（2）内力计算　　设计方法：采用线弹性分析法，取五等跨连续板，如图 5-17 所示。

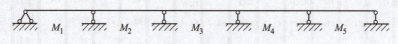

图 5-17　五等跨连续板示意图

1）跨中最大弯矩的计算。跨中弯矩最大时，恒荷载满跨布置；计算第 1 跨和第 3 跨的跨中最大弯矩 M_1 和 M_3，活荷载应按图 5-18 布置；计算第 2 跨的跨中最大弯矩 M_2，活荷载应按图 5-19 布置。

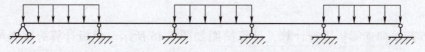

图 5-18　M_1、M_3 最不利活荷载布置图

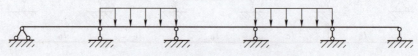

图 5-19　M_2 最不利活荷载布置图

弯矩设计值计算公式：

$$M = 1.3 a_{m1} g l_0^2 + 1.5 a_{m2} q l_0^2$$

通过计算可得跨中弯矩计算值，见表 5-1。

表 5-1 跨中弯矩计算值

	M_1	M_2	M_3
a_{m1}	0.078	0.033	0.046
a_{m2}	0.1	0.079	0.085
弯矩值 M	9.07 kN·m	5.2 kN·m	6.36 kN·m

跨中最大弯矩设计值：$M = 9.07\text{kN·m}$

2）支座最大弯矩的计算。支座弯矩最大时，恒荷载满跨布置；计算第二支座的最大弯矩为 M_B，活荷载应按图 5-20 布置；计算第三支座的最大弯矩为 M_C，活荷载应按图 5-21 布置。

图 5-20 M_B 最不利活荷载布置

图 5-21 M_C 最不利活荷载布置

弯矩设计值计算公式：

$$M' = 1.3a_{mb1}gl_0^2 + 1.5a_{mb2}ql_0^2$$

通过计算可得支座弯矩计算值，见表 5-2。

表 5-2 支座弯矩计算值

	M_B	M_C
a_{m1}	0.105	0.079
a_{m2}	0.119	0.111
弯矩值 M	11.160 kN·m	7.68 kN·m

支座最大弯矩设计值：$M' = 11.160\text{kN·m}$

（3）配筋计算　配筋计算简图如图 5-22 所示。

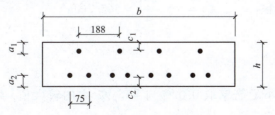

图 5-22 配筋计算简图

其中，$c_1 = 15\text{mm}$，$c_2 = 15\text{mm}$，$a_1 = 21\text{mm}$，$a_2 = 20\text{mm}$。

1）跨中板底配筋计算。

截面有效高度：$\qquad h_{02} = h - a_2 = 120mm - 20mm = 100mm$

截面的抵抗矩系数：$\qquad \alpha_{s2} = \dfrac{M}{\alpha_1 f_c b h_{02}^2} = \dfrac{9070000}{1 \times 14.3 \times 1000 \times 100^2} = 0.063$

截面相对受压区高度：$\qquad \xi_2 = 1 - \sqrt{1 - 2\alpha_{s2}} = 0.065$

相对界限受压区高度：$\qquad \xi_b = 0.518$

所以 $\xi_2 < \xi_b$，满足要求。

纵向受力钢筋所需截面面积：$\qquad A_{s2} = \xi_2 b h_{02} \dfrac{\alpha_1 f_c}{f_{y1}} = 258.19mm^2$

实际配筋：

桁架下弦钢筋直径：$\qquad d_2 = 10mm$

钢筋数：每个桁架单元内有 2 根下弦钢筋，桁架单元间距为 188mm，所以钢筋数量为

$$(1000 \div 188) \times 2 = 10.64(取 10)$$

下部实际总配筋面积：$\qquad A_{s2} = 10 \times \dfrac{\pi d_2^2}{4} = 785mm^2$

满足要求。

2）支座板面配筋计算。

截面有效高度：$\qquad h_{01} = h - a_1 = 120mm - 21mm = 99mm$

截面的抵抗矩系数：$\qquad \alpha_{s1} = \dfrac{M'}{\alpha_1 f_c b h_{01}^2} = \dfrac{11160000}{1 \times 14.3 \times 1000 \times 99^2} = 0.080$

截面相对受压区高度：$\qquad \xi_1 = 1 - \sqrt{1 - 2\alpha_{s1}} = 0.083$

相对界限受压区高度：$\qquad \xi_b = 0.518$

所以 $\xi_1 < \xi_b$，满足要求。

纵向受力钢筋所需截面面积：$\qquad A_{s1} = \xi_1 b h_{01} \dfrac{\alpha_1 f_c}{f_{y1}} = 326.40mm^2$

实际配筋：

桁架下弦钢筋直径：$\qquad d_1 = 12mm$

钢筋数：每个桁架单元内有 1 根下弦钢筋，桁架单元间距为 188mm，所以钢筋数量为

$$1000 \div 188 = 5.3(取 5)$$

下部实际总配筋面积：$\qquad A_{s1} = 5 \times \dfrac{\pi d_1^2}{4} = 565.2mm^2$

满足要求。

（4）配筋率验算

1）受拉钢筋。最小配筋率取 0.02% 与 $45\dfrac{f_t}{f_y}\%$ 中的较大值，$45\dfrac{f_t}{f_y}\% = 0.17875\% > 0.02\%$，所以最小配筋率为 0.17875%。

对于底板：

$$A_{s2}/bh = 0.654\% > 0.17875\%$$

下部配筋大于最小配筋，满足要求。

2）受压钢筋。最小配筋率为 0.02%。

$$h_{01} = h - a_1 = 120\text{mm} - 21\text{mm} = 99\text{mm}$$

对于板顶：

$$A_{s1}/bh = 0.471\% > 0.02\%$$

上部配筋大于最小配筋，满足要求。

2. 施工阶段验算

根据结构布置，选用跨度为 7.2m 和 3.6m 两种楼板。在施工阶段，跨度 7.2m 的楼板按照两跨连续板验算，跨度 3.6m 的楼板按照单跨简支板验算。

（1）单跨简支板施工阶段验算　计算简图如图 5-23 所示，模板计算跨度 $l_0 = 3600\text{mm}$，混凝土楼板厚度 $h = 120\text{mm}$，模板计算宽度 b 取钢筋桁架一个单元为 188mm。

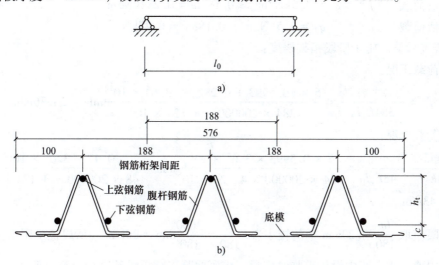

图 5-23　单跨简支板施工阶段计算简图

a）单跨简支板计算简图　b）钢筋桁架板计算简图

根据《建筑结构可靠性设计统一标准》（GB 50068—2018），结构重要性系数取 0.9。板跨 l_0 取 3600mm，混凝土楼板厚度 h 取 120mm，计算宽度 b 取 188mm。均布荷载工况计算简图与集中荷载工况计算简图如图 5-24 和图 5-25 所示。

1）荷载计算。

①恒荷载计算。

混凝土重度：$\qquad\qquad\qquad \gamma_0 = 25\text{kN/m}^3$

单位面积桁架用钢量：$\qquad p_1 = 0.1456\text{kN/m}^2$

底部镀锌钢板用钢量：$\qquad p_2 = 0.0422\text{kN/m}^2$

楼板自重：

$$\begin{aligned} g &= (\gamma_0 h + p_1 + p_2)b \\ &= (25 \times 0.12 + 0.1456 + 0.0422)\text{kN/m}^2 \times 0.188\text{m} \\ &= 0.5993\text{kN/m} \end{aligned}$$

恒荷载标准值：$\qquad\qquad\qquad g = 0.5993\text{kN/m}$

②活荷载计算。施工活荷载，采用均布荷载为 1.5kN/m² 和跨中集中荷载沿板宽为

2.5kN/m 中较不利者，不考虑二者同时作用。

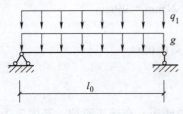

图 5-24　均布荷载工况计算简图

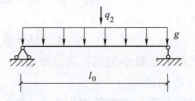

图 5-25　集中荷载工况计算简图

活荷载标准值：

均布活荷载：　　　　$q_1 = 1.5\text{kN/m}^2 \times 0.188\text{m} = 0.282\text{kN/m}$

集中活荷载：　　　　$q_2 = 2.5\text{kN/m} \times 0.188\text{m} = 0.47\text{kN}$

2）挠度验算。施工阶段桁架挠度：

均布荷载工况：

$$f_1 = \frac{5(g+q_1)l_0^4}{384E_sI_0} = \frac{5 \times (0.5993 + 0.282) \times 3.6^4 \times 10^{12}}{384 \times 200000 \times 4.124 \times 10^5}\text{mm} = 23.36\text{mm}$$

集中荷载工况：

$$f_2 = \frac{5gl_0^4}{384E_sI_0} + \frac{q_2l_0^3}{48E_sI_0} = \frac{5 \times 0.5993 \times 3.6^4 \times 10^{12}}{384 \times 200000 \times 4.124 \times 10^5}\text{mm} + \frac{0.47 \times 3.6^3 \times 10^{12}}{48 \times 200000 \times 4.124 \times 10^5}\text{mm}$$

$$= 21.43\text{mm}$$

挠度限值取 $\frac{l_0}{180}$ 和 20mm 中的较小者，$\frac{l_0}{180} = \frac{3600}{180}\text{mm} = 20\text{mm}$，所以挠度限值为 20mm，挠度大于限值，需在跨中设一道临时支撑，按照两跨连续板重新进行计算桁架挠度，均布荷载工况与集中荷载工况计算简图如图 5-26 和图 5-27 所示。

均布荷载工况：

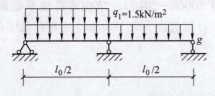

图 5-26　均布荷载工况计算简图

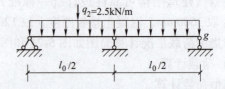

图 5-27　集中荷载工况计算简图

通过查《建筑结构静力计算实用手册》知，$a_{d1} = 0.521$；$a_{d2} = 0.912$。

$$f_1 = \frac{0.521g(l_0/2)^4 + 0.912q_1(l_0/2)^4}{100E_sI_0}$$

$$= \frac{[0.521 \times 0.5993 \times (3.6/2)^4 + 0.912 \times 0.282 \times (3.6/2)^4] \times 10^{12}}{100 \times 200000 \times 4.124 \times 10^5}\text{mm}$$

$$= 0.72\text{mm}$$

集中荷载工况：

通过查《建筑结构静力计算实用手册》知，$a_{d1} = 0.521$；$a_{d2} = 1.497$。

$$f_2 = \frac{0.521g(l_0/2)^4 + 1.497q_2(l_0/2)^3}{100E_sI_0}$$

$$= \frac{[0.521 \times 0.5993 \times (3.6/2)^4 + 1.497 \times 0.47 \times (3.6/2)^3] \times 10^{12}}{100 \times 200000 \times 4.124 \times 10^5}mm$$

$$= 0.90mm$$

挠度限值取 $\dfrac{l_0}{180}$ 和 20mm 中的较小者，$\dfrac{l_0}{180} = \dfrac{3600}{180}mm = 20mm$，所以挠度限值为 20mm，挠度小于限值，满足要求。

（2）两跨连续板施工阶段验算　计算简图如图 5-28 所示，模板计算跨度 $l_0 = 3600mm$，混凝土楼板厚度 $h = 120mm$，模板计算宽度 b 取钢筋桁架一个单元为 188mm。

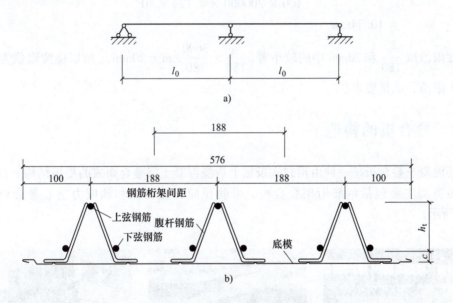

图 5-28　两跨连续板施工阶段计算简图

a）两跨连续板计算简图　b）钢筋桁架板计算简图

1）荷载计算。同上述两跨连续板，恒荷载 $g = 0.5993kN/m$，均布活荷载工况 $q_1 = 0.282kN/m$，集中活荷载工况 $q_2 = 0.47kN$。

2）挠度验算。均布荷载工况，计算简图如图 5-29 所示。

通过查《建筑结构静力计算实用手册》知，$a_{d1} = 0.521$，$a_{d2} = 0.912$。

$$f_1 = \frac{0.521gl_0^4 + 0.912q_1l_0^4}{100E_sI_0}$$

$$= \frac{(0.521 \times 0.5993 \times 3.6^4 + 0.912 \times 0.282 \times 3.6^4) \times 10^{12}}{100 \times 200000 \times 4.124 \times 10^5}mm$$

$$= 11.59mm$$

集中荷载工况，计算简图如图 5-30 所示。

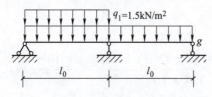

图 5-29　两跨均布荷载工况计算简图

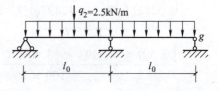

图 5-30　两跨集中荷载工况计算简图

通过查《建筑结构静力计算实用手册》知，$a_{d1} = 0.521$，$a_{d2} = 1.497$。

$$f_2 = \frac{0.521 g l_0^4 + 1.497 q_2 l_0^3}{100 E_s I_0}$$

$$= \frac{(0.521 \times 0.5993 \times 3.6^4 + 1.497 \times 0.47 \times 3.6^3) \times 10^{12}}{100 \times 200000 \times 4.124 \times 10^5} \text{mm}$$

$$= 10.34 \text{mm}$$

挠度限值取 $\dfrac{l_0}{180}$ 和 20mm 中的较小者，$\dfrac{l_0}{180} = \dfrac{3600}{180} \text{mm} = 20 \text{mm}$，所以挠度限值为 20mm，挠度小于限值，满足要求。

■ 5.2　叠合板的构造

钢筋混凝土叠合板是一种由预制底板加上后浇混凝土层叠合而成的楼板结构。目前常用的叠合板类型主要包括钢筋桁架叠合板、带肋预应力叠合板和预应力空心叠合板等，如图 5-31 所示。

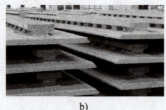

a)　　　　　　　　　　　　　b)　　　　　　　　　　　　　c)

图 5-31　叠合板分类
a）钢筋桁架叠合板　b）带肋预应力叠合板　c）预应力空心叠合板

叠合板的施工过程：先将在工厂中标准化生产而成的预制底板在工地现场吊装到位，然后绑扎好现浇层的板面钢筋并布置好必要的水电管线，最后在预制底板板面现浇一层混凝土，预制底板同现浇混凝土层叠合在一起，共同受力。

5.2.1　钢筋桁架叠合板

钢筋桁架叠合板是下部采用钢筋桁架预制板、上部采用现场后浇混凝土形成的叠合板，常用作楼板、屋面板，如图 5-32 所示。

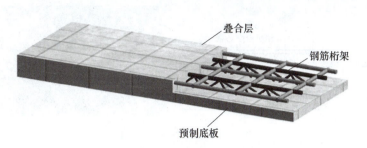

图 5-32　钢筋桁架叠合板示意图

　　当板厚较大时，叠合楼盖也可做成"空心"叠合板，比较简单的办法是在桁架筋之间铺聚苯乙烯板，聚苯乙烯板既可作为顶面叠合层的模板，也可提高楼板的保温和隔声性能。

5.2.2　带肋预应力叠合板

　　带肋预应力叠合板是由预制带肋预应力底板与非预应力现浇混凝土叠合而成的。相比于钢筋桁架预制底板，带肋预应力底板施工阶段抗弯刚度较大，大跨度时可以自承重，性能有所改善。根据肋的形式，带肋预应力叠合板可分为矩形肋叠合板和 T 形肋叠合板，如图 5-33~图 5-35 所示。

图 5-33　矩形肋叠合板

图 5-34　T 形肋叠合板

5.2.3　预应力空心叠合板

　　预应力空心叠合板是预应力空心楼板与现浇混凝土叠合层的结合，在板内留有孔洞，不会显著降低板的强度但可以明显减小恒荷载，如图 5-36 所示。

　　预应力空心叠合板隔声较好，造价也较低，但跨度不能太大，否则板的厚度太厚，这样会降低楼层净高。由于预制底板较厚，叠合层厚度在整体厚度中所占比重较小，叠合层的叠合效应不明显，一般按单向板受力设计。

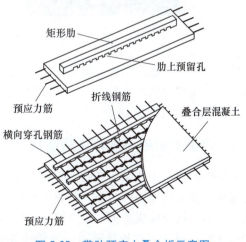

图 5-35　带肋预应力叠合板示意图

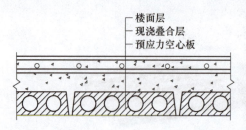

图 5-36　预应力空心叠合板

5.3　外围护墙板的构造与连接

外围护墙板是装配式建筑外围护系统的重要组成部分，相较于传统砌块墙体，预制外围护墙板具有高效、环保、节能等特点。装配式建筑采用预制外围护墙板，通过精确的设计和制造，能够在现场快速、准确地装配，大大提高了施工效率和工程质量。本节将以蒸压加气混凝土板（AAC 板）为例，介绍外围护墙板的构造与连接方式。

5.3.1　外围护墙板的构造

蒸压加气混凝土板（AAC 板）具有轻质高强、耐火、隔热、隔声、装配化程度高、产品精度高、施工安装便捷、能适应大的层间变形、抗震性能好等诸多优点，如图 5-37 所示。AAC 板目前已被广泛应用于装配式结构外围护体系中。

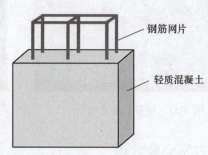

图 5-37　蒸压加气混凝土板

结构外围护系统除结构墙板外，还需在墙板外做外墙饰面，主要包括防水找平层、黏结层、保温装饰一体化板等，如图 5-38 所示。

5.3.2　外围护墙板与主体结构连接

外围护墙板与主体结构之间的连接可分为线支承式连接和点支承式连接两大类。线支承式连接是将外墙板与主体结构连接成整体，使外墙板与主体结构一同受力变形，属于刚性连接节点，如钩头螺栓节点、

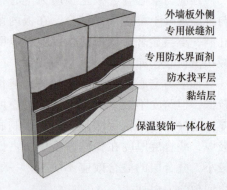

图 5-38　AAC 板一体化外墙外侧做法

钢管锚节点。点支承式连接允许外墙板与主体结构之间有一定的相对位移，属于柔性节点，如 NDR 滑移节点。

1. 钩头螺栓节点

钩头螺栓节点设有通长角钢与梁焊接，一端用螺母固定且钩头部分与角钢焊接连接。钩头螺栓节点构造如图 5-39 所示。

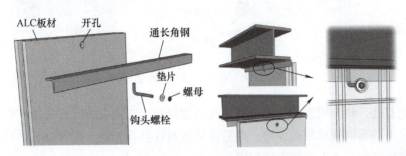

图 5-39　钩头螺栓节点构造

安装过程：首先在主体梁和楼板处分别焊上通长角钢连接件；其次在墙板连接处打孔，将钩头螺栓穿过孔洞，一边用螺母拧紧；然后将墙板预装（如通长角钢附近）；最后将钩头螺栓的弯钩处焊在角钢连接件上完成安装。

2. 钢管锚节点

钢管锚节点的连接方式是将角钢或连接件固结在主体结构上，并墙板内预置钢管，钢管与直型螺栓连接，并通过直型螺栓将墙板与专用压板的一端连接，专用压板的另一端则搭接在角钢上，钢管锚节点的构造如图 5-40 所示。

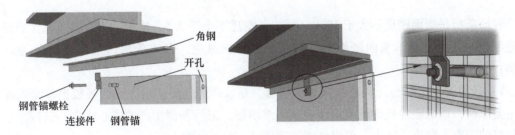

图 5-40　钢管锚节点的构造

安装过程：首先将上下连接件分别固定在主体梁和楼板处；然后在墙板连接处和墙板的侧面打孔，将专用连接杆穿入侧面直至墙板中心处；最后将墙板预装到连接件处，将螺栓穿过钢压板，对准之前穿入长杆的螺孔之后拧紧螺栓，并将压板和连接件焊在一起。

3. NDR 滑移节点

NDR 滑移节点构造中的墙板与钢梁新型连接均采用分段角钢；上部节点长肢开大圆孔，下部节点长肢开水平向的长圆孔；墙板内预留洞口，利用专用钢管、专用螺杆与专用连接杆紧固连接。NDR 滑移节点构造如图 5-41 所示。

安装过程：首先将上连接件与下连接件分别固定在主体梁和楼板处；然后在墙板连接处

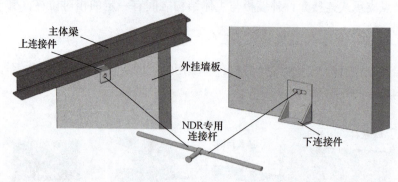

主体梁
上连接件
外挂墙板
NDR专用
连接杆
下连接件

图 5-41　NDR 滑移节点构造

和墙板的侧面打孔，将专用连接杆中带有螺纹的螺栓穿入正面孔位，较长钢杆穿入侧面，并使其穿过螺栓上的孔洞完成现场预埋；最后将墙板与连接件相连，带有螺纹的杆伸出连接件孔洞，拧上螺栓固定，上下连接方式相同。

■ 5.4　内隔墙的构造与连接

装配式建筑中的内隔墙可采用预制内隔墙板。与传统的砌块相比，预制内隔墙板在其单位面积内的质量更轻、施工效率更高。预制内隔墙板具有强度较高、隔热、防水等性能，可根据需求调整墙体以满足建筑的多样性要求。常用的内隔墙有轻质条板内隔墙、蒸压加气混凝土板内隔墙和轻钢龙骨石膏板内隔墙。

5.4.1　轻质条板内隔墙

轻质条板是指面密度不大于 $190kg/m^2$，长宽比不小于 2.5，采用轻质材料或大孔洞轻型构造制作的，用于非承重内隔墙的预制条板。根据材质，轻质条板内隔墙主要分为以下三类：

1）轻质混凝土空心（实心）条板内隔墙，是以普通硅酸盐水泥或低碱硫铝酸盐水泥等为主要原料，以低碳冷拔钢丝或短切玻璃纤维增强，工厂预制生产的空心或实心条板。它具有很好的隔声、防火、防水、保温性能，强度高、施工方便。

2）水泥空心条板内隔墙，是以低碱硫铝酸盐水泥或快硬铁铝酸盐水泥、膨胀珍珠岩、粉煤灰等为主要原料，以耐碱玻璃纤维涂塑网格布为增强材料制成的空心条板。它具有较好的隔声、防火、防水性能，轻质、施工方便，可组装成单层、双层隔墙。

3）石膏空心条板内隔墙，是以建筑石膏、膨胀珍珠岩等为主要原料，以中碱玻璃纤维涂塑网格布或短切玻璃纤维增强制成的空心条板。它具有较好的隔声、防火性能，轻质、施工方便，可组装成单层、双层隔墙。

根据建筑需求，可将单层轻质条板组装成双层条板，并内置吸声材料等，以提高墙板性能。轻质条板平面图如图 5-42 所示。

轻质条板与主体结构的连接如图 5-43 所示。

5.4.2　蒸压加气混凝土板内隔墙

　　蒸压加气混凝土板内隔墙的连接构造与外墙板类似，但与主体结构的连接方式不同，主要有 U 形卡法、直角钢件法、钩头螺栓法和管卡法，具体连接构造如图 5-44 和图 5-45 所示。

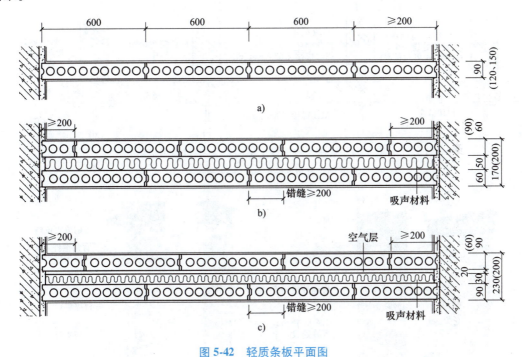

图 5-42　轻质条板平面图

a）单层条板内隔墙平面　b）双层条板内隔墙平面 1　c）双层条板内隔墙平面 2

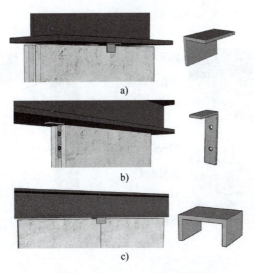

图 5-43　轻质条板与主体结构的连接

a）L 形钢板卡 1　b）L 形钢板卡 2　c）U 形钢板卡

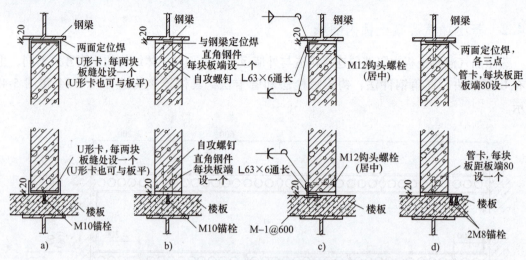

图 5-44 蒸压加气混凝土板内隔墙的连接构造图

a）U 形卡法 b）直角钢件法 c）钩头螺栓法 d）管卡法

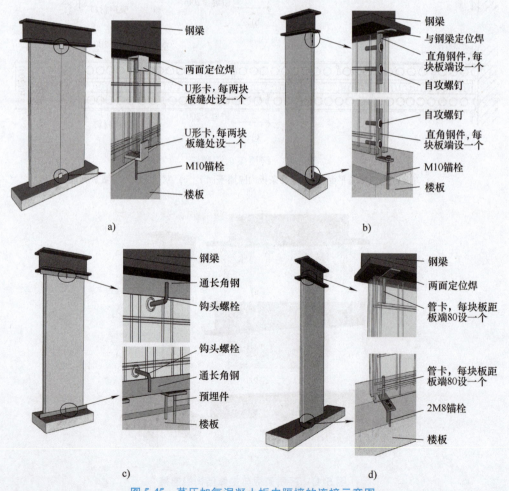

图 5-45 蒸压加气混凝土板内隔墙的连接示意图

a）U 形卡法 b）直角钢件法 c）钩头螺栓法 d）管卡法

5.4.3　轻钢龙骨石膏板内隔墙

　　轻钢龙骨石膏板内隔墙是以轻钢龙骨框架为骨架，石膏板为面材制作的隔墙。其中，轻钢龙骨通常以冷轧钢板（带）、镀锌钢板（带）或彩色涂层钢板（带）为原料，采用冷弯工艺生产的薄壁型钢；普通纸面石膏板是以脱硫建筑石膏为主要原料，掺入适量纤维增强材料和外加剂等的建筑板材。轻钢龙骨石膏板内隔墙示意图如图 5-46 所示。

　　轻钢龙骨石膏板内隔墙中的龙骨架一般可分为沿顶或沿地水平龙骨、竖龙骨、通贯龙骨及横撑龙骨。沿顶或沿地水平龙骨一般安装在梁或楼板下和地面上，与主体结构连接，同时用于固定竖龙骨；竖龙骨为墙体骨架垂直方向的支撑，其两端分别与沿顶、沿地水平龙骨连接；通贯龙骨是横向贯穿隔墙的骨架，与竖龙骨连接，用于增加骨架强度和刚度；横撑龙骨为隔断轻钢骨架的横向支撑。一般在隔墙骨架超过 3m 高度时，或是罩面板的水平方向板端接缝并非落到沿顶或沿地水平龙骨上时，应增设横向龙骨予以固定板缝。

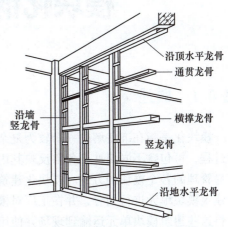

图 5-46　轻钢龙骨石膏板内隔墙示意图

　　石膏板与轻钢龙骨骨架通过自攻螺钉进行连接，单、双层石膏板内隔墙如图 5-47 所示。

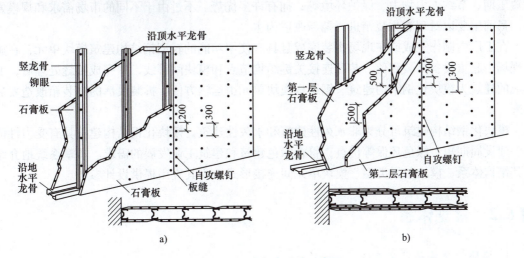

a)　　　　　　　　　　　　　　b)

图 5-47　石膏板内隔墙示意图

a）单层　b）双层

第 6 章

模块化钢结构房屋体系

■ 6.1 概述

模块化是指在准备解决一个较为复杂的问题时，将问题自上向下逐步分割为若干个模块的过程，可包含不同属性，各自反映其内部特性。模块化是一种将较为复杂的系统划分为更容易管理的各个模块的方式。模块化建筑是指将传统房屋以单个房间或一定的三维建筑空间为建筑模块单元进行划分，并在工厂对模块单元楼板、顶棚、墙体进行提前预制安装，完成后将这些建筑模块单元运输到现场并使用起重机将其堆叠、连接在一起，组成一个完整的建筑。模块化钢结构是预制装配式建筑中集成度最高的形式之一，如今已经成为新型建筑技术的重要发展方向。在一些发达国家和地区，模块化建筑已经发展多年，它能提高工程质量、缩短工期、节约人力物力、保护环境等，拥有许多优势。不过由于不同的市场需求和规模发展，目前主要以对现有集装箱进行翻新改造为主。

在工厂内制作完成或在现场拼装完成且具有使用功能的轻型钢结构建筑模块单元，在施工现场用起重设备吊装到位，装配连接关键结构节点和模块间管线，并完成接缝处理后，所建成的建筑为模块化钢结构建筑。钢结构模块单元由运输方便、拆装灵活的集装箱改造发展而来。

模块化钢结构建筑可分为非永久性建筑和永久性建筑。模块化钢结构建筑具有受力性能好、建设周期短、绿色环保等优点，符合绿色建筑和建筑工业发展的需求。本章系统地介绍了其结构体系、模块单元类型、模块单元间连接形式，为其应用提供设计参考。

■ 6.2 常见体系

1. 模块化集装箱式房屋

模块化集装箱式房屋分为通用型既有集装箱（改造）房屋和定制集装箱房屋。集装箱式房屋宜选用通用型集装箱，房屋模块既可单独使用，也可组合成建筑物使用，还可与其他钢结构组合，如图 6-1 所示。其中，通用型既有集装箱经可用、可修鉴定，进行修复和改造后作为房屋的结构体，经必要加工，成为单独的房屋或组合房屋的一部分。定制集装箱可分为固定式和可变式，固定式集装箱部分利用集装箱配件或同型减厚、材料代换，经加工组成尺寸适宜、可满足运输和使用要求的房屋模块；可变式集装箱利用既有集装箱改造或按非标集装箱设计加工，组成部分或全部壁板（含壁板组合）可活动（翻转、旋转、抽拉）、满足特定使用要求的房屋模块，一般单独使用。

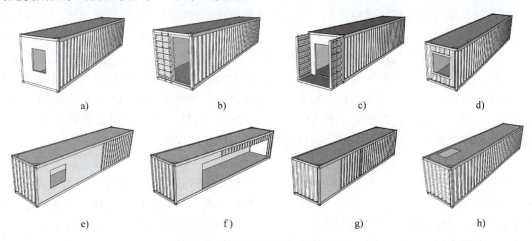

图 6-1 通用型集装箱结构示意图

a）拆门设墙（含洞口） b）拆一侧门设墙（含洞口） c）开门后吊挂阳台板 d）开口设窗（门）1
e）开口设窗（门）2 f）开口设较大洞口 g）上方有较大集中力时设暗柱 h）开设管井洞口

2. 模块化框架箱式房屋

在工厂整体预制或采用预制构件现场拼装成箱型，具有框架结构或刚性底盘，可单独使用或组成房屋的框架箱，简称框箱房屋。按照结构构造可分为框架箱式、框板箱式和打包箱式框架箱房屋。框架箱式为以刚性闭合框架为结构的箱型房屋单元，分为四柱框架箱和多柱框架箱。框板箱式为弱刚性或半刚性连接的框架，同时考虑蒙皮板作用，满足一定承载力要求的箱型房屋单元。打包箱式为将主要构件拆解为便于打包运输的形式，到现场（或当地工厂）组装成箱型房屋单元的房屋集成产品。打包箱分为板柱式打包箱和桌式打包箱。

框架箱式房屋的组合形式包括单个箱、单层并列、单层组合、低层或多层组合、组合后再与其他结构组合。当组合使用时，应按组合体实际工况进行结构分析。由于构造空间限制，板柱式打包箱的梁、柱连接多为半刚接或铰接，其连接刚度应以试验确定。框板箱式的蒙皮板分担水平力，其单元刚度及连接要求应以试验确定；在组成组合结构而蒙皮板又不能按箱满铺时应考虑扭转效应。

3. 模块化冷弯薄壁型钢房屋

将冷弯薄壁型钢房屋的一部分墙体、楼板和屋顶定为模块化构件，在工厂实现预制，连同其他构件在现场完成组装的房屋，称为模块化冷弯薄壁型钢房屋。它是冷弯薄壁型钢房屋的一种新型预制和建造方式，是构件组合式房屋中的一种类型。这种方式要求如下：

1）原结构体系基本不变。

2）满足对房屋的功能和性能的要求。

3）模块应便于预制、运输、成品保护和安装。

4）模块规格数量尽可能减少，并宜具有互换性。

模块组合后的结构模型应与原结构受力基本一致，差异较大时应修正假定或采取必要的技术措施。模块构件除应满足使用工况的承载力要求外，尚应满足运输和吊装工况下的受力要求。墙板模块因拼接所引起的蒙皮剪力损失，应通过墙板模块连接件补偿。

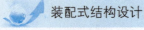

4. 模块化轻型钢框架房屋

轻型钢框架房屋具有柱网模数化，结构构件与建筑围护构件的规格数量有限，多数构件具有互换性，有利于大批量在工厂生产、集约运输和快速安装等特点。主要构件只有一种横向梁、一种桁架梁及不超过 10 种同型的外墙条板组成房屋的构件模块，按一定规则组合成不同功能、不同体型的房屋体系可称为模块化轻型钢框架房屋。结构外墙采用双层墙板，内层墙板嵌于框架柱之中，外叶墙板外挂于主体结构之外，外叶墙板与内叶墙板之间的空间形成空气层，以有效阻断钢框架的"热桥"效应，保证结构具有良好的保温隔热性能。外挂墙板与钢框架之间采用预埋连接件和螺栓连接；内嵌墙板用钢板卡定位固定。

5. 拆装式轻钢结构活动房屋

拆装式轻钢结构活动房屋是指以轻钢结构为框架，内嵌板材为围护结构组合而成的建筑体系。所有构件及连接均工厂预制、现场安装，构件具有互换性和模块化特征。建筑构件为模数化尺寸，立柱构件为 C 型钢组合柱，填充墙体为金属面夹心板，钢柱结构外露，通过拉杆竖向支撑束紧，墙板连同水平构件形成空间结构体系。楼面主梁为空腹桁架梁，次梁为 C 型钢，屋架通常是三角形轻钢屋架，门窗按柱距设置。拆装式轻钢结构活动房屋的构件设计均标准化，方便运输，现场施工简单快速并可多次拆装，材料循环利用，节能环保。该房屋是构件组合式模块化房屋的一种类型。

6. 模块化板式房屋

模块化板式房屋是以标准化的预制墙板构件、独立柱、连系梁和屋顶承板等模块化构件，经连接组成具有稳定性的六面体结构，满足特定的使用要求，其中主要构件具有互换性，属于构件组合式房屋中的一种类型。模块化板式房屋适用于单层，可用作临时或半永久性的住宅、宿舍或其他营地类房屋。经定型设计，模块化板式房屋可作为房屋产品。房屋产品应提供允许最大风、雪荷载的限值，当超出范围时，应采取相应的技术措施。

下面主要介绍模块化集装箱式房屋、模块化框架箱式房屋。

■ 6.3 模块化集装箱式房屋

近年来，集装箱的使用量随着物流业的蓬勃发展而大幅增加。作为可移动、可重复使用、模块化的建筑房屋，这种组合式箱房又称为集装箱房，在国内外得到了广泛认可。这种集装箱模块化房屋设计灵活多样，可以根据需求进行组合和定制，具有节能、环保、快速搭建等多重优势，成为人们对于住宅建筑新选择的关注焦点。其结构简单，安装方便快捷，采用模数化设计、工厂化生产，符合资源再利用和低碳经济的要求。尤其是经一定年限使用后的既有集装箱能够再回收用作箱房，更加符合可持续发展的要求。由于集装箱具有耐用性和通用模块的特点，适用于快速建造的多种用途低（多）层房屋，因此集装箱组合房屋在国内外得到了积极推广和应用。

6.3.1 建筑设计基本规定

集装箱组合房屋适用于以集装箱自然开间为主要功能间的低层和多层建筑，其建筑设计应遵循模块集成性、组合多样性和功能实用性的原则，以有效地利用空间并便于建造施工。在符合工程技术经济合理性要求的情况下，建议采用既有集装箱来构建箱体。同时，作为设备单元的模块化集装箱（如变电箱、配电箱、水处理及水箱、消防水箱、冷藏冷冻箱、锅炉箱、空调模块箱、工矿工艺设备箱和通信箱等），也应满足相关专业标准要求。这些原则和要求是为了保证集装箱组合房屋在功能、安全和经济方面都能够达到最佳的效果。

1. 适用范围

既有集装箱房屋适用于抗震设防烈度为 8 度及以下地区，层数不超过 8 层，高度不超过 24m，定制集装箱房屋经整体结构设计也适用此范围。集装箱房屋模块和钢结构进行组合时，集装箱部分以自身堆积 6 层、自身高度不超过 24m 为限。集装箱房屋模块当插入钢结构框架内仅自承重时，可按单层使用工况设计。

2. 结构与构造要点

单个集装箱模块应满足生产、运输和吊装等各阶段对强度和变形的要求，并保证构配件连接及内外装修不被破坏，必要时可采取以下措施：合理设置吊框与吊点，设置临时支撑，在运输车辆上增设支座等。当集装箱模块组合使用时，单个集装箱模块应满足指定位置上的内力工况要求，当不满足时应采取加强措施。集装箱组合房屋应进行隔振设计。对可能由冲击导致传声、传振的部位，如门、楼梯、厨房操作台、洗衣机放置部位等，应采取隔声、隔振的构造措施；对可能由设备运转导致传声、传振的部位，如空调室外机、电梯、风机、水泵及外延管道等，应分别采取隔声、吸声、消声和隔振的构造措施，其中隔振材料与元件应根据振动的固有频率选用。

集装箱组合房屋宜选用通用型既有集装箱（图 6-2、图 6-3），其主要尺寸和额定质量应符合表 6-1 的规定。

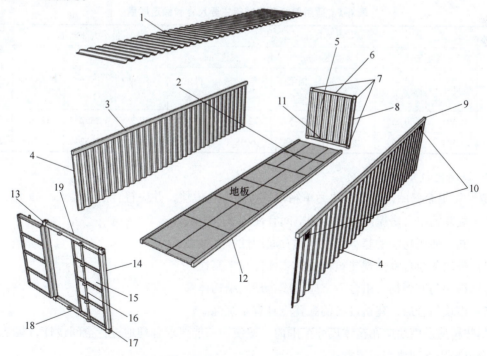

图 6-2 通用型既有集装箱结构分解图

1—顶板　2—鹅颈槽　3—顶侧梁　4—侧板　5—前墙板　6—前楣　7—角件
8—前角柱　9—顶侧梁　10—通风器　11—前槛　12—底侧梁　13—角件
14—后角柱　15—门（门封胶条）　16—锁杆　17—角件　18—门槛　19—门楣

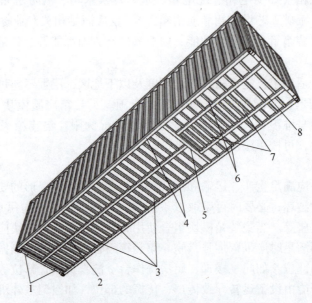

图 6-3 通用型既有集装箱底部结构图

1—防撞槽 2—地板中梁 3—底横梁 4—底侧梁 5—鹅主梁
6—短底横梁 7—鹅背梁 8—鹅盖板

表 6-1 通用型既有集装箱主要尺寸和额定质量

箱型	外部尺寸						最小内部尺寸			额定质量 /kg
	高度/mm		宽度/mm		长度/mm		高度/mm	宽度/mm	长度/mm	
	尺寸	极限偏差	尺寸	极限偏差	尺寸	极限偏差				
IAA	2591	0~5	2438	0~5	12192	0~10	2393	2352	12032	3640
ICC	2591	0~5	2438	0~5	6058	0~6	2393	2352	5898	2180

3. 模块化组合设计

集装箱组合房屋的基本模块为单箱模块或组合箱模块，并应符合下列要求：

1）集装箱组合房屋的主要功能空间宜使用基本模块。

2）同一使用功能的基本模块宜具有通用性和互换性。

3）模块化组合宜体现建筑构成的多样性和丰富性。

4）模块与其他构件组合后，应形成合理的结构体系。

5）模块组合后，建筑设备的配置应具有系统性。

集装箱房屋模块应在箱体尺寸范围内，按使用功能要求合理地进行空间设计，集装箱模块组合可采用下列典型布置方式：

（1）独立使用或简单组合 单个集装箱独立使用或简单组合，具有功能独立性，可用于营地式单层房屋，见表 6-2。

表 6-2　集装箱基本模块

类别	20ft 集装箱	40ft 集装箱
单箱模块	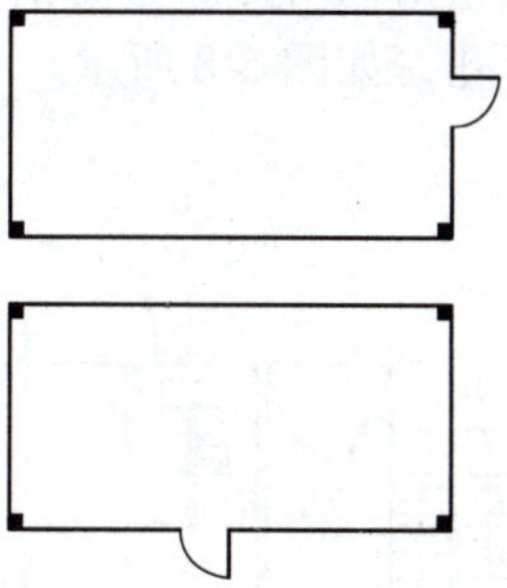	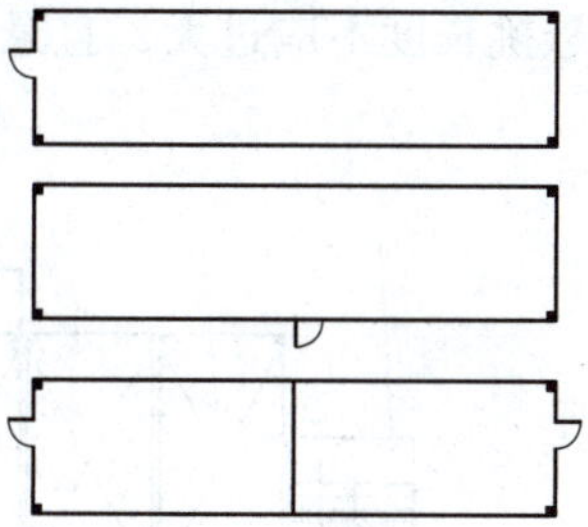
组合箱模块 — 局部或断续连通	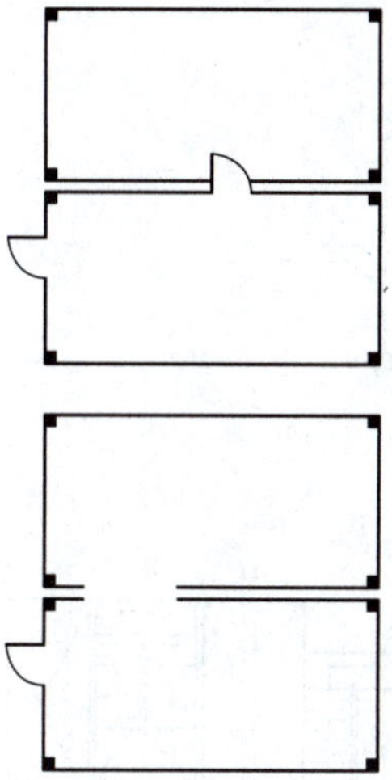	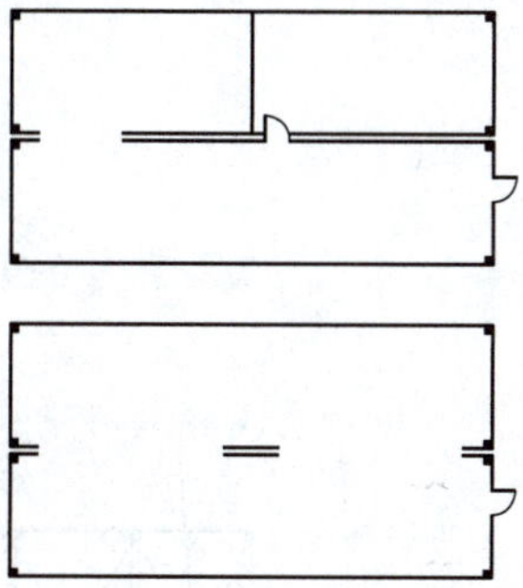
组合箱模块 — 连续连通	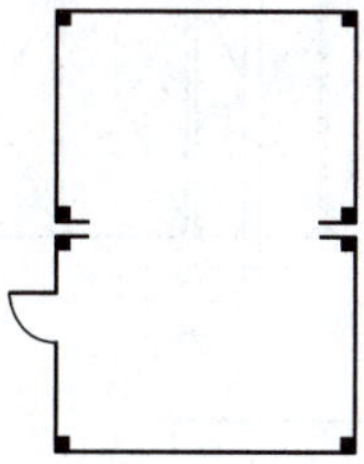	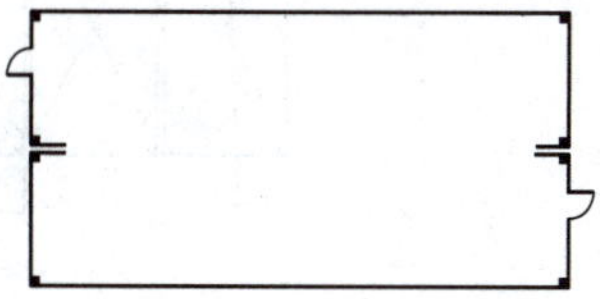

注：1ft = 0.3048m。

（2）廊式组合　集装箱模块竖向叠置，平面组合为廊式房屋，通过内（外）廊连接成整体，并配置设备系统，可用于宿舍、旅馆、住宅、办公等多层，如图 6-4 所示。

（3）局部大空间组合　当集装箱房屋首层或局部有较大空间需要时，可采用集装箱模块与框架组合，如图 6-5 所示。

（4）错位组合　集装箱竖向错位组合，可取得部分较大空间并节省用箱，如图 6-6 所示。

（5）不同箱型组合　当箱源类型不一致或有其他设计创意时，可采用不完全对角的组

装配式结构设计

合，如图 6-7 所示。

（6）局部悬挑　因造型或使用需要，部分集装箱可从组合中挑出。箱体板壁有开孔并引起箱体刚度有较大削弱时，宜采用有孔箱与无孔箱错列对称布置等措施。集装箱采用悬挑布置时，悬挑长度不应过大，且悬挑部分不应有开孔，如图 6-8 所示。

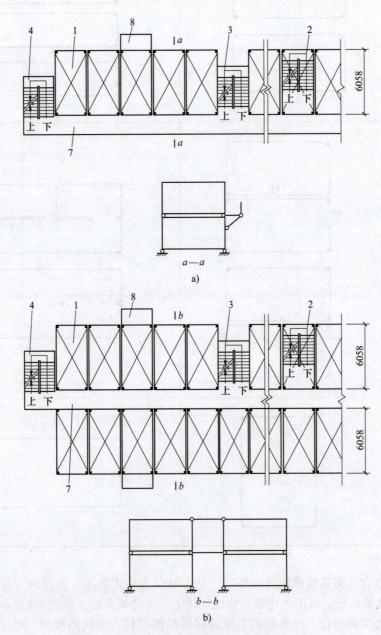

图 6-4　集装箱廊式组合

a）ICC 箱外廊式组合　b）ICC 箱内廊式组合

1—基本模块　2—箱内预制楼梯　3—构建组装楼梯　4—外装钢楼梯

5—调整箱 ICC　6—暗柱（必要时设）　7—走廊　8—阳台

94

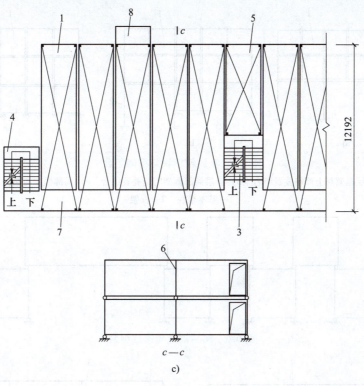

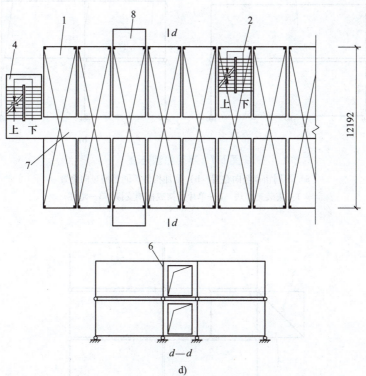

图6-4　集装箱廊式组合（续）
c）IAA 箱外廊式组合　d）IAA 箱内廊式组合
1—基本模块　2—箱内预制楼梯　3—构建组装楼梯　4—外装钢楼梯
5—调整箱 ICC　6—暗柱（必要时设）　7—走廊　8—阳台

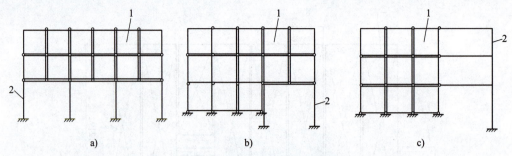

图 6-5　集装箱模块与框架组合

a）首层框架与上部箱叠置组合　b）首层局部框架与箱叠置组合　c）局部框架与箱叠置组合

1—基本模块　2—框架

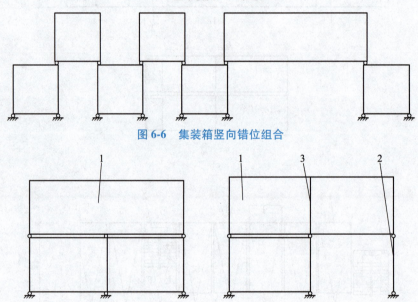

图 6-6　集装箱竖向错位组合

图 6-7　不同箱型组合

a）不同箱型竖向叠置　b）附加构件不同箱型竖向叠置

1—集装箱模块　2—单片框架或框架支撑　3—暗柱

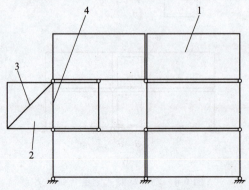

图 6-8　集装箱的挑出示意

1—集装箱模块　2—挑出的集装箱模块　3—支撑（必要时设）　4—暗柱（必要时设）

（7）支撑体组合　以箱体为支撑体的组合布置，可以取得较大空间，可用于厂房、库房、餐厅、活动场馆等建筑。图6-9所示为以集装箱为支撑体的房屋示意。

6.3.2　结构设计基本规定

集装箱组合房屋结构设计的基本原则应符合《工程结构可靠性设计统一标准》（GB 50153—2008）的规定。结构设计使用年限为50年或25年时，其相应的结构重要性系数分别不应小于1.0或0.95。结构的荷载计算应符合《建筑结构荷载规范》（GB 50009—

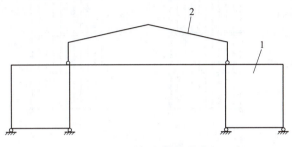

图6-9　以集装箱为支撑体的房屋示意
1—集装箱模块　2—屋架或门式刚架

2012）的规定。当设计使用年限为25年时，其风荷载和雪荷载标准值可按50年重现期的取值乘以0.9计算。集装箱组合房屋结构宜规则布置，其抗侧力构件的平面布置宜规则对称，侧向刚度沿竖向宜均匀变化。按抗震设计的不规则多层集装箱房屋结构应采取必要的加强措施。

6.3.3　结构设计

1.　结构计算

集装箱组合房屋结构的布置和组合应形成稳定的结构体系。箱体叠置的低层房屋结构可组成叠箱结构体系，如图6-10a所示，其层数不宜超过3层；箱体与框架组合的多层房屋结构可组成箱框结构体系，如图6-10b、c所示，层数不宜超过6层，其框架可采用纯框架或中心支撑框架。

集装箱结构设计制造的首要技术要求是在恶劣海运条件下受到振动、冲击和巨大惯性力作用时要确保箱体结构必要的强度、刚度和可靠的承载力，同时产品在出厂时还要模拟上述恶劣条件工况进行严格的箱体实物荷载整体检测，故集装箱结构具有很强的受压、受弯、受剪承载力和整体刚度，完全可以满足居住或办公用房的承载要求。当集装箱结构无孔无悬臂时，可不必进行承载力验算，但当箱壁开有较大孔洞时，其洞口下的底梁，因截面单薄可能会发生强度、挠度不足的情况，须进行验算。因此，叠箱结构体系的计算应符合下列要求：

1）不超过3层的叠置箱体房屋，当箱体无开孔、无悬挑且箱间连接可靠时，可不进行叠箱结构整体承载力与变形的验算。

2）叠箱结构在竖向荷载作用下可以箱体结构角柱的作用力进行角件间连接的计算，此作用力应计入箱体结构因倾覆作用而产生的角柱附加轴向压力或拉力。

3）进行叠箱结构体系抗震计算时，可按底部剪力法计算层间剪力，并以此剪力验算箱体的连接和层间位移。

多层箱框结构体系应按箱体和框架整体结构进行内力计算，箱体结构和框架结构所承受的地震作用层间剪力应按各自的侧向刚度进行分配。当叠箱与底框架组成结构体系时，底框架的地震作用效应乘以增大系数1.2。叠箱结构或箱框结构布置不规则或局部刚度有较大削弱时，宜按空间模型进行结构计算，此时屋盖或楼盖的连接构造应符合平面刚性铺板的要求。进行多遇地震作用下集装箱房屋结构的抗震计算时，阻尼比可取0.04。多层箱框结

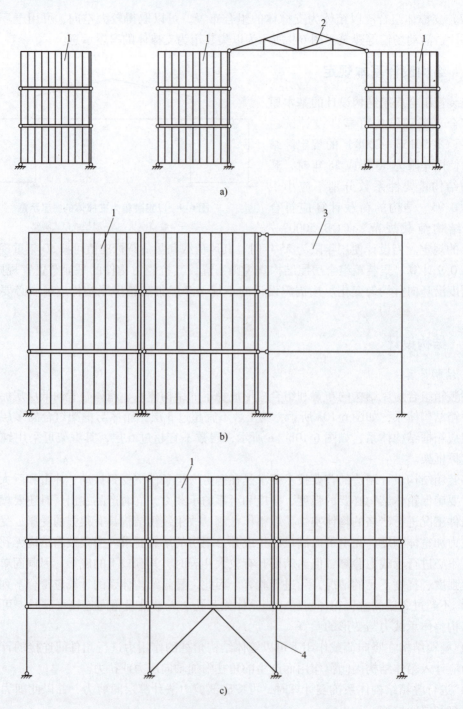

图 6-10 结构体系简图

a) 叠箱结构体系   b) 支撑框架箱框结构体系   c) 底框架箱框结构体系

1—箱体   2—连系桁架   3—框架   4—底层框架

层间最大水平位移与层高之比，在风荷载作用下不宜超过 1/400，在多遇地震作用下不应超过 1/300。

2. 箱体结构的强度与刚度

在集装箱组合房屋结构计算中，箱体的侧向刚度是不可或缺的重要设计指标，但又无现成数据可供引用。为此，国内外专家对 6m 和 12m 箱体结构在有无开孔情况下侧向刚度的变化规律、极限荷载和屈服荷载与位移的相关关系，以及顶板结构刚度变化和开孔位置变化对箱体侧向刚度的影响等进行了详尽的计算分析，并提出了可为工程实际应用的技术参数和计算公式。进行结构计算时，6m 和 12m 无孔箱箱体结构的整体纵向侧向刚度可按 120kN/mm 取值；当箱体顶梁经加强，顶盖结构平面刚度可视为无限大时，6m 和 12m 箱体整体纵向侧向刚度可分别按式（6-1）和式（6-2）进行计算。

6m 集装箱：$\qquad k = 440\text{kN/mm} - 450\text{kN/mm} \times \alpha$ （6-1）

12m 集装箱：$\qquad k = 700\text{kN/mm} - 650\text{kN/mm} \times \alpha$ （6-2）

式中　k——无孔箱箱体结构的整体纵向侧向刚度；

α——集装箱开孔率，$\alpha = a/L$，且不大于 0.6；a 为洞口宽度，L 为集装箱长度。

对开孔箱体，依据计算分析报告提出了不同开孔率和开孔位置时的刚度计算公式。

1）当在壁板中部对称于中线开孔（图 6-11），且开孔率不大于 60% 时，6m 箱和 12m 箱的整体纵向侧向刚度可按式（6-3）进行计算。

$$k = k_0 \eta \qquad (6\text{-}3)$$

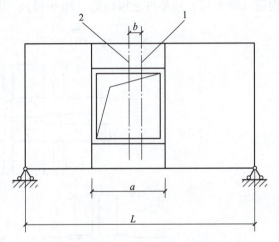

图 6-11　开孔箱体计算简图
1—集装箱中心线　2—洞口中心线

式中　k_0——未开孔箱体纵向侧向刚度，对 6m 和 12m 集装箱，k_0 取 120kN/mm；

η——刚度折减系数，对 6m 和 12m 集装箱，可分别按式（6-4）和式（6-5）计算。

6m 集装箱：
$$\begin{cases} \eta = 1 - \alpha - \dfrac{0.6\alpha\beta}{0.3 - 0.5\alpha}, & \alpha < 0.2 \\ \eta = 1 - \alpha - 0.6\beta, & 0.2 \leqslant \alpha \leqslant 0.6 \end{cases} \qquad (6\text{-}4)$$

12m 集装箱：
$$\begin{cases} \eta = 1 - 0.5\alpha - \dfrac{4\alpha\beta}{0.4 - 0.5\alpha} \leqslant 1.0, & \alpha < 0.1 \\ \eta = 1.13 - 0.8\alpha - \dfrac{(0.43 - 0.3\alpha)\beta}{0.4 - 0.5\alpha}, & 0.1 \leqslant \alpha \leqslant 0.6 \end{cases} \qquad (6\text{-}5)$$

式中　β——洞口偏移率，$\beta = b/L$，其中 b 为洞口中线到集装箱中线的距离。

2）当箱体两侧壁板开孔率不同或一侧开孔一侧未开孔时，箱体整体纵向侧向刚度可取两侧开洞率所得侧向刚度的平均。

对无孔及开孔率不大于 40% 的 6m 箱体结构，沿箱体纵向在箱顶承受水平力的承载力设计值可取为 600kN，开孔率大于 40% 并小于 60% 时可取为 450kN。对无孔及开孔率不大于 60% 的 12m 箱体结构，沿箱体纵向在箱顶承受水平力的承载力设计值可统一取为 600kN。

6.3.4 结构节点设计

集装箱组合房屋结构的连接节点构造应合理，传力可靠并方便施工，连接节点的计算和构造应符合《钢结构设计标准》（GB 50017—2017）及《建筑抗震设计规范（2016 年版)》（GB 50011—2010）的规定。箱体之间的连接宜采用角件相互连接的构造，其连接节点应保证有可靠的受剪、受压与抗拔承载力；框架与箱体间的水平连接宜采用连接件与箱体角件连接的构造，其节点连接应为仅考虑水平力传递的构造。重要构件或节点连接的熔透焊缝不应低于二级质量等级要求；角焊缝质量应符合外观检查二级焊缝的要求。箱体的现场连接构造应有施拧施焊的作业空间与便于调整的安装定位措施。

箱体角件间的连接应保证角件对齐并与连接件间紧密接触。其节点构造可采用角件连接构造（图 6-12）或垫件连接构造（图 6-13）。借鉴工程经验，提出了角件连接和垫件连接两

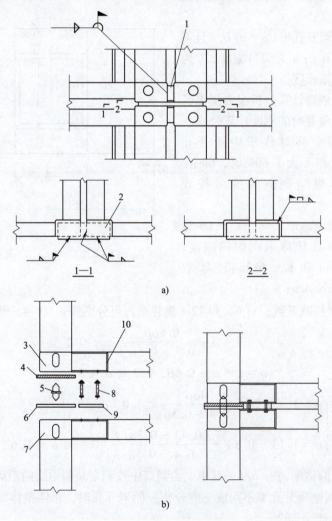

图 6-12 角件连接节点构造

a）焊接连接　b）螺栓连接

1—竖垫板凸出角件 10mm　2—连接垫板　3—上箱底角件　4—隔声胶垫　5—双头锥
6—连接钢板　7—下箱顶角件　8—高强度螺栓　9—现场调整垫板　10—连接盒

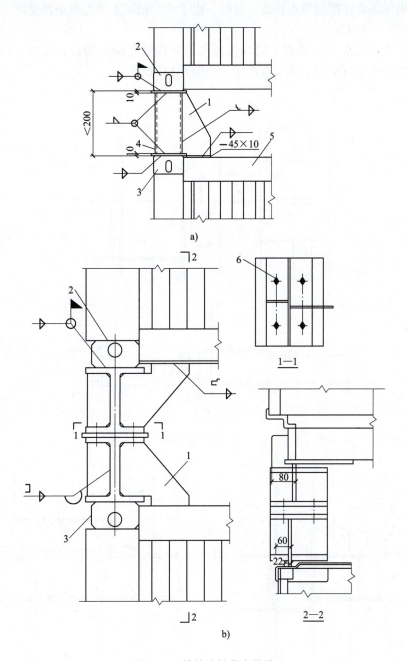

图 6-13　垫件连接节点构造

a）短柱垫件连接　b）H 型钢垫件连接

1—加劲板　2—底角件　3—顶角件　4—方管短柱　5—方管顶梁　6—高强度螺栓

种箱体节点构造的参考做法。前者又分为角件间（如垫板）焊接连接和角件（如锥形定位器）的高强度螺栓连接两种构造。焊接连接时，加工安装较简便，但现场焊接工作量稍大，安装时应采取临时定位、调整措施；高强度螺栓连接时，须加工双头锥，并局部改造加设螺栓盒，设计时需注意螺栓孔边距应满足受力要求并有施拧空间。当箱体间需留出安装管线空间时，可采用加垫件连接的节点构造，此时，由于承受箱间水平力时垫件受弯，垫件及其连接应有足够的强度和刚度。

箱体与框架间的水平连接宜采用仅传递水平荷载的连接板构造，如图6-14a、b所示。箱体与底框架的连接可采用支承节点连接，如图6-14c所示。

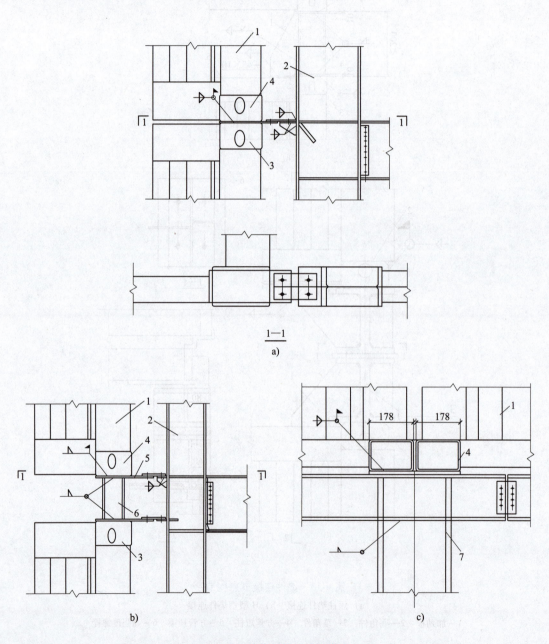

图6-14　箱体与框架连接节点
a）箱体角件与框架柱连接　b）垫片与框架柱连接　c）箱底与底框架连接
1—箱体　2—框架柱　3—下箱顶角件　4—上箱底角件
5—垫件顶板　6—刚性短柱　7—底框架钢架柱

6.4 模块化框架箱式房屋

箱式钢结构集成模块建筑具有建筑空间模块化、设计制作集成化、生产工艺标准化、建筑施工装配化的特征，以及高集成度、高装配率、施工速度快等优势，在欧美及澳大利亚等发达国家已有较多应用案例。目前国内箱式钢结构集成模块建筑相关标准的应用范围仅局限在低层、多层建筑，且针对的是标准集装箱建筑。

6.4.1 建筑设计基本规定

箱式模块是一种功能集成的建筑单元，设计时需要充分考虑各专业之间的协同设计，尤其是建筑全装修设计应从建筑方案设计阶段介入，与建筑设计各专业充分协调与综合，贯彻建筑装修一体化的设计理念。箱式模块建筑由多个箱式模块及现场施工的非箱式模块部分组合而成，水平相邻模块间墙体形成双墙，因此轴线的定位与传统建筑不同。箱式模块建筑设计制图时，应充分考虑施工图与深化图技术内容表达的衔接性。箱式模块建筑设计时应遵循功能实用性、设计集成性、组合多样性与施工便利性的设计原则，并应兼顾模块单元及建筑部品的模数化、标准化和通用化。其结构示意图如图 6-15 所示。

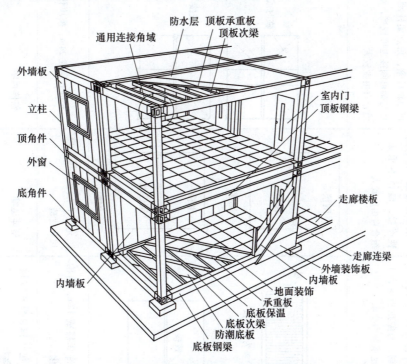

图 6-15　框架箱式房屋结构示意图

根据框架梁柱连接节点的刚性，可成为框架箱式或框板箱式房屋单元，具体见表 6-3。

箱式模块建筑设计应在模数协调的基础上遵循"少规格、多组合"的设计原则，并宜兼顾建筑的多样性和经济性，其组合宜采用表 6-4 的方式。

表 6-3　框架箱房屋分类、技术特征与适用范围

类别	框板箱式	框架箱（四柱）式	框架箱（多柱）式	打包箱（板柱式）	打包箱（集式）
技术特征	箱体框架梁、柱及其连接较弱，与蒙皮板组合工作满足承载力要求	箱体框架梁、柱为刚性连接，墙体不承重，组合自由度较大	箱体较长，箱体跨中加柱，可加斜拉索，角点梁柱刚性连接，中柱与梁可刚接也可铰接，组合自由度较大	将上下底盘预制，其他构件、内装或外装到现场装配为箱单元，并进一步组合	将上下箱底连同短柱预制，错位打包，到现场组合为箱单元。产品也适合组合装成超高箱体
示意图					
适用范围	允许 3 层或 12m，结构轻型化	允许 6 层或 24m，模块化建造	允许 6 层或 24m，模块化建造	允许 3 层或 12m，集约运输	允许 3 层或 12m（有依据时可 6 层或 24m），集约运输
运输方式	打包运输、板式散运、整体运输	整体运输	整体运输	打包运输、板式散运、整体运输	打包运输、整体运输
结构设计	在试验基础上计算	可计算	可计算	在试验基础上计算	可计算
墙板分布	有限制	无限制	无限制	无限制	无限制

注：根据梁柱节点连接刚度，板柱式打包箱安装后可成为框架箱式或框板箱式。

表 6-4　箱式模块建筑的组合方式

组合方式	三维示意图
并列式	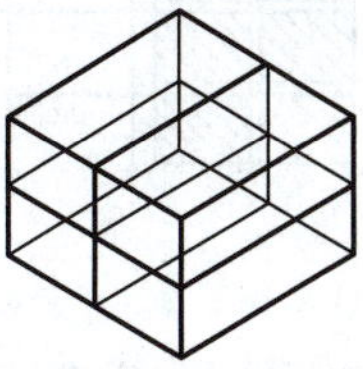
纵横交错	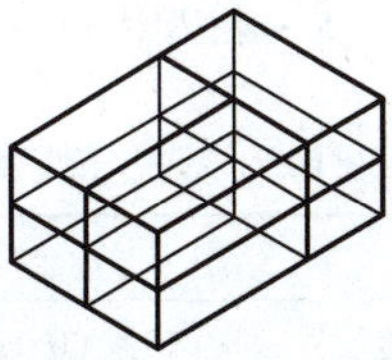
立面凹凸	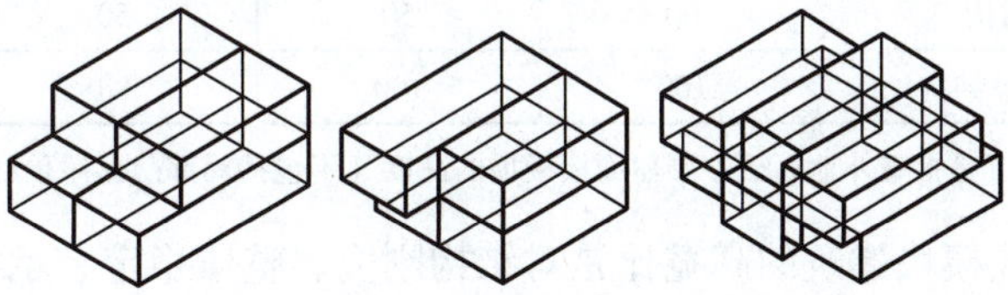
纵横咬合	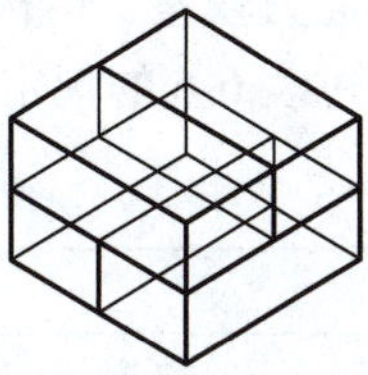

6.4.2　结构设计基本规定

结构体系的选用与抗震设防类别、抗震设防烈度、建筑高度、建筑场地等因素密切相关，实际选型时，需要经技术、经济和使用条件综合比较确定。一般箱式模块建筑有其自身的特点。精装修、整体吊装、特殊的连接方式、有侧向刚度贡献的金属箱壁板等，都需要在结构体系选型中予以考虑。箱式模块建筑的结构布置和组合应形成稳定的结构体系。箱式模块叠置可组成叠箱结构体系（图 6-16a），装配化程度高。当叠箱结构体系不能满足抗震要求时，可采用箱-框结构体系、箱-框-支撑结构体系，如图 6-16b、c 所示。箱-框结构体系可以得到较大的使用空间，箱-框-支撑结构体系在框架结构中设置了支撑，增加了结构的侧向刚度，提高了抗震能力。

箱式模块建筑的最大适用高度应符合表 6-5 的规定。根据箱式模块建筑已建成的工程案例经验，结合案例计算分析结果，综合考虑建筑质量、结构性能、经济成本等因素，给出适用范围的建议值，并非该体系的最大高度限值。

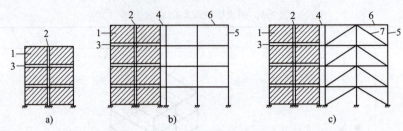

图 6-16 箱式模块建筑结构体系示意图

a）叠箱结构体系 b）箱–框结构体系 c）箱–框–支撑结构体系

1—箱式模块 2—箱式模块水平连接 3—箱式模块层间竖向连接 4—箱式模块与非箱式模块结构连接

5—钢框架柱 6—钢框架梁 7—支撑

表 6-5 箱式模块建筑的最大适用高度　　　　　　　　　　　　　（单位：m）

结构体系	抗震设防烈度				
	6 度	7 度（0.1g）	7 度（0.15g）	8 度（0.2g）	8 度（0.3g）
叠箱结构	40	35	35	30	25
箱–框结构	60	50	50	40	30
箱–框–支撑结构	100	100	80	60	50

注：房屋高度是指室外地面至主要屋面板板顶的高度（不包括局部凸出屋顶部分）。

高层箱式模块建筑的高宽比是对结构刚度、整体稳定、承载能力和经济合理性的宏观控制，从结构安全角度讲，高宽比限值不是必须满足，主要影响结构设计的经济性。当箱式模块建筑高宽比过大时，抗倾覆能力较差，结构材料用量增大较多，经济性能不好。箱式模块建筑适用的最大高宽比不宜超过表 6-6 的规定。

表 6-6 箱式模块建筑适用的最大高宽比

结构体系	抗震设防烈度				
	6 度	7 度（0.1g）	7 度（0.15g）	8 度（0.2g）	8 度（0.3g）
叠箱结构	5	4	4	3	3
箱–框结构	5	4	4	3	3
箱–框–支撑结构	6	6	5	4	4

箱式模块建筑结构构件的抗震设计，应根据抗震设防类别、抗震设防标准、抗震设防烈度、结构体系和房屋高度采用不同的抗震等级，相应抗震措施应符合《建筑抗震设计规范（2016 年版）》（GB 50011—2010）的有关规定。丙类箱式模块建筑结构的抗震等级应按表 6-7 确定。

表 6-7 箱式模块建筑结构抗震等级（丙类）

结构体系	房屋高度/m	抗震设防烈度		
		7 度（0.1g）	7 度（0.15g）	8 度（0.2g）
叠箱结构	≤50	一	四	三
箱–框结构				
箱–框–支撑结构	>50	四	三	二

抗震结构体系要求受力明确、传力途径合理且传力路线不间断，这也是结构选型与布置结构抗侧力体系时首先考虑的因素之一。结构布置应力求简单、规则，避免刚度、质量分布不均匀，结构布置的规则性判定具体可参见《建筑抗震设计规范》和《高层民用建筑钢结构技术规程》（JGJ 99—2015）的有关规定。考虑到有些建筑结构，横向抗侧力构件（如墙体）很多而纵向很少，在强烈地震中往往由于纵向的破坏导致整体倒塌。

箱式模块建筑在多遇地震标准值作用下，按弹性方法计算的楼层层间最大位移与层高之比（$\Delta u/h$）不宜大于 1/300，风荷载作用下 $\Delta u/h$ 不宜大于 1/400。当在罕遇地震作用下进行弹塑性层间位移角验算时，计算方法应符合《建筑抗震设计规范》的有关规定，结构弹塑性层间位移角 $\Delta u_{\mathrm{p}}/h$ 不宜大于 1/50。

箱式模块建筑抗震计算时结构的阻尼比可按下列规定取值：多遇地震下可取 0.035；罕遇地震作用下的弹塑性分析，可取 0.05。

6.4.3　结构设计

箱式模块波纹钢箱壁板分为以下两类：一类是在地震作用、风荷载作用下与周边钢柱和钢梁共同作用，提供结构侧向刚度，承受水平剪力；另一类是不给主体结构提供侧向刚度，仅在运输、安装及施工过程中起围护作用，在与主体结构的连接构造上应确保其不参与主体结构间水平力的传递，与周边梁柱可采用自攻螺钉连接。

当箱式模块波纹钢箱壁板的几何尺寸满足下列公式要求时，波纹钢箱壁板侧向刚度计算按下式执行：

$$100 < \frac{L_{\mathrm{g}}}{\left[\left(3\eta - \frac{4h}{\lambda\sin\theta}\right)th^2\right]^{\frac{1}{3}}}\sqrt{\frac{f_{\mathrm{y}}}{235}} \leqslant 600$$

$$L_{\mathrm{g}}/H_{\mathrm{g}} \leqslant 2.5$$

$$\eta = \frac{s}{\lambda}$$

式中　η——截面形状系数，为波纹板展开长度与水平净长度的比值；
f_{y}——波纹钢箱壁板的钢材牌号所指的屈服点；
t——波纹钢箱壁板的厚度；
h——波纹钢箱壁板波纹高度；
λ——波纹钢箱壁板波纹的波长；
s——波纹钢箱壁板波纹波长的展开长度；
H_{g}——波纹钢箱壁板的净高度；
L_{g}——波纹钢箱壁板的净长度；
θ——波纹钢箱壁板几何参数。

开设洞口的波纹钢箱壁板应沿洞口将波纹钢箱壁板进行区域划分（图6-17），并可

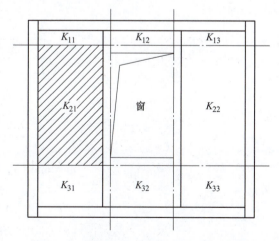

图 6-17　开洞波纹钢箱壁板区域划分示意图

按式（6-6）计算每个区域的侧向刚度，按式（6-9）计算波纹钢箱壁板的整体侧向刚度。

$$K_{ij} = \frac{\gamma}{\frac{H_g^3}{12EI_z} + \frac{3.12H_g}{E\eta L_g t}} \tag{6-6}$$

$$\gamma = 0.014\ln(L_g/H_g) - 0.118\ln(\lambda_s) + 1.24 \tag{6-7}$$

$$\lambda_s = \frac{H_g}{t\sqrt{\frac{235}{f_y}}} \tag{6-8}$$

$$K_0 = \frac{1}{\sum_{i=1}^{n} \frac{1}{K_i}} \tag{6-9}$$

$$K_i = \sum_{j=1}^{m} K_{ij} \tag{6-10}$$

式中 K_0——波纹钢箱壁板的侧向刚度；

     γ——计入初始缺陷和弹性屈曲影响的刚度折减系数；

     λ_s——波纹钢箱壁板剪力墙的相对高厚比；

     E——波纹钢箱壁板钢材的弹性模量；

     I_z——波纹钢箱壁板绕强轴的截面惯性矩；

     K_{ij}——划分区域之后，第 i 行第 j 列区的波纹钢箱壁板侧向刚度，按式（6-6）计算；

     K_i——划分区域之后，第 i 行区的波纹钢箱壁板总侧向刚度。

波纹钢箱壁板的受剪承载力可按下列公式验算：

$$V \leqslant \chi_c(0.42fL_g t) \tag{6-11}$$

$$\chi_{c,1} = \frac{1.15}{0.9 + \bar{\lambda}_{c,1}} \leqslant 1.0 \tag{6-12}$$

$$\chi_{c,g} = \frac{0.68}{\bar{\lambda}_{c,g}^{0.65}} \leqslant 1.0 \tag{6-13}$$

$$\bar{\lambda}_{c,1} = \frac{\sqrt{f_y/\sqrt{3}}}{\sqrt{\frac{5.34\pi^2 E}{12(1-\mu^2)(\omega/t)^2}}} \tag{6-14}$$

$$\bar{\lambda}_{c,g} = \frac{\sqrt{f_y/\sqrt{3}}}{\sqrt{\frac{31.6D_x^{0.25}D_y^{0.75}}{tL_g^2}}} \tag{6-15}$$

$$\omega = \max\{a, \ h/\sin\theta\} \tag{6-16}$$

$$D_x = \frac{Et^3}{12\eta} \tag{6-17}$$

$$D_y = \frac{EI_{wy}}{a+b+c} \tag{6-18}$$

$$I_{wy} = (a + c)t\left(\frac{h}{2}\right)^2 + \frac{th^3}{12\sin\theta} \qquad (6\text{-}19)$$

式中　V ——波纹钢箱壁板的受剪承载力；

f ——波纹钢箱壁板钢材的抗拉强度设计值；

χ_c ——计入屈曲的承载力折减系数，取 $\chi_{c,1}$ 和 $\chi_{c,g}$ 中的较小值；

$\chi_{c,1}$ ——计入波纹钢箱壁板局部屈曲的受剪承载力折减系数；

$\chi_{c,g}$ ——计入波纹钢箱壁板整体屈曲的受剪承载力折减系数；

$\bar{\lambda}_{c,1}$ ——计入波纹钢箱壁板局部屈曲的抗剪强度折减系数；

$\bar{\lambda}_{c,g}$ ——计入波纹钢箱壁板整体屈曲的抗剪强度折减系数；

μ ——波纹钢箱壁板钢材的泊松比；

D_x ——垂直于波纹钢箱壁板板肋方向的弯曲刚度；

D_y ——平行于波纹钢箱壁板板肋方向的弯曲刚度；

ω ——单位波长波纹钢箱壁板中水平板带宽度和倾斜板带宽度的较大值；

I_{wy} ——单位波长波纹钢箱壁板的截面惯性矩；

a、b、c ——波纹钢箱壁板几何参数。

对于开有门窗洞口的波纹钢箱壁板，受剪承载力可按下列公式验算：

$$V \leqslant \omega_f(f_v L_g t) \qquad (6\text{-}20)$$

$$\omega_f = (1 - \chi^\gamma)^\alpha \qquad (6\text{-}21)$$

$$\gamma = 1.365\chi + 0.14 \qquad (6\text{-}22)$$

$$\alpha = 0.553\left(\frac{H_g}{L_g}\right)^2 + 1.93\left(\frac{H_g}{L_g}\right) + 0.989 \qquad (6\text{-}23)$$

式中　ω_f ——计入开洞影响的承载力折减系数；

χ ——开洞率，为洞口面积与整个波纹钢箱壁板面积的比值；

f_v ——波纹钢箱壁板钢材的抗剪强度设计值。

6.4.4　结构节点设计

箱式模块连接是影响箱式模块建筑受力性能的关键部位，连接的安全性及可靠性至关重要。因此，高层建筑箱式模块连接应进行抗震性能设计，并应符合下列要求：设防地震作用下的连接性能宜为弹性；罕遇地震作用下的连接性能应为不屈服。

1. 箱式模块层间竖向连接

竖向连接宜设置在箱式模块柱端，可采用螺栓连接（图6-18）、焊接连接、焊接与螺栓混合连接、自锁式连接或自锚式连接等方式。

当采用螺栓连接、焊接与螺栓混合连接或自锚式连接时，每个连接节点螺栓数量不应少于2个；6层

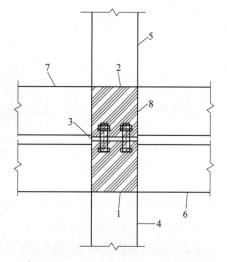

图6-18　箱式模块螺栓式层间竖向连接

1—柱顶连接盒　2—柱底连接盒　3—连接板
4—下层箱式模块柱　5—上层箱式模块柱
6—下层箱式模块箱顶板梁　7—上层箱式
模块箱底板梁　8—高强度螺栓

以上叠箱结构体系的箱式模块连接，沿建筑外围宜采用焊接与螺栓混合连接或焊接连接。具体可参考表 6-8 中的连接方式。

表 6-8　箱式模块参考连接节点

节点类型	节点示意图	备注
高强度螺栓竖向连接		传递拉、压、剪，可等效铰接，连接盒承载力设计值不应小于被连接框架柱承载力设计值，螺栓连接处的连接盒端板壁厚不宜小于 20mm
焊接与螺栓组合连接		后封盖板的连接采用坡口等强连接方式传递拉、压、剪及弯矩
自锁式螺栓竖向连接		优先应用于施工操作不方便处，节点初始抗剪和抗拉的滑移值不应大于 1mm

2. 箱式模块层间水平连接

在箱-框结构体系和箱-框-支撑结构体系中，箱式模块与主体结构可能存在施工不同步现象，造成不同部位的构件出现竖向变形差，进而带来应力集成问题。因此，竖向连接位置宜设置水平连接，箱式模块与非箱式模块结构体系的水平连接应考虑释放施工期间的竖向变形，可采用仅传递水平荷载的连接节点。水平连接可设置在箱式模块顶面，可采用螺栓连接（图 6-19）、焊接连接或焊接与螺栓混合连接等。

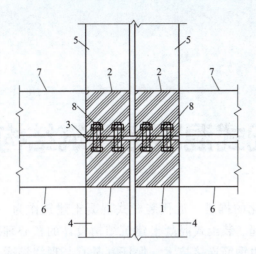

图 6-19　箱式模块螺栓式水平连接

1—柱顶连接盒　2—柱底连接盒　3—连接板　4—下层箱式模块柱　5—上层箱式模块柱
6—下层箱式模块箱顶板梁　7—上层箱式模块箱底板梁　8—高强度螺栓

第 7 章

装配式混凝土建筑结构设计

随着现代建筑工业化的推进，近代装配式混凝土建筑作为一种新型建筑结构形式，逐渐在我国建筑市场崛起。装配式混凝土建筑结构设计的核心理念是等同原理，即通过采用可靠的预制构件受力钢筋连接技术，保证其具有与现浇混凝土结构等同的延性、承载力和耐久性能。本章将对装配式混凝土建筑结构设计的基本原理、关键技术及构造进行简要阐述。

■ 7.1 装配式混凝土建筑结构基本规定

本节主要介绍与装配式混凝土建筑相关的规定，主要包括建筑设计基本规定与结构设计基本规定。

7.1.1 建筑设计基本规定

装配式混凝土建筑应采用系统集成的方法统筹设计、生产运输、施工安装，实现全过程的协同。装配式混凝土建筑设计应按照通用化、模数化、标准化的要求，以少规格、多组合的原则，实现建筑及部品部件的系列化和多样化。装配式建筑设计应进行模数协调，以满足建造装配化与部品部件标准化、通用化的要求。标准化设计是实施装配式建筑的有效手段，没有标准化就不可能实现结构系统、外围护系统、设备与管线系统以及内装系统的一体化集成，而模数和模数协调是实现装配式建筑标准化设计的重要基础，涉及装配式建筑产业链上的各个环节。少规格、多组合是装配式建筑设计的重要原则，减少部品部件的规格种类及提高部品部件模板的重复使用率，有利于部品部件的生产制造与施工，有利于提高生产速度和工人的劳动效率，从而降低造价。

装配式建筑强调性能要求，提高建筑质量和品质。因此，外围护系统、设备与管线系统以及内装系统应遵循绿色建筑全寿命周期的理念，结合地域特点和地方优势，优先采用节能环保的技术、工艺、材料和设备，实现节约资源、保护环境和减少污染的目标，为人们提供健康舒适的居住环境。

1. 模数与模数协调

装配式混凝土建筑设计应采用模数来协调结构构件、内装部品、设备与管线之间的尺寸关系，做到部品部件设计、生产和安装等相互间尺寸协调，减少和优化各部品部件的种类和尺寸。建筑模数协调工作涉及的行业与部件的种类很多，需各方面共同遵守各项协调原则，制定各种部件或组合件的协调尺寸和约束条件。结构构件采用扩大模数，可优化和减少预制构件种类，形成通用性强、具有系列化尺寸的住宅功能空间开间、进深和层高等主体构件或建筑结构体尺寸。建筑内装体中的装配式隔墙、储藏收纳空间和管道井等单元模块化部品或集成化部品宜采用基本模数，也可插入模数 0.5M 或 0.2M 进行调整。

2. 模块与模块组合

装配式建筑采用建筑通用体系是实现建筑工业化的前提，标准化、模块化设计是满足预制构件、部品配件工业化生产的必要条件，以实现批量化生产和建造。装配式建筑应以少规格、多组合的原则进行设计，结构构件和内装部品减少种类，既可经济合理地确保质量，也利于组织生产与施工安装。建筑平面和外立面可通过组合方式、立面材料色彩搭配等方式实现多样化。

个性化和多样化是建筑设计的永恒命题。但不要把标准化和多样化对立起来，二者的巧妙配合能够帮助我们实现标准化前提下的多样化和个性化。以装配式住宅为例，可以用标准化的套型模块结合核心筒模块组合出不同的平面形式和建筑形态，创造出多种平面组合类型，为满足规划的多样性和场地适应性要求提供设计方案。

3. 标准化设计

装配式混凝土建筑应采用模块及模块组合的设计方法，遵循少规格、多组合的原则。

住宅小区内的住宅楼、教学楼、宿舍、办公、酒店、公寓等建筑物大多具有相同或相似的体量、功能，采用标准化设计可以大大提高设计的质量和效率，有利于规模化生产，合理控制建筑成本，如住宅厨房、住宅卫生间、楼电梯交通核、教学楼内的盥洗间、酒店卫生间等。

部品的标准化是在构件标准化上的集成，功能模块的标准化是在部品标准化上的进一步集成，建筑的标准化是建筑工业化的集成体现，也是标准化的最高体现。装配式建筑的标准化设计以部件（如墙板、梁、柱、楼板、楼梯、隔墙板等）、部品、功能模块和建筑的标准化为基础。

7.1.2 结构设计基本规定

为满足建筑方案的要求并从根本上保证结构安全，设计内容除包括构件设计外，还应包括整个结构体系的设计。本节主要针对常见的一些结构设计规定进行说明，更详细的规定可参考相关规范。

1. 最大适用高度

装配整体式框架结构、装配整体式框架-现浇剪力墙结构、装配整体式框架-现浇核心筒结构、装配整体式剪力墙结构房屋的最大适用高度应满足表 7-1 的要求，并应符合下列规定：

表 7-1 装配整体式混凝土结构房屋的最大适用高度 （单位：m）

结构类型	抗震设防烈度			
	6 度	7 度	8 度（0.20g）	8 度（0.30g）
装配整体式框架结构	60	50	40	30

（续）

结构类型	抗震设防烈度			
	6度	7度	8度（0.20g）	8度（0.30g）
装配整体式框架-现浇剪力墙结构	130	120	100	80
装配整体式框架-现浇核心筒结构	150	130	100	90
装配整体式剪力墙结构	130（120）	110（100）	90（80）	70（60）

注：房屋高度是指室外地面到主要屋面的高度，不包括局部凸出屋顶的部分。

1）当结构中竖向构件全部为现浇且楼盖采用叠合梁板时房屋的最大适用高度可按《高层建筑混凝土结构技术规程》（JGJ 3—2010）中的规定采用。

2）装配整体式剪力墙结构和装配整体式部分框支剪力墙结构，在规定的水平力作用下，当预制剪力墙构件底部承担的总剪力大于该层总剪力的50%时，其最大适用高度应适当降低；当预制剪力墙构件底部承担的总剪力大于该层总剪力的80%时，最大适用高度应取表7-1中括号内的数值。

3）装配整体式剪力墙结构和装配整体式部分框支剪力墙结构，当剪力墙边缘构件竖向钢筋采用浆锚搭接连接时，房屋最大适用高度应比表中数值降低10m。超过表内高度的房屋，应进行专门研究和论证，采取有效的加强措施。

2. 高宽比

高层建筑结构的高宽比是对结构刚度、整体稳定性、承载力合理性的综合控制，可按照所考虑的最小宽度计算高宽比，其不宜超过表7-2中的数值。

表 7-2　高层装配整体式混凝土结构适用的最大高宽比

结构类型	抗震设防烈度	
	6度、7度	8度
装配整体式框架结构	1	3
装配整体式框架-现浇剪力墙结构	6	5
装配整体式剪力墙结构	6	5
装配整体式框架-现浇核心筒结构	7	6

3. 抗震等级

装配整体式混凝土结构构件的抗震设计，应根据抗震设防类别、抗震设防烈度、结构类型和房屋高度采用不同的抗震等级，并应符合相应的计算和构造措施要求。丙类装配整体式混凝土结构的抗震等级应按表7-3确定。其他抗震设防类别和特殊场地类别下的建筑应符合《建筑抗震设计规范（2016年版）》（GB 50011—2010）、《装配式混凝土结构技术规程》（JGJ 1—2014）、《高层建筑混凝土结构技术规程》（JGJ 3—2010）中对抗震措施进行调整的规定。

表 7-3 丙类装配整体式混凝土结构的抗震等级

结构类型		6度		7度			8度		
		抗震设防烈度							
装配整体式框架结构	高度/m	≤24	>24	≤24	>24		≤24	>24	
	框架	四	三	三	二		二	一	
	大跨度框架	三		二			一		
装配整体式框架-现浇剪力墙结构	高度/m	≤60	>60	≤24	>24且≤60	>60	≤24	>24且≤60	>60
	框架	四	三	四	三	二	三	二	一
	剪力墙	三	三	三	三	二	二	二	一
装配整体式框架-现浇核心筒结构	框架	三							
	核心筒	二							
装配整体式剪力墙结构	高度/m	≤70	>70	≤24	>24且≤70	>70	≤24	>24且≤70	>70
	剪力墙	四	三	四	三	二	三	二	一
装配整体式部分框支剪力墙结构	高度/m	≤70	>70	≤24	>24且≤70	>70	≤24	>24且≤70	
	现浇框支框架	二	二	二	二	一	一	一	—
	底部加强部位剪力墙	三	二	三	二	一	二	一	
	其他区域剪力墙	四	三	四	三	二	三	二	

注：1. 大跨度框架是指跨度不小于 18m 的框架。

　　2. 高度不超过 60m 的装配整体式框架-现浇核心筒结构按装配整体式框架-现浇剪力墙的要求设计时，应按表中装配整体式框架-现浇剪力墙结构的规定确定其抗震等级。

4. 结构分析和变形验算

装配式混凝土结构弹性分析时，节点和接缝的模拟应符合下列规定：

当预制构件之间采用后浇带连接且接缝构造及承载力满足规范中的相应要求时，可按现浇混凝土结构进行模拟；对于规范中未包含的连接节点及接缝形式，应按照实际情况模拟。

进行抗震性能设计时，结构在设防烈度地震及罕遇地震作用下的内力及变形分析，可根据结构受力状态采用弹性分析方法或弹塑性分析方法。弹塑性分析时，宜根据节点和接缝在受力全过程中的特性进行节点和接缝的模拟。材料的非线性行为可根据《混凝土结构设计规范（2015 年版）》（GB 50010—2010）确定，节点和接缝的非线性行为可根据试验研究确定。

内力和变形计算时，应计入填充墙对结构刚度的影响。当采用轻质墙板填充墙时，可采用周期折减的方法考虑其对结构刚度的影响；对于框架结构，周期折减系数可取 0.7 ~ 0.9，对于剪力墙结构，周期折减系数可取 0.8 ~ 1.0。

在风荷载或多遇地震作用下，结构楼层内最大的弹性层间位移应符合下式规定：

$$\Delta u_e \leqslant [\theta_e]h \tag{7-1}$$

式中　Δu_e ——楼层内最大弹性层间位移；

　　　$[\theta_e]$ ——弹性层间位移角限值，应按表 7-4 采用；

　　　h ——层高。

表7-4 弹性层间位移角限值

结 构 类 型	$[\theta_e]$
装配整体式框架结构	1/550
装配整体式框架-现浇剪力墙结构、装配整体式框架-现浇核心筒结构	1/800
装配整体式剪力墙结构、装配整体式部分框支剪力墙结构	1/1000

在罕遇地震作用下，结构薄弱层（部位）弹塑性层间位移应符合下式规定：

$$\Delta u_p \leq [\theta_p]h \tag{7-2}$$

式中　　Δu_p——弹塑性层间位移；

　　$[\theta_p]$——弹塑性层间位移角限值，应按表7-5采用；

　　h——层高。

表7-5 弹塑性层间位移角限值

结 构 类 型	$[\theta_p]$
装配整体式框架结构	1/50
装配整体式框架-现浇剪力墙结构、装配整体式框架-现浇核心筒结构	1/100
装配整体式剪力墙结构、装配整体式部分框支剪力墙结构	1/120

5. 构件与连接设计

预制构件的设计应满足标准化的要求，宜采用建筑信息化模型（BIM）技术进行一体化设计，确保预制构件的钢筋与预留洞口、预埋件等相协调，简化预制构件连接节点的施工。

预制构件拼接部位的混凝土强度等级不应低于预制构件的混凝土强度等级，拼接位置宜设置在受力较小的部位。预制构件的拼接应考虑温度作用和混凝土收缩徐变的不利影响，宜适当增加构造配筋。

装配式混凝土结构中，节点及接缝处的纵向钢筋连接宜根据接头受力、施工工艺等要求选用套筒灌浆连接、机械连接、浆锚搭接连接、焊接连接、绑扎搭接连接等连接方式。直径大于20mm的钢筋不宜采用浆锚搭接连接，直接承受动力荷载的构件纵向钢筋不应采用浆锚搭接连接。当采用套筒灌浆连接时，应符合《钢筋套筒灌浆连接应用技术规程（2023年版）》（JGJ 355—2015）的规定；当采用机械连接时，应符合《钢筋机械连接技术规程》（JGJ 107—2016）的规定；当采用焊接连接时，应符合《钢筋焊接及验收规程》（JGJ 18—2012）的规定。

■ 7.2 装配整体式剪力墙结构

预制剪力墙构件在整体结构中的受力特性与现浇墙体相同，但作为在工厂生产、现场安装的预制构件，其连接部位的构造和竖向钢筋连接的要求与现浇构件相比，有其特定的构造要求。

高层建筑的规则性与结构抗震性能、经济性关系密切。不规则的建筑方案会导致结构的应力集中、传力途径复杂、扭转效应增大等问题，应尽量避免。目前，装配式剪力墙结构还处于发展阶段，设计、施工单位的实践经验尚不丰富；为了使装配式剪力墙体系的推广应用更加顺利，适度控制其适用范围是必要的。

装配整体式剪力墙结构宜选择简单、规则、均匀的建筑体型。剪力墙的布置尚应符合下列要求：

1）应沿两个方向布置剪力墙，且两个方向的侧向刚度不宜相差过大。

2）剪力墙自下而上宜连续布置，避免层间侧向刚度突变。

3）剪力墙的截面宜简单、规则；门窗洞口宜上下对齐、成列布置；抗震设计时，剪力墙底部加强部位不应采用错洞墙，结构全高范围内均不应采用叠合错洞墙。

4）采用部分预制、部分现浇的结构形式时，现浇剪力墙的布置宜均匀、对称。

抗震设防烈度为6度和7度时，不宜采用具有较多短肢剪力墙的剪力墙结构；8度时不应采用具有较多短肢剪力墙的剪力墙结构。短肢墙的轴压比通常较大，延性相对较差；装配整体式剪力墙结构对连接、延性、计算和构造等方面的要求均高于现浇结构，因此在高层装配整体式剪力墙结构中应避免过多采用短肢墙。此外，短肢墙的预制墙板构件深化设计较为困难，生产和运输效率相对较低，对经济性、制作和安装施工的便捷性影响较大。

预制剪力墙的水平接缝对其侧向刚度有一定的削弱作用，由于楼板的刚性隔板作用，应考虑对水平作用下弹性计算的内力进行调整，适当放大现浇墙肢在水平地震作用下的剪力和弯矩；预制剪力墙的剪力及弯矩不减小，偏于安全。放大系数宜根据现浇墙肢与预制墙肢弹性剪力的比例确定，当预制墙肢和现浇墙肢弹性剪力比（或截面面积比）在0.67~1.5之间时，对现浇墙肢的弯矩和剪力增大系数宜取1.10~1.15。当楼层仅有部分墙肢预制、主要墙肢为现浇，或仅有部分墙肢现浇、主要墙肢为预制时，可不对现浇墙肢的弯矩和剪力进行调整。

7.2.1　预制剪力墙构造

预制剪力墙宜采用一字形，也可采用L形、T形、U形或Z形。预制剪力墙两侧的接缝宜设在结构受力较小的部位，并应符合下列规定：

1）预制剪力墙截面厚度不宜小于200mm。

2）开洞预制剪力墙洞口宜居中布置，洞口两侧的墙肢宽度不宜小于300mm，且不应小于200mm，洞口上方的连梁高度不宜小于250mm。

3）预制剪力墙宜按建筑开间和进深尺寸划分，高度不宜大于层高；同时还应考虑预制构件制作、运输、吊运、安装的尺寸限制。

预制剪力墙的连梁不宜开洞；当需开洞时，洞口宜预埋套管，洞口上、下截面的有效高度不宜小于梁高的1/3，且不宜小于200mm；被洞口削弱的连梁截面应进行承载力验算，洞口处应配置补强纵向钢筋和箍筋，补强纵向钢筋的直径不应小于12mm。预制剪力墙开有边长不大于800mm的洞口且在结构整体计算中不考虑其影响时，应沿洞口周边配置补强钢筋；补强钢筋的直径不应小于12mm，截面面积不应小于同方向被洞口截断的钢筋面积；该钢筋自孔洞边角算起伸入墙内的长度，抗震设计时不应小于l_{aE}（图7-1）。

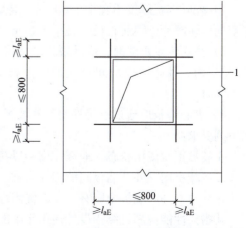

图7-1　预制剪力墙洞口补强钢筋配置

当采用套筒灌浆连接或浆锚搭接连接时，预制剪力墙竖向钢筋连接区域并向上延伸300mm范围内，水平分布钢筋应加密（图7-2），加密区水平分布钢筋的间距和直径应符合表7-6的规定，套筒或浆锚搭接孔上端第一道水平分布钢筋距离套筒或浆锚搭接孔顶部不应大于50mm。

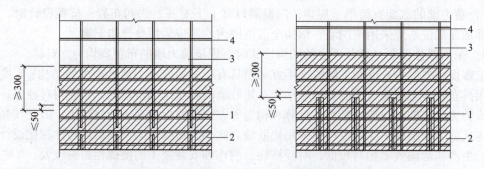

图7-2　竖向钢筋连接区域及水平分布钢筋加密构造

1—竖向钢筋连接　2—水平分布钢筋加密区域（阴影区域）
3—竖向钢筋　4—水平分布钢筋

表7-6　加密区水平分布钢筋的要求

抗震等级	最大间距/mm	最小直径/mm
一、二级	100	8
三、四级	150	8

装配式剪力墙结构外墙宜采用预制夹心剪力墙板，也可采用带外保温的预制剪力墙。预制夹心保温墙板具有结构、保温、装饰一体化的特点，根据其内、外叶墙板间的连接构造，可分为组合墙板和非组合墙板。组合墙板的内、外叶墙板可通过拉结件的连接共同工作；非组合墙板的内、外叶墙板不共同受力，外叶墙板仅作为荷载，通过拉结件作用在内叶墙板上。当建筑外墙采用外保温做法时，保温材料可以选择在预制构件加工厂与预制剪力墙进行复合，即带外保温的预制剪力墙（也称两明治墙板），但应注意外保温在施工过程中的成品保护问题。当采用预制夹心剪力墙板时，应满足下列要求：

1）外叶墙板厚度不宜小于60mm；混凝土强度等级不宜低于C30；外叶墙板内应配置单层双向钢筋网片，钢筋直径不宜小于5mm，间距不宜大于150mm。

2）当作为承重墙时，内叶墙板应按剪力墙进行设计。

3）内、外叶墙板之间填充的保温材料应连续设置，厚度不应小于30mm，且不宜大于120mm。

4）夹心墙板应通过连接件将外叶墙板、内叶墙板及保温层可靠连接，连接件性能应满足下列要求：

①满足正常使用状态、地震作用和风荷载作用下的承载力要求。

②应减小内、外叶墙板间的相互影响。

③在内、外叶墙板中应有可靠的锚固性能。

④耐久性能应满足结构设计使用年限的要求。

7.2.2　连接设计

套筒灌浆连接和浆锚搭接连接是较为常见的连接方式。

1. 套筒灌浆连接

套筒灌浆连接是通过水泥基灌浆料和金属套筒将钢筋对接连接。金属套筒通常采用铸造工艺或机械加工工艺制造，简称灌浆套筒（图7-3），包括全灌浆套筒和半灌浆套筒两种形式；前者两端钢筋均采用灌浆方式连接；后者一端钢筋采用灌浆方式连接，另一端钢筋采用非灌浆方式连接（通常采用螺纹连接）。

图7-3　灌浆套筒示意图

灌浆料按规定比例加水搅拌后，成为具有规定流动性、早强、高强及硬化后微膨胀等性能的浆体。套筒灌浆连接的钢筋直径不宜小于12mm，且不宜大于40mm。灌浆套筒的灌浆端最小内径与连接钢筋公称直径的差值：12~25mm 的钢筋不小于10mm；28~40mm 的钢筋不小于15mm。用于钢筋锚固的深度不宜小于插入钢筋公称直径的 8 倍。钢筋套筒灌浆连接接头的抗拉强度不应小于连接钢筋抗拉强度标准值，且破坏时应断于接头外钢筋。当装配式混凝土结构采用符合规定的套筒灌浆连接接头时，全部构件纵向受力钢筋可在同一截面上连接。

2. 浆锚搭接连接

浆锚搭接连接是指在预制混凝土构件中采用特殊工艺制成的孔道中插入需搭接的钢筋，并灌注水泥基灌浆料而实现的钢筋搭接连接方式。浆锚搭接连接是一种将需搭接的钢筋拉开一定距离的搭接方式。这种搭接技术在欧洲有多年的应用历史，也称为间接搭接或间接锚固。目前主要采用的是钢筋约束浆锚搭接连接，即在有螺旋箍筋约束的孔道中进行钢筋搭接连接，如图7-4所示。浆锚搭接连接包括螺旋箍筋约束浆锚搭接连接（图7-5）、金属波纹管浆锚搭接连接（图7-6）以及其他采用预留孔洞插筋后灌浆的间接搭接连接方式。

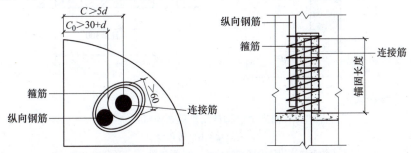

图7-4　钢筋浆锚搭接连接示意图

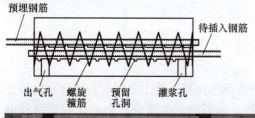

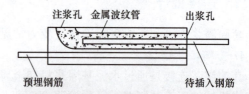

图 7-5　螺旋箍筋约束浆锚搭接连接

图 7-6　金属波纹管浆锚搭接连接

与浆锚搭接连接相比，套筒灌浆连接技术更加成熟，适用于较大直径钢筋的连接；浆锚搭接连接适用于较小直径钢筋（$d \leqslant 20mm$）的连接，连接长度较大，不宜用于直接承受动力荷载构件受力钢筋的连接。

3. 剪力墙连接构造规定

边缘构件是保证剪力墙抗震性能的重要部位，通常具有较高的配筋率和配箍率，在该区域采用套筒灌浆连接往往存在空间不足的困难。为确保装配式剪力墙结构的整体性，提高结构的整体延性，边缘构件区域宜全部采用现浇混凝土。

楼层内相邻预制剪力墙之间应采用整体式接缝连接，且应符合下列规定：

1）当接缝位于纵横墙交接处的约束边缘构件区域时，约束边缘构件的阴影区域（图 7-7）宜全部采用后浇混凝土，并应在后浇段内设置封闭箍筋。

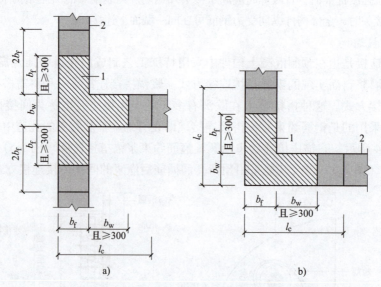

a)　　　　　　　　　　　b)

图 7-7　约束边缘构件阴影区域全部后浇构造

a）有翼墙　b）转角墙

l_c—约束边缘构件沿墙肢的长度　1—后浇段　2—预制剪力墙

2）当接缝位于纵横墙交接处的构造边缘构件区域时，构造边缘构件宜全部采用后浇混凝土（图7-8）；当仅在一面墙上设置后浇段时，后浇段长度不宜小于300mm（图7-9）。

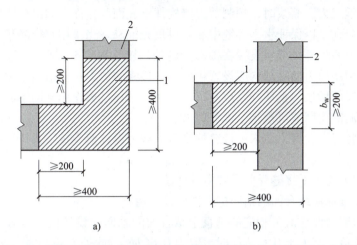

图7-8 构造边缘构件全部后浇构造（阴影区域为构造边缘构件范围）

a）转角墙 b）有翼墙

1—后浇段 2—预制剪力墙

对于一字形约束边缘构件，位于墙肢端部的通常与墙板一起预制；纵横墙交接部位一般存在接缝，图7-9所示阴影区域宜全部后浇，纵向钢筋主要配置在后浇段内，且在后浇段内应配置封闭箍筋及拉筋，预制墙板中的水平分布钢筋在后浇段内锚固。预制约束边缘构件的配筋构造要求与现浇结构一致。

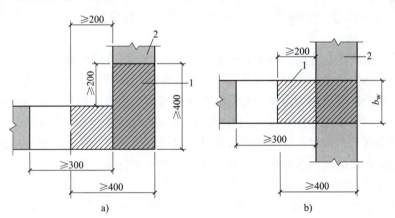

图7-9 构造边缘构件部分后浇构造（阴影区域为构造边缘构件范围）

a）转角墙 b）有翼墙

1—后浇段 2—预制剪力墙

墙肢端部的构造边缘构件通常全部预制；当采用L形、T形或者U形墙板时，拐角处的构造边缘构件也可全部在预制剪力墙中。当采用一字形构件时，纵横墙交接处的构造边缘构件可全部后浇；为了满足构件的设计要求或施工方便也可部分预制部分现浇。当构造边缘构件部分预制部分现浇时，需要合理布置预制构件及后浇段中的钢筋，使边缘构件内形成封闭箍筋。

4. 剪力墙水平缝抗剪

预制剪力墙在灌浆时宜采用灌浆料将水平接缝填充饱满。灌浆料强度较高且流动性好，有利于保证接缝承载力。灌浆时，预制剪力墙构件下表面与楼面之间的缝隙周围可采用封边砂浆进行封堵和分仓，以保证水平接缝中灌浆料填充饱满。当采用套筒灌浆连接或浆锚搭接连接时，预制剪力墙底部接缝宜设置在楼面标高处。接缝高度不宜小于 20mm，接缝处现浇混凝土上表面与预制剪力墙底部均应设置粗糙面。接缝的剪力主要由结合面混凝土的黏结强度、键槽或者粗糙面做法、钢筋的摩擦及抗剪作用、销栓抗剪作用共同组成；当接缝处于受压状态时，接触面静力摩擦可承担一部分剪力。

在地震设计状况下，剪力墙水平接缝的受剪承载力设计值应按下式计算：

$$V_{uE} = 0.6f_yA_{sd} + 0.8N \tag{7-3}$$

式中　V_{uE}——剪力墙水平接缝受剪承载力设计值；

　　　　f_y——垂直穿过结合面的钢筋抗拉强度设计值；

　　　　N——与剪力设计值 V 相应的垂直于结合面的轴向力设计值，压力时取正，拉力时取负；当大于 $0.6f_cbh_0$ 时，取为 $0.6f_cbh_0$，此处 f_c 为混凝土轴心抗压强度设计值，b 为剪力墙厚度，h_0 为剪力墙截面有效高度；

　　　　A_{sd}——垂直穿过结合面的抗剪钢筋面积。

式（7-3）与《高层建筑混凝土结构技术规程》（JGJ 3—2010）中对一级抗震等级剪力墙水平施工缝的抗剪验算公式相同，主要采用剪摩擦的原理，考虑了钢筋和轴力的共同作用。进行预制剪力墙底部水平接缝受剪承载力计算时，计算单元的选取分以下三种情况：

1）不开洞或者开小洞口整体墙，作为一个计算单元。

2）小开口整体墙可作为一个计算单元，各墙肢联合抗剪。

3）开口较大的双肢及多肢墙，各墙肢作为单独的计算单元。

5. 剪力墙竖向钢筋连接

套筒灌浆连接技术在美国、日本等国家已具有几十年的实践经验，也已经历多次地震考验，是一项较成熟的技术。目前国内对这种连接技术也已进行大量试验研究，已编制相应的规程，国内已开始推广应用。因此，套筒灌浆连接可用于重要结构构件受力钢筋的连接。

当墙身分布钢筋采用单排连接时，为控制连接钢筋与被连接钢筋之间的距离，限定只能采用一根连接钢筋与两根被连接钢筋进行连接，且连接钢筋应位于内、外侧被连接钢筋的中间位置。为增强连接区域的横向约束，对连接区域的水平分布钢筋进行加密，并增设横向拉筋，拉筋应同时满足间距、直径和配筋面积的要求。

当竖向分布钢筋采用"梅花形"部分连接时（图 7-10），连接钢筋的配筋率不应小于《建筑抗震设计规范（2016 年版）》（GB 50011—2010）规定的剪力墙竖向分布钢筋最小配筋率要求，连接钢筋的直径不应小于 12mm，同侧间距不应大于 600mm，且在剪力墙构件承载力设计和分布钢筋配筋率计算中不得计入未连接的竖向分布钢筋；未连接的竖向分布钢筋直径不应小于 6mm。

当竖向分布钢筋采用单排连接时（图 7-11），应符合以下规定：剪力墙两侧竖向分布钢筋与配置于墙体厚度中部的连接钢筋搭接连接，连接钢筋位于内、外侧被连接钢筋的中间；连接钢筋受拉承载力不应小于上下层被连接钢筋受拉承载力较大值的 1.1 倍，间距不宜大于 300mm。下层剪力墙连接钢筋自下层预制墙顶算起的埋置长度不应小于 $1.2l_{aE}+0.5b_w$（b_w 为

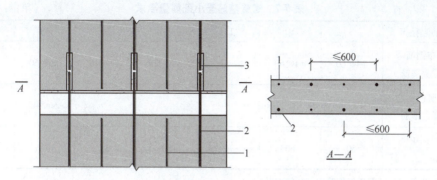

图 7-10 竖向分布钢筋"梅花形"套筒灌浆连接构造

1—未连接的竖向分布钢筋 2—连接的竖向分布钢筋 3—连接接头

墙体厚度），上层剪力墙连接钢筋自套筒顶面算起的埋置长度不应小于 l_{aE}，上层连接钢筋顶部至套筒底部的长度不应小于 $1.2l_{aE}+0.5b_w$，l_{aE} 按连接钢筋直径计算。钢筋连接长度范围内应配置拉筋，同一连接接头内的拉筋配筋面积不应小于连接钢筋的面积；拉筋沿竖向的间距不应大于水平分布钢筋间距，且不宜大于 150mm；拉筋沿水平方向的间距不应大于竖向分布钢筋间距，直径不应小于 6mm；拉筋应紧靠连接钢筋，并钩住最外层分布钢筋。

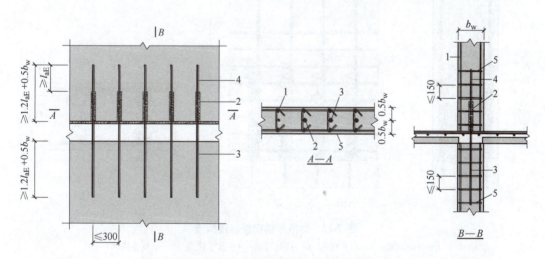

图 7-11 竖向分布钢筋单排套筒灌浆连接构造

1—上下层剪力墙竖向分布钢筋 2—灌浆套筒 3—上层剪力墙连接钢筋 4—下层剪力墙连接钢筋 5—拉筋

为保证预制墙板在形成整体结构之前的刚度及承载力，对预制墙板边缘配筋应适当加强，形成墙板约束边框。

上下层预制剪力墙的竖向钢筋，当采用约束浆锚搭接连接时，应符合下列规定：

1）钢筋连接范围应配置螺旋箍筋。螺旋箍筋直径不应小于 4mm，不宜大于 10mm；螺旋箍筋螺距的净距不应小于混凝土最大骨料粒径，且不小于 30mm。螺旋箍筋两端并紧不应少于两圈，螺旋箍筋的混凝土保护层厚度不应小于 15mm，螺旋箍筋距灌浆孔边不宜小于 5mm；约束螺旋箍筋的配箍率不小于 1.0%。螺旋箍筋的配置和螺旋箍筋环内径 D_{cor} 不应小于表 7-7 中的数值。

表 7-7　螺旋箍筋最小配筋量要求　　　　　　　　　　　　　　　（单位：mm）

搭接钢筋直径 d	8	10	12	14	16	18	20
竖向分布钢筋连接时螺旋箍筋	$\phi4@60$	$\phi4@60$	$\phi4@60$	$\phi4@50$	$\phi4@40$	$\phi6@60$	$\phi6@60$
边缘构件竖向钢筋连接时螺旋箍筋	$\phi6@70$				$\phi6@40$		
螺旋箍筋最小内径 D_{cor}	50	60	70	80	90	100	110

注：搭接钢筋直径 d 取搭接钢筋中直径较大者。

2）连接筋预留孔长度宜大于钢筋搭接长度 30mm；约束螺旋箍筋顶部长度应大于预留孔长度 50mm，底部应捏合不少于 2 圈；预留孔内径尺寸应适合钢筋插入搭接及灌浆。连接筋插入后宜采用压力灌浆，预留锚孔内灌浆饱满度不应小于 95%。

3）经水泥基灌浆料连接的钢筋约束搭接长度 l_1 不应小于 l_a 或 l_{aE}（图 7-12）。

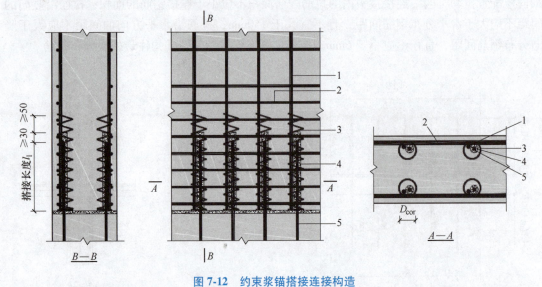

图 7-12　约束浆锚搭接连接构造
1—竖向钢筋　2—水平钢筋　3—螺旋箍筋　4—灌浆孔道　5—搭接连接筋

4）预制剪力墙预留插筋孔的直径宜取 40mm 和 2.5 倍连接钢筋直径的较大值，插筋孔的长度宜比连接钢筋锚固长度长 30mm 以上，插筋孔边至预制剪力墙边的距离不宜小于 25mm。

5）预制剪力墙预留插筋孔下部应设置灌浆孔，灌浆孔中心至预制剪力墙底边的距离宜为 25mm；插筋孔上部应设置出浆孔，出浆孔中心宜高于插筋孔顶面；灌浆孔和出浆孔的直径宜为 20mm，并应均匀布置在预制剪力墙同一侧的表面。

■ 7.3　装配整体式框架结构

装配整体式框架梁柱节点核心区抗震受剪承载力验算和构造应符合《混凝土结构设计规

范（2015 年版）》（GB 50010—2010）和《建筑抗震设计规范（2016 年版）》（GB 50011—2010）中的有关规定；混凝土叠合梁梁端竖向接缝受剪承载力设计值和预制柱底水平接缝受剪承载力设计值应符合《装配式混凝土结构技术规程》（JGJ 1—2014）中的有关规定。根据国内外研究成果，在地震区的装配整体式框架结构，当采取了可靠的节点连接方式和合理的构造措施后，其性能基本等同于现浇混凝土框架结构，可采用和现浇结构相同的方法进行结构分析和设计。

7.3.1 预制框架构造

预制框架结构体系相对于装配整体式剪力墙结构体系更为精简，主要分为梁柱为主的构件与对应的连接构造两方面，本节简述其基本规定。

1. 构件基本规定

考虑到装配整体式框架安装的需要，在结构设计中应注意协调框架节点处梁柱的尺寸，预制叠合框架梁梁宽一般不小于 300mm，预制框架柱适合的短边截面尺寸不宜小于 500mm，圆形框架柱不宜小于 600mm。同时在梁柱钢筋的配筋方案选择上，需考虑框架柱纵向钢筋采用套筒灌浆连接所需的构造空间。采用较大直径钢筋及较大的柱截面，可减少钢筋根数，增大钢筋间距，便于钢筋连接及节点区钢筋的空间避让。柱的纵向受力钢筋直径不宜小于 20mm，纵向受力钢筋的间距不宜大于 200mm 且不应大于 400mm。柱的纵向受力钢筋可集中于四角配置且宜对称布置。

2. 连接基本规定

（1）湿连接 采用预制柱及叠合梁的装配整体式框架结构，后浇节点上表面设置粗糙面，增加与灌浆层的黏结力及摩擦系数。预制柱底部应有键槽且键槽的形式应考虑灌浆填缝时气体排出的问题，应采取可靠且经过实践检验的施工方法，保证柱底接缝灌浆的密实性。钢筋采用套筒灌浆连接时，柱底接缝灌浆与套筒灌浆可同时进行，采用同样的灌浆料一次完成。预制柱可根据需要采用单层柱方案或多层柱方案，并应符合下列规定：

1）柱纵向受力钢筋应贯穿后浇节点区。

2）后浇节点区混凝土上表面应设置粗糙面。

3）当采用单层预制柱时，柱底接缝宜设置在楼面标高处（图 7-13），接缝厚度宜为 20mm，并应采用灌浆料填实。

4）当采用多层预制柱时，柱底接缝在满足施工要求的前提下，宜设置在楼面标高以下 20mm 处，柱底面宜采用斜面。

5）多层预制柱的节点处应增设交叉钢筋，并应在预制柱上下侧混凝土内可靠锚固（图 7-14）。交叉钢筋每侧应设置一片，每根交叉钢筋斜段垂直投影长度可比叠合梁高小 50mm，端部直线段长度可取 500mm。交叉钢筋的强度等级不宜小于 HRB400，其直径应按运输、施工阶段的承载力及变形要求计算。

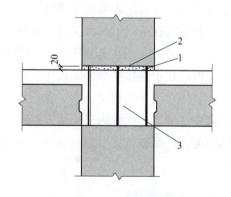

图 7-13 单层预制柱接缝构造
1—后浇节点区混凝土上表面粗糙面
2—接缝灌浆层 3—后浇区

套筒连接区域柱截面刚度及承载力较大，柱的塑性铰区可能会上移到套筒连接区域以上，因此至少应将套筒连接区域以上 500mm 高度区域内的柱箍筋加密。在框架柱根部之外连接时，为保证连接区域箍筋的可靠约束作用，提出了加密区长度、箍筋直径和间距的要求。

根据套筒灌浆连接的施工方法，连接可分为先灌浆法（pre-grout）和后灌浆法（post-grout），如图 7-15 所示。

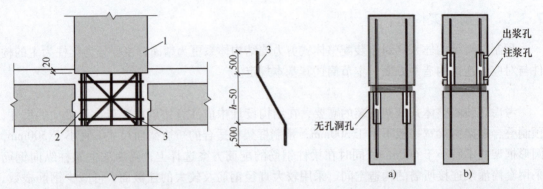

图 7-14　多层预制柱接缝构造 图 7-15　先灌浆法与后灌浆法示意图
1—多层预制柱　2—柱纵向受力钢筋　3—交叉钢筋　h—梁高 a）先灌浆法　b）后灌浆法

1）先灌浆法：套筒位于下层预制柱的顶端。安装时依靠灌浆料的重力，使灌浆料充满套筒，在灌浆料尚未凝结仍处于流动状态时，将上层预制柱的外伸钢筋安装到套筒中。此种方法需要在灌浆料未凝结前进行安装，但由于不需预留孔道，柱外表面和现浇柱一样没有孔洞，较为美观。但如果在寒冷施工环境中使用此种方法，需要对预制柱进行预热，以免在安装结束前灌浆料受冻凝结。

2）后灌浆法：套筒位于上层预制柱的底端。安装时先将下层预制柱的外伸钢筋安装到套筒中，通过较低预留孔道将灌浆料泵送入套筒中，当灌浆料充满套筒时将从较高预留孔道溢出。此种方法适合在各种气候条件下施工，缺点是由于预留孔道，在柱表面会留有孔洞，需要在安装结束后用砂浆将孔洞抹平。

两种方法在结构上的意义是一致的。

（2）干连接　与湿连接不同，干连接处强度与刚度较小，变形主要集中于此处；当变形较大时，在干连接处会出现集中裂缝，这与现浇混凝土结构的变形行为有较大差异。所以在装配整体式框架结构中，为了保证接缝处性能与现浇混凝土结构等同，当在结构抗侧力体系梁跨中二分之一区域内采用干连接时，则应设计成强连接。这样做使得连接处的变形对于结构抗侧力体系整体变形影响较小，能较好地保证结构性能和变形行为，与现浇混凝土结构等同。

7.3.2　连接设计

装配整体式框架结构设计与一般现浇框架结构设计基本相似，主要是构件间的连接要达到可靠性的要求，因此，本节主要针对构件间的连接进行介绍。

1. 梁与梁的拼接

梁与梁的拼接宜选择梁应力较小区段，且考虑塑性铰形成因素，连接节点应避开梁端加密区。通常情况下湿连接有以下几点构造要求（图7-16）：

1）连接处应设置后浇段，后浇段的长度应满足梁下部纵向钢筋连接作业的空间需求。

2）梁下部纵向钢筋在后浇段内宜采用机械连接、套筒灌浆连接或焊接连接。

3）现浇段内的箍筋应加密，箍筋间距不应大于 $5d$（d 为纵向钢筋直径），且不应大于 100mm。

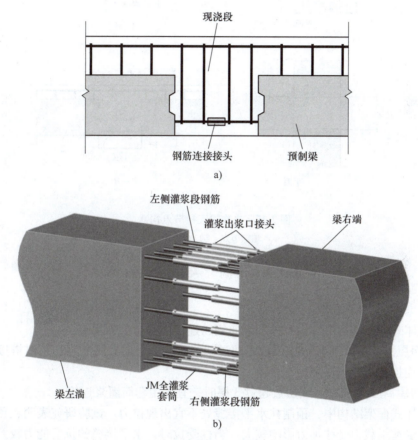

a)

b)

图7-16 预制梁湿连接节点

2. 主梁与次梁的连接

对于叠合楼盖结构，次梁与主梁的连接可采用后浇混凝土节点，即主梁上预留后浇段，混凝土断开而钢筋连续，以便穿过和锚固次梁钢筋。主梁与次梁采用后浇段连接时，应符合下列规定：

1）在端部节点处，次梁下部纵向钢筋伸入主梁后浇段内的长度不应小于 $12d$。次梁上部纵向钢筋应在主梁后浇段内锚固。当采用弯折锚固（图7-17a）或锚固板时，锚固直段长度不应小于 $0.6l_{ab}$；当钢筋应力不大于钢筋强度设计值的 50% 时，锚固直段长度不应小于 $0.35l_{ab}$；弯折锚固的弯折后直段长度不应小于 $12d$（d 为纵向钢筋直径）。

2）在中间节点处，两侧次梁的下部纵向钢筋伸入主梁后浇段内的长度不应小于 $12d$（d

装配式结构设计

为纵向钢筋直径）；次梁上部纵向钢筋应在后浇层内贯通（图 7-17b）。

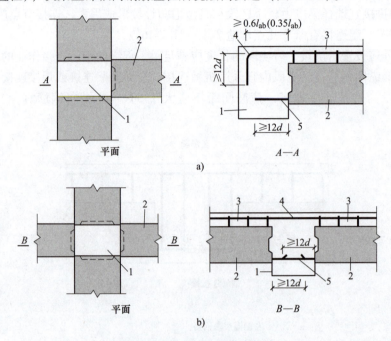

图 7-17 主次梁连接节点构造

a）端部节点 b）中间节点

1—主梁后浇段 2—次梁 3—后浇混凝土叠合层
4—次梁上部纵向钢筋 5—次梁下部纵向钢筋

3. 柱底连接

装配整体式框架结构中，预制柱的纵向钢筋连接应符合下列规定：

1）当房屋高度不大于 12m 或层数不超过 3 层时，可采用套筒灌浆、浆锚搭接、螺栓连接、焊接等连接方式。

2）当房屋高度大于 12m 或层数超过 3 层时，宜采用套筒灌浆连接。

装配整体式框架结构中，预制柱水平接缝处不宜出现拉力。试验研究表明，预制柱的水平接缝处，受剪承载力受柱轴力影响较大。当柱受拉时，水平接缝的抗剪能力较差，易发生接缝的滑移错动。因此，应通过合理的结构布置，避免在多遇地震作用下柱的水平接缝处出现拉力。

采用预制柱及叠合梁的装配整体式框架中，柱底接缝宜设置在楼面标高处，并应符合下列规定：

1）后浇节点区混凝土上表面应设置粗糙面。

2）柱纵向受力钢筋应贯穿后浇节点区。

3）柱底接缝厚度宜为 20mm，并应采用灌浆料填实。

4. 梁柱节点连接

在预制柱叠合梁框架节点中，梁钢筋在节点中的锚固及连接方式是决定施工可行性以及节点受力性能的关键。梁、柱构件尽量采用较粗直径、较大间距的钢筋布置方式，节点区的主梁钢筋较少，有利于节点的装配施工，保证施工质量。设计过程中，应充分考虑施工装配

128

的可行性，合理确定梁、柱截面尺寸及钢筋的数量、间距、位置等。在十字形节点中，两侧梁的钢筋在节点区内锚固时，位置可能冲突，可采用弯折避让的方式。节点区施工时，应注意合理安排节点区箍筋、预制梁、梁上部钢筋的安装顺序，控制节点区箍筋的间距满足要求。具体要求如下：

1）框架梁预制部分的腰筋不承受扭矩时，可不伸入梁柱节点核心区。

2）对框架中间层中间节点，节点两侧的梁下部纵向受力钢筋宜锚固在后浇节点区内（图7-18a），也可采用机械连接或焊接的方式直接连接（图7-18b）；梁的上部纵向受力钢筋应贯穿后浇节点区。

3）对框架中间层端节点，当柱截面尺寸不满足梁纵向受力钢筋的直线锚固要求时，宜采用锚固板锚固（图7-19），也可采用90°弯折锚固。

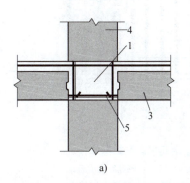
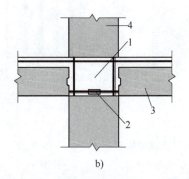
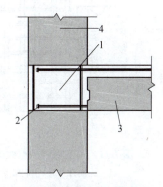

a)　　　　　　　　　　b)

图 7-18　预制柱及叠合梁框架中间层中间节点构造

a）梁下部纵向受力钢筋锚固　b）梁下部纵向受力钢筋连接

1—后浇区　2—梁下部纵向受力钢筋连接　3—预制梁　4—预制柱
5—梁下部纵向受力钢筋锚固

图 7-19　预制柱及叠合梁
框架中间层端节点构造

1—后浇区　2—梁纵向受力钢筋锚固
3—预制梁　4—预制柱

4）对框架顶层中间节点，柱纵向受力钢筋宜采用直线锚固；当梁截面尺寸不满足直线锚固要求时，宜采用锚固板锚固（图7-20）。锚固长度范围内应配置横向箍筋，其直径可与柱端加密区相同且不小于10mm；其间距不应大于$5d$（d 为锚固钢筋直径），且不大于100mm。

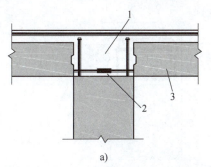
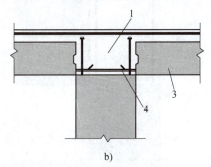

a)　　　　　　　　　　　　　　b)

图 7-20　预制柱及叠合梁框架顶层中间节点构造

a）梁下部纵向受力钢筋连接　b）梁下部纵向受力钢筋锚固

1—后浇区　2—梁下部纵向受力钢筋连接　3—预制梁　4—梁下部纵向受力钢筋锚固

当采用锚固板锚固时，锚固长度不应小于$0.5l_{aE}$和梁高80%的较大值（图7-21）；在柱范围内应沿梁设置伸至梁底的开口箍筋，开口箍筋的间距不宜大于100mm，直径和肢数可与梁端加密区相同（图7-22）。

5）对框架顶层端节点，梁下部纵向受力钢筋应锚固在后浇节点区内，且宜采用锚固板的锚固方式；梁、柱其他纵向受力钢筋的锚固应符合下列规定：

①柱宜伸出屋面并将柱纵向受力钢筋锚固在伸出段内（图7-23a），伸出段长度不宜小于500mm，伸出段内箍筋间距不应大于$5d$（d为柱纵向受力钢筋直径），且不应大于100mm；柱纵向受力钢筋宜采用锚固板锚固，锚固长度不应小于$40d$；梁上部纵向受力钢筋宜采用锚固板锚固。

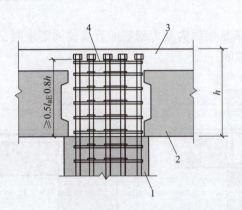

图7-21　顶层中间节点柱纵向受力钢筋锚固

1—预制柱　2—预制梁　3—后浇混凝土
叠合层　4—加强水平箍筋

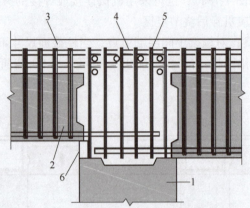

图7-22　顶层中间节点开口箍筋

1—预制柱　2—预制梁　3—后浇混凝土叠合层
4—梁最上排纵向钢筋　5—U型开口箍筋
6—支模或梁扩大端

②柱外侧纵向受力钢筋也可与梁上部纵向受力钢筋在后浇节点区搭接（图7-23b），其构造要求应符合《混凝土结构设计规范（2015年版）》（GB 50010—2010）中的规定；柱内侧纵向受力钢筋宜采用锚固板锚固。

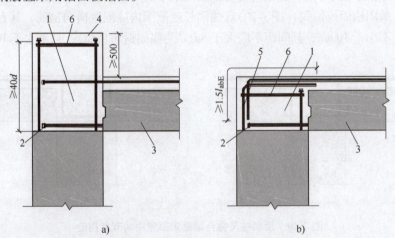

a）　　　　　　　　　　　　　b）

图7-23　预制柱及叠合梁框架顶层端节点构造

a）柱向上伸长　b）梁柱外侧钢筋搭接

1—后浇区　2—梁下部纵向受力钢筋锚固　3—预制梁　4—柱延伸段
5—梁柱外侧钢筋搭接　6—柱顶加强箍筋

第 8 章

装配式建筑的评价体系

■ 8.1 装配式建筑的评价标准

建筑业是我国典型的第二产业，在我国的建设发展过程中起到了很重要的促进作用。城市建设所需的资源以及对生态环境的影响是巨大的，如何降低资源消耗，如何更有效地进行环境保护是目前亟待解决的问题。近年来，建筑业对环境影响巨大，涉及生活的方方面面，如空气污染、声环境污染、光环境污染、水污染。有关数据统计发现，这些由建筑业带来的污染占城市生态环境总体污染的 34%，建筑垃圾更是占垃圾总量的 40%。由于现阶段我国大部分建筑普遍存在高能耗，资源利用率低的情况，据统计我国当前单位面积的能耗比过大，是发达国家的 2~3 倍，同时直接能耗占我国总能耗的 30%。与传统的现浇混凝土建筑相比，装配式建筑具有建设速度快、周期短、污染少等优势，我国开始大力发展装配式建筑。为规范我国装配式建筑的评价体系，我国发布了《装配式建筑评价标准》（GB/T 51129—2017），提出装配式建筑的装配率应不低于 50% 的指标。

我国《装配式建筑评价标准》将装配式建筑作为最终产品，根据系统性的指标体系进行综合打分，把装配率作为考量标准，不以单一指标进行衡量。《装配式建筑评价标准》设置了基础性指标，可以较简捷地判断一栋建筑是否是装配式建筑。目前装配式建筑产业在不断发展，《装配式建筑评价标准》也需要不断发展。这也是《装配式建筑评价标准》出台的意义。从标准名称的改变就可以看出，装配式建筑在接下来将会成为我国最主要的工业化建筑。《装配式建筑评价标准》适用于民用建筑装配化程度评价，工业建筑可参照执行。本章主要以《装配式建筑评价标准》为主体，介绍装配式建筑评价的主要内容与要点。

■ 8.2 基本规定

采用装配方式建造的民用建筑包括居住建筑和公共建筑。当前我国的装配式建筑发展以居住建筑为重点，但考虑到公共建筑建设总量较大，标准化程度较高，适宜装配式建造，因此《装配式建筑评价标准》给出的评价方法适用于全部民用建筑。同时，对于一些与民用建筑相似的单层和多层厂房等工业建筑，如精密加工厂房、洁净车间等，当符合评价原则时，也可参照执行。

单体建筑可构成整个建筑活动的工作单元和产品，并能全面、系统地反映装配式建筑的特点，具有较好的可操作性，因此装配率计算和装配式建筑等级评价以单体建筑作为计算和评价单元，并应符合下列规定：

1）单体建筑应按项目规划批准文件的建筑编号确认。

2）建筑由主楼和裙房组成时，主楼和裙房可按不同的单体建筑进行计算和评价。

3）单体建筑的层数不大于 3 层，且地上建筑面积不超过 500m 时，可由多个单体建筑组成建筑组团作为计算和评价单元。

为促使装配式建筑设计理念尽早融入项目实施过程中，项目宜在设计阶段进行预评价。如果预评价结果不满足装配式建筑评价的相关要求，项目可结合预评价过程中发现的不足，通过调整或优化设计方案使其满足要求。作为评判装配式结构的基础条件，装配式建筑评价应符合下列规定：

1）主体结构部分的评价分值不低于 20 分。

2）围护墙和内隔墙部分的评价分值不低于 10 分。

3）采用全装修。

4）装配率不低于 50%。

以上评价项目可以作为评价装配式建筑的基本条件。符合上述要求的评价项目，可以认定为装配式建筑，但是否可以评价为 A 级、AA 级、AAA 级装配式建筑，尚应符合 8.4 节的规定。项目评价应在竣工验收后，按照竣工资料和相关证明文件进行项目评价。

■ 8.3 装配率计算

装配率是指建筑评价范围以内（室外地坪以上）的主体结构、围护墙、内隔墙、装修和设备管线等采用预制部品部件等的综合比例，本节主要介绍装配式建筑各部件参数的具体计算方法。

装配率应根据表 8-1 中评价项分值按下式计算：

$$P = \frac{Q_1 + Q_2 + Q_3}{100 - Q_4} \times 100\% \tag{8-1}$$

式中　P——装配率；

Q_1——主体结构指标实际得分值；

Q_2——围护墙和内隔墙指标实际得分值；

Q_3——装修与设备管线指标实际得分值；

Q_4——评价项目中缺少的评价项分值总和。

表 8-1　装配式建筑评分表

评价项		评价要求	评价分值	最低分值
主体结构 （50分）	柱、支撑、承重墙、延性墙板等竖向构件	35%≤比例≤80%	20~30 *	20
	梁、板、楼梯、阳台、空调板等构件	70%≤比例≤80%	10~20 *	
围护墙和 内隔墙 （20分）	非承重围护墙非砌筑	比例≥80%	5	10
	围护墙与保温、隔热、装饰一体化	50%≤比例≤80%	2~5 *	
	内隔墙非砌筑	比例≥50%	5	
	内隔墙与管线、装修一体化	50%≤比例≤80%	2~5 *	

（续）

评价项		评价要求	评价分值	最低分值
装修和设备管线（30分）	全装修	—	6	6
	干式工法的楼面、地面	比例≥70%	6	—
	集成厨房	70%≤比例≤80%	3~6*	
	集成卫生间	70%≤比例≤80%	3~6*	
	管线分离	50%≤比例≤70%	4~6*	

注：* 项的分值采用内插法计算，计算结果取小数 1 位。

柱、支撑、承重墙、延性墙板等主体结构竖向构件主要采用混凝土材料时，预制部品部件的应用比例采用体积比，按下式计算：

$$Q_{1a} = \frac{V_{1a}}{V} \times 100\% \qquad (8-2)$$

式中　Q_{1a}——柱、支撑、承重墙、延性墙板等主体结构竖向构件中预制部品部件的应用比例；

　　　V_{1a}——柱、支撑、承重墙、延性墙板等主体结构竖向构件中预制混凝土体积之和；

　　　V——柱、支撑、承重墙、延性墙板等主体结构竖向构件混凝土总体积。

当符合下列规定时，主体结构竖向构件间连接部分的后浇混凝土可计入预制混凝土体积计算：

1）预制剪力墙板之间宽度不大于 600mm 的竖向现浇段和高度不大于 300mm 的水平后浇带、圈梁的后浇混凝土体积。

2）预制框架柱和框架梁之间柱梁节点区的后浇混凝土体积。

3）预制柱间高度不大于柱截面较小尺寸的连接区后浇混凝土体积。

梁、板、楼梯、阳台、空调板等构件中预制部品部件的应用比例采用面积比，按下式计算：

$$q_{1b} = \frac{A_{1b}}{A} \times 100\% \qquad (8-3)$$

式中　q_{1b}——梁、板、楼梯、阳台、空调板等构件中预制部品部件的应用比例；

　　　A_{1b}——各楼层中预制装配梁、板、楼梯、阳台、空调板等构件的水平投影面积之和；

　　　A——各楼层建筑平面总面积。

预制装配式楼板、屋面板的水平投影面积可包括预制装配式叠合楼板或屋面板的水平投影面积，预制构件间宽度不大于 300mm 的后浇混凝土带水平投影面积，金属楼承板和屋面板、木楼盖和屋盖及其他在施工现场免支模的楼盖和屋盖的水平投影面积。

新型建筑围护墙体的应用对提高建筑质量和品质、建造模式的改变等都具有重要意义，积极引导和逐步推广新型建筑围护墙体也是装配式建筑的重点工作。非砌筑是新型建筑围护墙体的共同特征之一，非砌筑类型墙体包括各种中大型板材、幕墙木骨架或轻钢骨架复合墙体等，应满足工厂生产、现场安装、以"干法"施工为主的要求。非承重围护墙中非砌筑墙体的应用比例采用面积比，按下式计算：

$$q_{2a} = \frac{A_{2a}}{A_{w1}} \times 100\% \qquad (8-4)$$

式中　q_{2a}——非承重围护墙中非砌筑墙体的应用比例；

$\quad\quad$ A_{2a}——各楼层非承重围护墙中非砌筑墙体的外表面积之和，计算时可不扣除门、窗及预留洞口等的面积；

$\quad\quad$ A_{w1}——各楼层非承重围护墙外表面总面积，计算时可不扣除门、窗及预留洞口等的面积。

围护墙采用墙体、保温、隔热、装饰一体化强调的是"集成性"，通过集成，满足结构、保温、隔热、装饰要求。围护墙采用墙体、保温、隔热、装饰一体化的应用比例采用面积比，按下式计算：

$$q_{2b} = \frac{A_{2b}}{A_{w2}} \times 100\% \quad\quad\quad (8\text{-}5)$$

式中　q_{2b}——非承重围护墙中非砌筑墙体的应用比例；

$\quad\quad$ A_{2b}——各楼层非承重围护墙中非砌筑墙体的外表面积之和，计算时可不扣除门、窗及预留洞口等的面积；

$\quad\quad$ A_{w2}——各楼层非承重围护墙外表面总面积，计算时可不扣除门、窗及预留洞口等的面积。

内隔墙中非砌筑墙体的应用比例采用面积比，按下式计算：

$$q_{2c} = \frac{A_{2c}}{A_{w3}} \times 100\% \quad\quad\quad (8\text{-}6)$$

式中　q_{2c}——内隔墙中非砌筑墙体的应用比例；

$\quad\quad$ A_{2c}——各楼层内隔墙中非砌筑墙体的墙面面积之和，计算时可不扣除门、窗及预留洞口等的面积；

$\quad\quad$ A_{w3}——各楼层内隔墙墙面总面积，计算时可不扣除门、窗及预留洞口等的面积。

内隔墙采用墙体、管线、装修一体化强调的是"集成性"。内隔墙从设计阶段就需进行一体化集成设计，在管线综合设计的基础上实现墙体与管线的集成以及土建与装修的一体化，从而形成内隔墙系统。内隔墙采用墙体、管线、装修一体化的应用比例采用面积比，按下式计算：

$$q_{2d} = \frac{A_{2d}}{A_{w3}} \times 100\% \quad\quad\quad (8\text{-}7)$$

式中　q_{2d}——内隔墙采用墙体、管线、装修一体化的应用比例；

$\quad\quad$ A_{2d}——各楼层内隔墙采用墙体、管线、装修一体化的墙面面积之和，计算时可不扣除门、窗及预留洞口等的面积。

干式工法楼面、地面的应用比例采用面积比，按下式计算：

$$q_{3a} = \frac{A_{3a}}{A} \times 100\% \quad\quad\quad (8\text{-}8)$$

式中　q_{3a}——干式工法楼面、地面的应用比例；

$\quad\quad$ A_{3a}——各楼层采用干式工法的楼面、地面水平投影面积之和。

集成厨房的橱柜和厨房设备等应全部安装到位，墙面、顶面和地面中干式工法的应用比例采用面积比，按下式计算：

$$q_{3b} = \frac{A_{3b}}{A_k} \times 100\% \tag{8-9}$$

式中 q_{3b}——集成厨房干式工法的应用比例；

A_{3b}——各楼层厨房墙面、顶面和地面采用干式工法的面积之和；

A_k——各楼层厨房墙面、顶面和地面的总面积。

集成卫生间的洁具设备等应全部安装到位，墙面、顶面和地面中干式工法的应用比例采用面积比，按下式计算：

$$q_{3c} = \frac{A_{3c}}{A_b} \times 100\% \tag{8-10}$$

式中 q_{3c}——集成卫生间干式工法的应用比例；

A_{3c}——各楼层卫生间墙面、顶面和地面采用干式工法的面积之和；

A_b——各楼层卫生间墙面、顶面和地面的总面积。

管线分离比例采用长度比，按下式计算：

$$q_{3d} = \frac{L_{3d}}{L} \times 100\% \tag{8-11}$$

式中 q_{3d}——管线分离比例；

L_{3d}——各楼层管线分离的长度，包括裸露于室内空间以及敷设在地面架空层、非承重墙体空腔和吊顶内的电气、给水、排水和采暖管线长度之和；

L——各楼层电气、给水、排水和采暖管线的总长度。

考虑到工程实际需要，纳入管线分离比例计算的管线专业包括电气（强电、弱电、通信等）、给水排水和采暖等专业。对于裸露于室内空间以及敷设在地面架空层、非承重墙体空腔和吊顶内的管线应认定为管线分离，而对于埋置在结构构件内部（不含横穿）或敷设在湿作业地面垫层内的管线应认定为管线未分离。

■ 8.4 评价等级划分

当评价项目满足前文基本规定，且主体结构竖向构件中预制部品部件的应用比例不低于35%时，可进行装配式建筑等级评价。

装配式建筑评价等级应划分为 A 级、AA 级、AAA 级。装配率为 60%~75% 时，评价为 A 级装配式建筑；装配率为 76%~90% 时，评价为 AA 级装配式建筑；装配率为 91% 及以上时，评价为 AAA 级装配式建筑。

第9章

多层装配式钢结构办公楼设计算例

■ 9.1 项目概况

本章以某四层钢结构办公楼为例，该办公楼位于北京市丰台区，共4层，每层层高3.6m，结构类型为钢框架，抗震设防烈度为8度0.2g，场地类别为Ⅱ类。建筑平面图如图9-1所示。

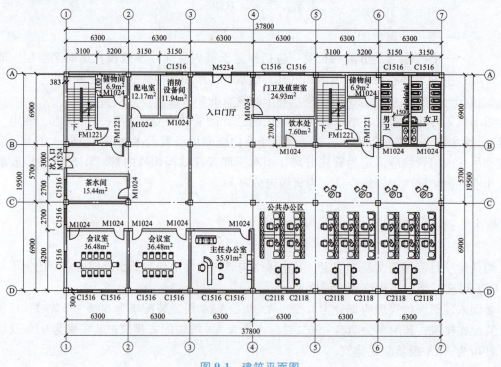

图 9-1 建筑平面图

■ 9.2 结构布置

结构布置主要包括平面布置与立面布置。

由建筑平面图可知，结构纵向框架梁跨度为6.3m，横向框架梁跨度分别为6.9m和5.7m。结构各层侧向刚度中心与水平作用合力中心线重合，各层的开间和进深统一，结构平面布置图如图9-2所示。

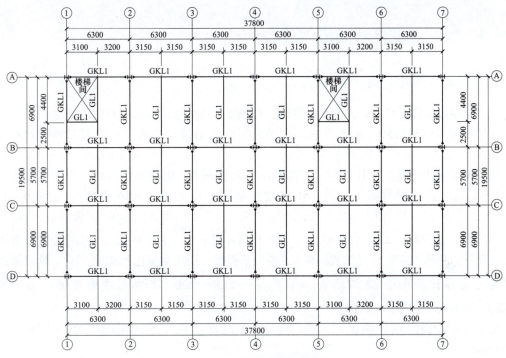

图 9-2 结构平面布置图

根据《高层民用建筑钢结构技术规程》（JGJ 99—2015）（以下简称《高钢规》）3.2.2 条和 3.2.3 条可知，8 度区 0.20g 加速度的钢框架房屋适用最大高度为 90m，最大高宽比为 6.0，该项目中建筑物高度为 14.4m，最小宽度为 19.5m，最大高宽比为 0.74，符合规范要求。

该结构竖向布置规则，质量均匀分布，刚度自下而上逐渐减小且无突变，主要竖向抗侧力构件采用 H 型钢柱，结构竖向布置如图 9-3 所示。

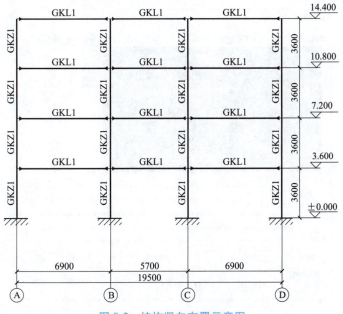

图 9-3 结构竖向布置示意图

■ 9.3 预估截面尺寸及模型建模

9.3.1 钢梁与钢柱截面尺寸预估

钢梁采用国标热轧 H 型钢，Q355B 钢材。主梁跨度最大为 6.9m，梁高取跨度的 1/20～1/12。初定主梁采用 HN450×151×8×14 型钢，次梁可按简支梁进行估算，采用 HN350×175×7×11 型钢。

钢柱同样采用国标热轧 H 型钢，按照长细比初估截面。因项目位于北京市 8 度地区，高度≤50m，钢结构抗震等级为三级。由《建筑抗震设计规范（2016 年版）》（GB 50011—2010）（以下简称《抗规》）8.3.1 条规定：框架柱抗震等级为三级时其长细比不应大于 $100\sqrt{235/f_{ay}}$，即 $100\times\sqrt{235/355}=81.36$，再由回转半径 $i=l_0/[\lambda]$ 与截面尺寸的近似关系初估截面。此外，柱构件应符合《抗规》8.3.2 条关于框架柱板件宽厚比的要求：工字形截面翼缘外伸部分宽厚比应小于 $12\sqrt{235/f_{ay}}=12\times\sqrt{235/355}=9.76$，工字形截面腹板应小于 $48\times\sqrt{235/f_{ay}}=48\times\sqrt{235/355}=39.05$。

综上，初步确定钢柱截面尺寸如下：1～4 层框架柱采用 HW350×350×12×19，层高 3600mm。

9.3.2 模型建模

在进行截面尺寸初估后，进行电算模型的搭建，该项目采用 PKPM 软件建模及计算。

1. 建立轴网

进入软件建模界面，单击"轴线网格"菜单栏下的"正交网格"按钮，根据图 9-2 所示结构平面布置图中的柱网尺寸，输入对应的下开间以及左进深尺寸，完成轴网的创建。轴网输入界面如图 9-4 所示。

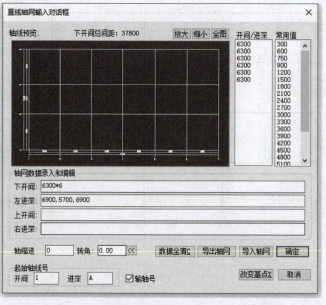

图 9-4 轴网输入界面

该项目的轴网布置图如图9-5所示。

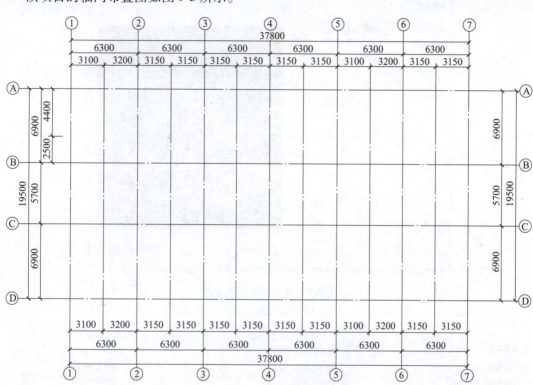

图9-5 轴网布置图

2. 构件布置

轴网布置完成后,依次进行柱、主次梁及楼板的截面定义和布置。

(1) 柱截面定义 该项目框架柱截面类型选择 H 型钢,采用两种截面尺寸,分别为 HW350×350×12×19、HW400×400×13×21。如图 9-6 所示,通过单击"构件"菜单栏下的"柱"按钮,再单击"增加"按钮即可进入钢柱定义界面。

以定义 HW350×350×12×19 的 H 型钢柱为例进行截面参数定义。如图 9-7 所示,"截面类型"选择"26:型钢","材料类别"选择"5:钢",选择相应尺寸,单击"确认"按钮完成钢柱截面定义,如图 9-7 所示。

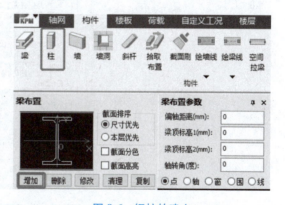

图9-6 钢柱的建立

(2) 梁截面定义 定义钢梁截面与定义钢柱截面方法类似,单击"构件"菜单栏下的"梁"按钮,再单击"增加"按钮即可对钢梁截面进行定义,次梁可通过单击"次梁"按钮进行定义。

以定义主梁 HN450×151×8×14 型钢截面为例。"截面类型"选择"26:型钢",随即弹出"标准型钢及其组合"对话框,依次选择"国际热轧 H 型钢-GB/T 11263-2017""HN450×151",单击"确认"按钮即可完成钢梁截面定义,如图 9-8 所示。

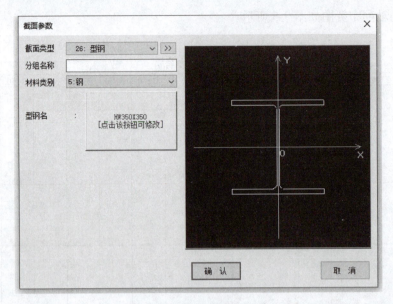

图 9-7 输入钢柱截面参数

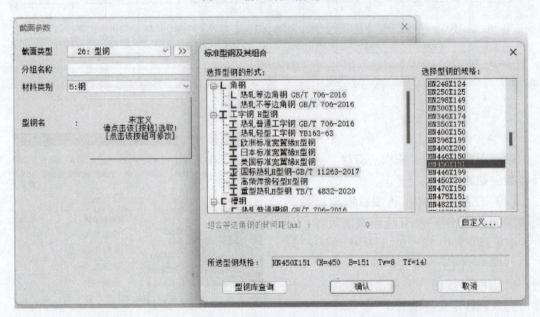

图 9-8 选择钢梁截面参数

（3）材料强度定义　单击"构件"菜单栏下的"材料强度"按钮，开始进行"材料强度"的定义。对于该项目，梁和柱构件选用 Q355B 钢材，焊条为 E50，混凝土等级均为 C30，钢筋均采用 HRB400 级钢筋。以钢材定义过程为例，具体操作如图 9-9 和图 9-10 所示。

（4）楼板定义　因该项目楼、屋盖采用钢筋桁架组合楼板，压型钢板采用 TDA1-70，组合楼板的总厚度约为 100mm，因此修改板厚为 100mm，楼梯处板厚设为 0。单击"楼板"菜单栏下的"生成楼板"按钮，如图 9-11 所示。

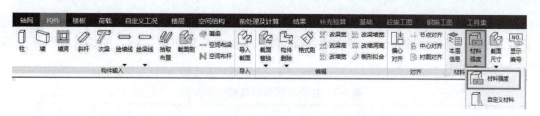

图9-9 定义材料强度

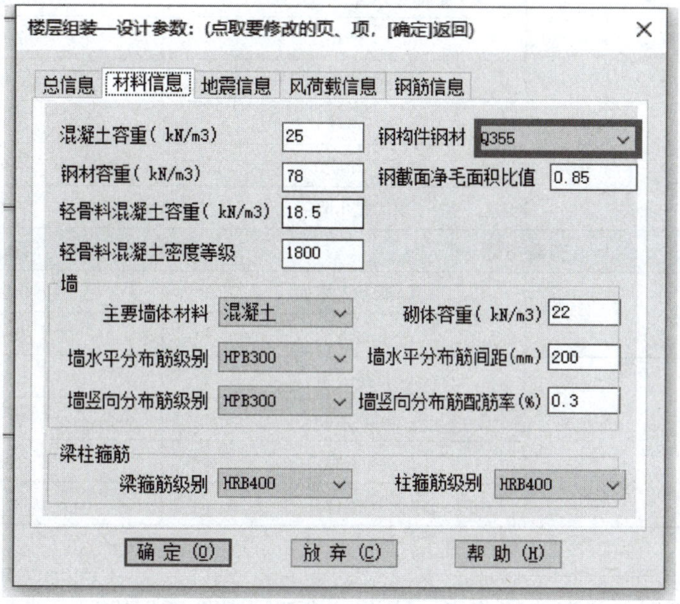

图9-10 设置构件材料

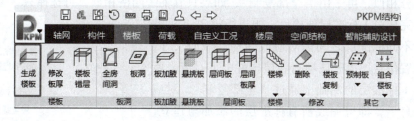

图9-11 生成楼板

3. 荷载输入

构件布置完成后进行荷载的输入，荷载主要包括楼面、屋面上的均布恒荷载、均布活荷载及梁上的线荷载。楼面和屋面活荷载标准值根据《工程结构通用规范》（GB 55001—2021）第4.2.2条取值，该项目板厚为100mm，通过计算得出办公室、走廊等楼面恒荷载为3.46kN/m^2，卫生间楼面恒荷载为3.86kN/m^2，屋面恒荷载为5.03kN/m^2，楼梯恒荷载取7.0kN/m^2。该项目外墙厚300mm，恒荷载为1.88kN/m^2；内墙厚200mm，恒荷载为1.25kN/m^2。梁上所承担的线荷载分别可通过内墙、外墙以及女儿墙的重度乘以厚度，再乘以墙体高度算得。该项目层高为3.6m，女儿墙高度为1.5m，墙厚为0.2m，最终算得内墙的线荷载为4kN/m，外墙的线荷载为6kN/m，女儿墙的线荷载为1.65kN/m，再通过"荷载复制""层间复制"等命令即可完成整个模型的荷载布置。输入的恒荷载与活荷载见表9-1。

表9-1　楼面与屋面恒荷载、活荷载

荷载类型		恒荷载标准值
屋面	不上人屋面	5.03kN/m²
楼面	楼面（办公室、走廊等）	3.46kN/m²
	楼梯	7.0kN/m²
	楼面（卫生间）	3.86kN/m²
墙	内墙	4kN/m
	外墙	6kN/m
	女儿墙	1.65kN/m
荷载类型		活荷载标准值
屋面	不上人屋面	0.25kN/m²
	屋面雪荷载	0.4kN/m²
楼面	办公室	1.81kN/m²
	卫生间	2.5kN/m²
	走廊	3kN/m²
	楼梯	3.5kN/m²

4. 楼层组装

（1）添加标准层　依据建筑功能、结构尺寸不同建立新标准层。建立新标准层可通过单击工具栏"楼层编辑"中的"插标准层"选项，进行标准层的添加。如果新标准层与原标准层大部分相似，可采用"全部复制"，如果只有轴线网格相似，可选择只"复制网格"。按上述步骤完成第1标准层建模后，再进行第2~3标准层的建立。不同标准层之间需对应改变构件截面尺寸、恒活荷载布置信息。由于该项目各层构件上下对应，所以可以在第1标准层的基础上通过"全部复制"，对应修改相应信息后，即可完成所有标准层的添加与建立，如图9-12所示。

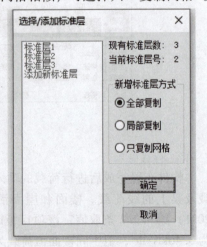

图9-12　添加标准层

（2）楼层组装　楼层组装主要依据结构竖向布置及标准层信息。该项目一层为第1标准层，二至三层为第2标准层，四层为第3标准层。每层层高均为3600mm。将各个楼层的层高输入，勾选"自动计算底标高"复选框，单击"确定"按钮，完成楼层信息的定义，如图9-13所示。

在"结构建模"中单击"整楼"，进行楼层组装，具体的整楼选择与结构分析模型如图9-14与图9-15所示。

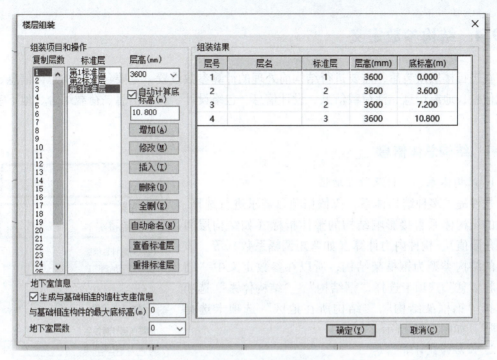

图 9-13 楼层信息的定义

图 9-14 整楼选择

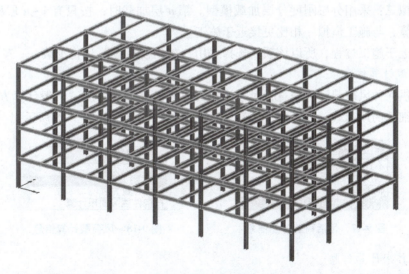

图 9-15 结构分析模型

■ 9.4　结构参数定义

在进行楼层组装后，需要进行结构前处理的计算参数设置，主要包括结构总体信息、风荷载信息、地震信息、活荷载信息、设计信息、包络设计、材料信息、荷载组合、地下室信息等。

9.4.1　结构总体信息

1. 结构体系、材料及所在地区

软件提供多种结构体系，应依据项目需求进行选择，所选的结构体系直接影响结构的整体指标（如结构层间位移角限值）、构件内力计算（如弯矩调幅系数）等。该项目的结构类型为钢框架结构，所以在参数定义中"结构材料信息"选项卡选择"钢结构"，"结构体系"选项卡选择"钢框架结构"，"结构所在地区"选项卡选择"全国"，如图 9-16 所示。

图 9-16　总体信息参数

2. 恒活荷载计算信息

结构恒活荷载计算信息分为 4 类，如图 9-17 所示。现对结构恒活荷载计算信息进行简要的介绍。

不计算恒活荷载：一般主要用于对水平荷载效应的观察和对比等。

一次性加载：一次施加全部恒荷载，结构整体刚度一次形成。

施工模拟一：结构整体刚度一次形成，恒荷载分层施加。这种计算模型主要应用于各种类型的下传荷载的结构。

施工模拟三：采用分层刚度分层加载模型。第 n 层加载时，按只有 $1 \sim n$ 层模型生成结构刚度并计算，与施工模拟一相比更接近于施工过程。

为更接近于施工过程，所以该项目选择采用"施工模拟三"进行加载。

3. 风荷载计算信息

软件提供 4 种风荷载计算信息，对于该项目或大部分工程采用"一般计算方式"即可，如需考虑更细致的风荷载，则可通过"精细计算方式"实现，如图 9-18 所示。

图 9-17　恒活荷载计算信息

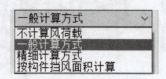

图 9-18　风荷载计算信息

4. 地震作用计算信息

该项目为多高层钢结构建筑，抗震设防烈度为 8 度，结构形式较为规则，根据《建筑

与市政工程抗震通用规范》（GB 55002—2021）第4.1.2条可知，该项目不需要计算竖向地震作用，只计算水平地震作用，所以选择"计算水平地震作用"，如图9-19所示。

5. 刚性楼板假定

"对所有楼层采用强制刚性楼板假定"可能改变结构的真实模型，因此其适用范围是有限的，一般仅在计算位移比、周期比、刚度比等指标时建议选择，在进行结构内力分析和配筋计算时，仍要遵循结构的真实模型，才能获得正确的分析和设计结果，所以该项目"刚性楼板假定"中选择"整体指标计算采用强刚，其他计算非强刚"，如图9-20所示。

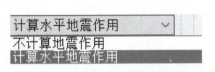

图9-19 地震作用计算信息

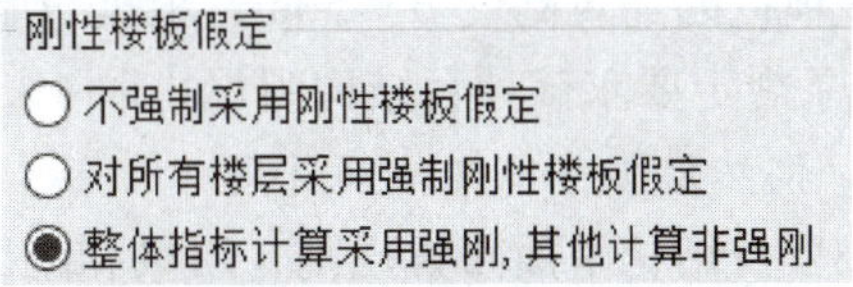

刚性楼板假定
○ 不强制采用刚性楼板假定
○ 对所有楼层采用强制刚性楼板假定
● 整体指标计算采用强刚，其他计算非强刚

图9-20 刚性楼板假定

9.4.2 风荷载信息

该项目位于北京市，地面粗糙度类别为C，按照《建筑结构荷载规范》（GB 50009—2012）规定，修正后的基本风压为0.45kN/m²，风荷载作用下结构的阻尼比取2%，如图9-21所示。

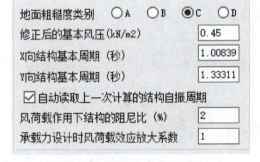

图9-21 风荷载基本参数

9.4.3 地震信息

"地震信息"标签中的主要信息设置与地震作用相关的参数的选择，无论对于单个构件的内力计算还是整体结构的指标都有重要的影响，应给予重点关注。

1. 基本地震信息参数

该项目所在地处于北京市，当地抗震设防烈度为8度（0.2g），场地类别为Ⅱ类，依据《抗规》附录A可知该项目设计地震分组为第二组；依据《抗规》中表5.1.4规定可知该项目特征周期为0.4s；该项目为多层钢框架结构，根据《高钢规》第6.1.6条规定可知周期折减系数可取0.9；振型数量可以选择用户定义或者程序自动确定，该项目采用程序自动确定，如图9-22所示。

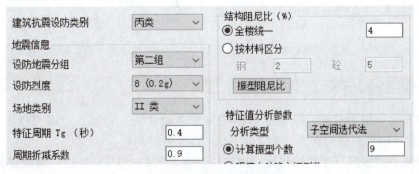

图9-22 基本地震信息参数

145

2. 设防类别与抗震等级

该项目房屋高度为 14.4m，当地抗震设防烈度为 8 度，依据《抗规》中表 8.1.3 确定结构抗震等级为三级；该项目为办公楼，建筑工程抗震设防为标准设防，设防类别为丙类，抗震构造措施的抗震等级不改变，如图 9-23 所示。

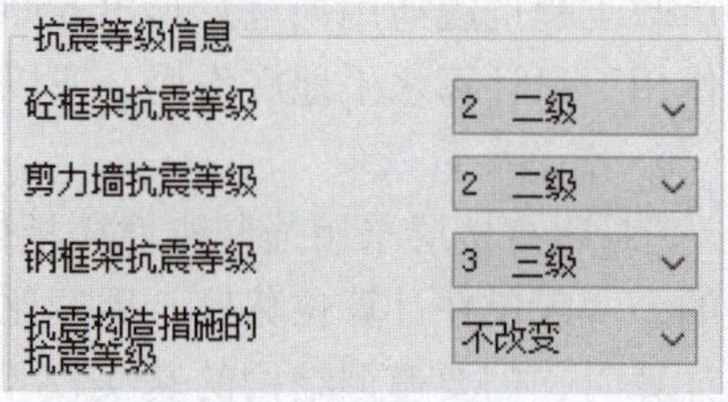

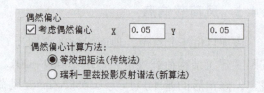

图 9-23　抗震等级参数

3. 地震作用阻尼比

该项目的建筑高度 $H \leqslant 50$m，根据《高钢规》第 5.4.6 条规定要求该项目结构阻尼比取 4%，如图 9-24 所示。

4. 偶然偏心与双向地震作用

该项目结构平面布置规则，质量和刚度分布均匀，故不需要计算双向地震作用，仅需计算单向地震作用，根据《高钢规》第 5.3.7 条规定，该项目计算单向地震作用应考虑偶然偏心的影响，如图 9-25 所示。

图 9-24　地震作用阻尼比参数

图 9-25　偶然偏心与双向地震参数

9.4.4　设计信息

该项目中，梁端负弯矩调幅系数为 0.85，框架梁调幅后不小于简支梁跨中弯矩的 50%，非框架梁调幅后不小于简支梁跨中弯矩的 33%，薄弱层地震内力放大系数采用规范要求的 1.25，如图 9-26 和图 9-27 所示。

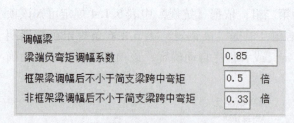

图 9-26　梁端弯矩调幅

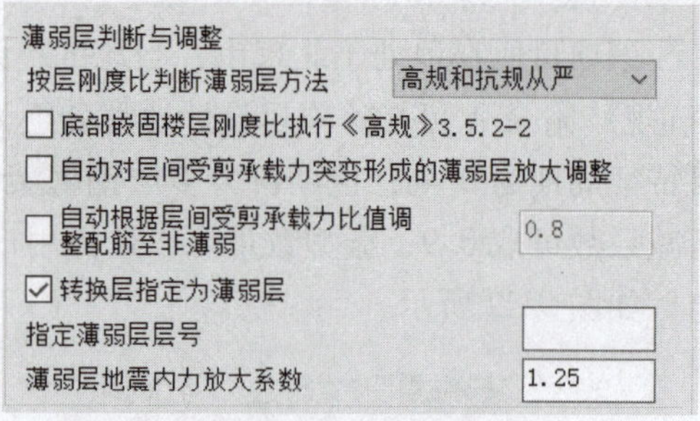

图 9-27　薄弱层调整

9.4.5　荷载组合

该项目安全等级为二级，按《建筑结构可靠性设计统一标准》（GB 50068—2018）第 8.2.8 条规定该项目的结构重要性系数取 1.0，如图 9-28 所示。

荷载分项系数按照《工程结构通用规范》（GB 55001—2021）取值，恒荷载分项系数取 1.3，活荷载分项系数取 1.5，活荷载组合值系数取 0.7，活荷载频遇值系数取 0.6，活荷载准永久值系数取 0.5，具体不同工况名称下的荷载分项系数取值如图 9-29 所示。荷载分项系数确定后，具体荷载工况组合可根据软件默认设置，如有特殊需求，根据规范要求手动输入即可。

恒荷载分项系数	1.3
活荷载分项系数	1.5
活荷载组合值系数	0.7
活荷载频遇值系数	0.6
活荷载准永久值系数	0.5
考虑结构设计使用年限的活荷载调整系数	1

荷载组合 > 组合系数	
结构重要性系数	1

图 9-28 结构重要性系数 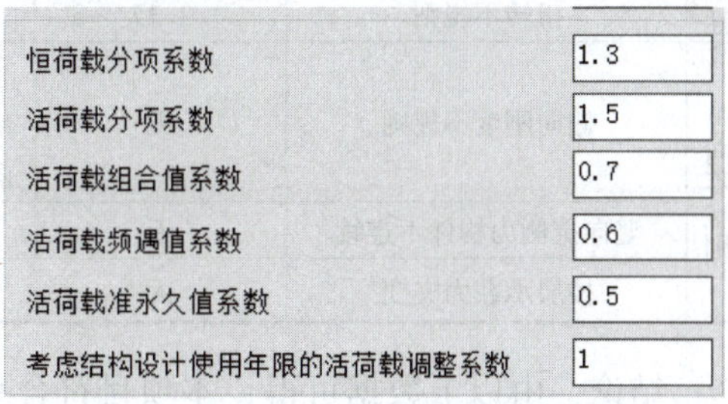   图 9-29 荷载分项系数取值

9.5 结构模型分析

9.5.1 结构模型基本参数

1. 材料选择

该项目中钢柱、梁和柱脚螺栓均采用 Q355B 钢材；高强度螺栓性能等级为 10.9 级；高强度螺栓连接钢材的摩擦面应进行喷砂处理，抗滑移系数 $\mu = 0.45$；Q355B 钢材焊缝连接处采用的焊条为 E50。

2. 结构基本参数

结构基本参数见表 9-2。

表 9-2 建筑结构基本参数

项目		结构特性	规范要求	备注
结构体系		框架结构	—	GB 50011—2010
抗震设防烈度		8 度（0.2g）	8 度（0.2g）	
层数	地下	0 层		
	地上	4 层		
地上高度		14.4m	90m	GB 50011—2010 表 8.1.1
高宽比		0.74	6.0	GB 50011—2010 表 8.1.2
抗震等级		三级	三级	GB 50011—2010 表 8.1.3

3. 结构布置规则性判断

结构布置规则性参数见表 9-3，本建筑结构主要考虑平面规则性和竖向不规则性，其中平面规则性包括凹凸不规则、楼板不规则、扭转不规则。竖向不规则包括侧向刚度不规则、竖向抗侧力构件不连续和楼层承载力突变。其判断标准主要参考《高钢规》。

表 9-3　结构布置规则性参数

	项目	不规则程度	规范要求	备注
平面规则性	凹凸不规则	无	≤30%	JGJ 99—2015 第 3.3.2 条
	楼板不规则	开洞 1.6%	≤30%	JGJ 99—2015 第 3.3.2 条
	扭转不规则	1.17	≤1.2	JGJ 99—2015 第 3.3.2 条
竖向不规则	侧向刚度不规则	无	不小于相邻上一层的 70%，或不小于其上相邻三个楼层侧向刚度平均值的 80%	JGJ 99—2015 第 3.3.2 条
	竖向抗侧力构件不连续	无	宜上下贯通	JGJ 99—2015 第 3.3.2 条
	楼层承载力突变	无	小于相邻上一层的 80%	JGJ 99—2015 第 3.3.2 条

结论：由以上数据可得，本项目符合平面规则、竖向规则。

4. 分析模型

结构在竖向荷载、风荷载和多遇地震作用下的内力和变形均按弹性方法分析，结构分析模型如图 9-15 所示。

9.5.2　结构计算指标分析

1. 结构质量

楼层质量沿高度均匀分布，且楼层质量不大于相邻下部楼层的 1.5 倍，结构全部楼层满足规范要求，楼层质量及质量比见表 9-4，质量比分布曲线如图 9-30 所示。

表 9-4　楼层质量及质量比

层号	恒荷载质量/t	活荷载质量/t	楼层质量/t	质量比	比值判断
4	328.7	18.4	347.1	0.61	满足
3	469.3	95.5	564.8	1.00	满足
2	469.3	95.5	564.8	1.00	满足
1	469.4	95.5	564.8	1.00	满足

恒荷载产生的总质量：1736.687t。

活荷载产生的总质量：304.885t。

结构的总质量：2041.573t。

恒荷载产生的总质量包括结构自重和外加恒荷载，结构总质量包括恒荷载、活荷载产生的质量和附加质量以及自定义工况荷载产生的质量，活荷载产生的总质量、自定义工况荷载产生的总质量和结构的总质量是活荷载折减后的结果（1t=1000kg）。

2. 周期与振型

由表 9-5 可以看出，12 个振型累计 X 向地震的有效质量系数为 100.00%>90%，12 个振型累计 Y 向地震的有效质量系数为 100.00%>90% 参与振型足够，满足规范要求。前三阶振型示意图如图 9-31 所示。

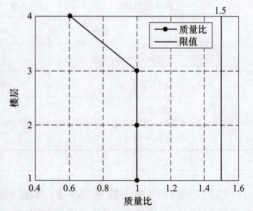

图 9-30　质量比分布曲线

表 9-5　结构周期及振型方向

振型号	周期/s	方向角/°	类型	累积 X 向地震的有效质量系数	累积 Y 向地震的有效质量系数	阻尼比
1	1.3341	89.93	Y	0.00%(0.00%)	84.63%(84.63%)	4.00%
2	1.1082	166.69	T	0.77%(0.77%)	0.06%(84.69%)	4.00%
3	1.0092	0.07	X	81.19%(81.96%)	0.00%(84.69%)	4.00%
4	0.4336	89.94	Y	0.00%(81.96%)	10.44%(95.13%)	4.00%
5	0.3536	158.73	T	0.06%(82.02%)	0.01%(95.14%)	4.00%
6	0.3117	0.06	X	11.60%(93.62%)	0.00%(95.14%)	4.00%
7	0.2551	89.94	Y	0.00%(93.62%)	3.72%(98.86%)	4.00%
8	0.2018	149.43	T	0.02%(93.64%)	0.00%(98.86%)	4.00%
9	0.1873	89.92	Y	0.00%(93.64%)	1.14%(100.00%)	4.00%
10	0.1680	0.07	X	4.77%(98.41%)	0.00%(100.00%)	4.00%
11	0.1439	149.91	T	0.01%(98.42%)	0.00%(100.00%)	4.00%
12	0.1145	0.06	X	1.58%(100.00%)	0.00%(100.00%)	4.00%

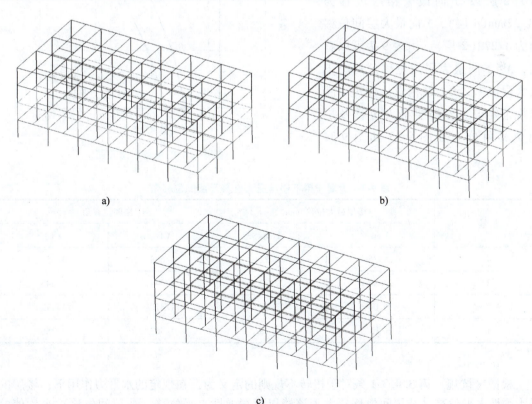

a)　　　　　　　　　　　　　b)

c)

图 9-31　振型示意图

a）一阶平动　b）二阶扭转　c）三阶平动

3. 各层剪力及剪重比

该项目位于 8 度（0.2g）设防地区，水平地震影响系数最大值为 0.16，X 向与 Y 向楼层剪重比不应小于 3.2%。由表 9-6 可以看出，X 向与 Y 向剪重比均大于 3.2%，满足规范要求。各层剪重比简图如图 9-32 所示。

表 9-6　各层剪力及剪重比

层号	层剪力/kN		剪重比（%）	
	X 向	Y 向	X 向	Y 向
4	499.2	417.8	14.38	12.04
3	924.4	748.2	10.14	8.20
2	1221.6	967.3	8.27	6.55
1	1414.0	1148.1	6.93	5.62

4. 楼层最大位移与层间位移角

X 向最大楼层位移为 28.75mm（4 层），X 向最大层间位移角为 1/370（2 层）；Y 向最大楼层位移为 38.22mm（4 层），Y 向最大层间位移角为 1/272（2 层）。由表 9-7 可以看出，X、Y 向最大层间位移角均小于最大限值 1/250，结构设计合理，满足规范要求。各楼层最大位移及层间位移角分布如图 9-33 和图 9-34 所示。

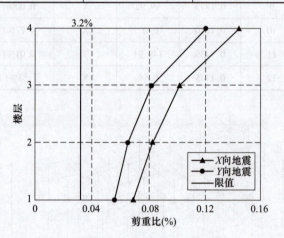

图 9-32　各层剪重比简图

表 9-7　地震作用下楼层最大位移及层间位移角

层号	楼层最大位移/mm		层间位移角	
	X 向	Y 向	X 向	Y 向
4	28.75	38.22	1/668	1/554
3	23.86	32.92	1/444	1/343
2	16.04	23.27	1/370	1/272
1	6.39	10.28	1/563	1/350

5. 位移比

根据《抗规》第 3.4.3-1 条对于扭转不规则的定义为：在规定的水平力作用下，楼层的最大弹性水平位移（或层间位移）大于该楼层两端弹性水平位移（或层间位移）平均值的 1.2 倍。由表 9-8 可知，结构最大层间位移比为 1.16<1.20，满足规范要求。各楼层最大位移比分布如图 9-35 所示。

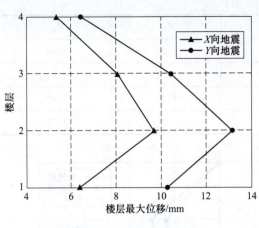

图 9-33　楼层最大位移简图

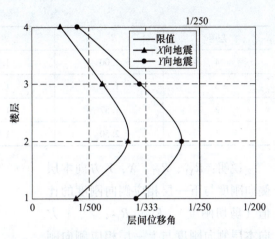

图 9-34　层间位移角简图

表 9-8　结构位移比

楼层	位移比	
	X 向	Y 向
4	1.07	1.16
3	1.07	1.16
2	1.08	1.16
1	1.09	1.14

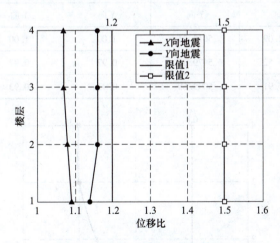

图 9-35　各楼层最大位移比简图

6. 楼层侧向刚度比

对框架结构，本层与相邻上层的侧向刚度比不宜小于 0.7，与相邻上部三层刚度平均值的比值不宜小于 0.8。由表 9-9 和图 9-36 可知，楼层侧向刚度比满足规范要求，结构无刚度突变现象。

151

表 9-9　楼层侧向刚度比

层号	R_{X1}	R_{Y1}	R_{X2}	R_{Y2}
4	1.00	1.00	1.00	1.00
3	1.76	1.59	1.23	1.11
2	1.57	1.46	1.10	1.02
1	2.50	1.99	1.77	1.52

说明：R_{X1}、R_{Y1}、X、Y 方向本层侧向刚度与下一层相应侧向刚度的比值（剪切刚度）。R_{X2}、R_{Y2}：X、Y 方向本层侧向刚度与上一层相应侧向刚度 70% 的比值或上三层平均侧向刚度 80% 的比值中之较小者。

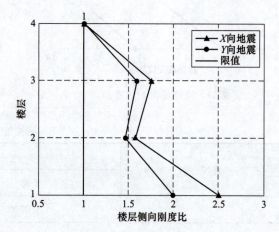

图 9-36　层侧向刚度比简图

7. 楼层受剪承载力比值

由表 9-10 可知，各层受剪承载力比值均大于 0.80，结构无楼层承载力突变的情况，满足规范要求。各楼层受剪承载力比值分布如图 9-37 所示。

表 9-10　各楼层受剪承载力及承载力比值

层号	受剪承载力/kN		受剪承载力比值		比值判断
	X 向	Y 向	X 向	Y 向	
3, 4	12042.09	5675.21	1.00	1.00	满足
2	11626.52	5479.36	0.97	0.97	满足
1	10820.91	5099.69	0.93	0.93	满足

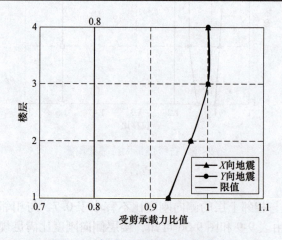

图 9-37　各楼层受剪承载力比值分布

■ 9.6 构件与节点设计

构件与节点设计包括强柱弱梁验算、节点域验算、梁柱连接节点设计以及主次梁连接节点设计、柱脚设计。

9.6.1 强柱弱梁验算

考虑地震作用效应时，选取一层某梁柱连接处最不利内力，柱截面尺寸为 HW350×350×12×19，截面面积 $A_c = 17190\text{mm}^2$，梁截面尺寸为 HN450×151×8×14，梁柱均采用 Q355B 钢，柱轴向压力设计值 $N = 1351.9\text{kN}$。

钢材屈服强度：$f_y = 355\text{N/mm}^2$

钢材抗剪强度设计值：$f_v = 175\text{N/mm}^2$

梁塑性模量：

$$\sum W_{pb} = 2 \times \left[151 \times 14 \times (450 - 14) + \frac{8 \times (450 - 14 \times 2)^2}{4} \right] \text{mm}^3 = 2.56 \times 10^6 \text{mm}^3$$

柱塑性模量：

$$\sum W_{pc} = 2 \times \left[350 \times 19 \times (350 - 19) + \frac{12 \times (350 - 2 \times 19)^2}{4} \right] \text{mm}^3 = 4.99 \times 10^6 \text{mm}^3$$

$$\sum W_{pc}\left(f_y - \frac{N}{A_c}\right) = 4.99 \times 10^6 \text{mm}^3 \times \left(355 - \frac{1351.9 \times 10^3}{17190} \right) \text{N/mm}^2 = 1379.01\text{kN} \cdot \text{m}$$

$$> \eta \sum W_{pb} f_{yb} = 1.05 \times 2.56 \times 10^6 \text{mm}^3 \times 355\text{N/mm}^2 = 954.24\text{kN} \cdot \text{m}$$

其中，η 为强柱系数，一级取 1.15，二级取 1.10，三级取 1.05，四级取 1.0。

结论：满足强柱弱梁设计要求。

9.6.2 节点域验算

1. 节点域受剪承载力验算

此处以底层为例，其他层略。

节点域钢材采用 Q355B，钢材抗剪强度设计值：$f_v = 175\text{N/mm}^2$ 钢材屈服强度：$f_y = 355\text{N/mm}^2$。

一层最不利节点域两侧弯矩设计值：$M_{b1} = 224.9\text{kN} \cdot \text{m}$，$M_{b2} = 241.8\text{kN} \cdot \text{m}$

节点域体积：

$$V_p = 1.8 h_{b1} h_{c1} t_w = 1.8 \times (350 - 19)\text{mm} \times (450 - 14)\text{mm} \times 19\text{mm} = 4.94 \times 10^6 \text{mm}^3$$

节点域受剪承载力：

$$\frac{M_{b1} + M_{b2}}{V_p} = \frac{224.9\text{kN} \cdot \text{m} + 241.8\text{kN} \cdot \text{m}}{4.94 \times 10^6 \text{mm}^3} = 94.47\text{N/mm}^2$$

$$< \frac{4}{3}f_v / \gamma_{RE} = \frac{4}{3} \times \frac{175\text{N/mm}^2}{0.75} = 311.11\text{N/mm}^2$$

结论：节点域受剪承载力满足要求。

2. 节点域屈服承载力验算

此处以底层为例，其他层略。

节点域两侧梁全塑性受弯承载力：

$$M_{pb1} = M_{pb2} = f_y W_{pb1}$$

$$= 355\text{N/mm}^2 \times 2 \times \left[151 \times 14 \times (450 - 14) + \frac{8 \times (450 - 2 \times 14)^2}{4} \right] \text{mm}^3$$

$$= 907.29\text{kN} \cdot \text{m}$$

节点域屈服承载力：

$$\psi \frac{(M_{pb1} + M_{pb2})}{V_p} = 0.6 \times \frac{2 \times 907.29 \times 10^6}{4.94 \times 10^6} \text{N/mm}^2 = 220.39\text{N/mm}^2$$

$$< \frac{4}{3} f_{yv} = \frac{4}{3} \times 0.58 \times 355\text{N/mm}^2 = 274.53\text{N/mm}^2$$

结论：节点域屈服承载力满足要求。

3. 节点域稳定性验算

此处以底层为例，其他层略。

一层节点域截面尺寸为：柱腹板厚度 $t_{wc} = 12\text{mm}$，梁腹板高度 $h_b = 422\text{mm}$，柱腹板高度 $h_c = 312\text{mm}$。

柱节点域腹板厚度：

$$t_{wc} = 12\text{mm} > (h_b + h_c)/90 = (422 + 312)\text{mm}/90 = 8.16\text{mm}$$

结论：节点域稳定性满足要求。

9.6.3 梁柱连接节点设计

该项目中，框架梁与柱的连接采用栓焊混合连接，即梁的上下翼缘与柱采用全熔透坡口焊缝连接；梁腹板与柱采用高强度螺栓连接（通过焊接于柱上的连接板）。框架梁与柱刚性连接时，在梁翼缘的对应位置设置柱的水平加劲肋，其厚度与翼缘等厚。焊接方式采用 E50 型焊条电弧焊，焊缝质量取一级。

梁柱节点每侧共布置 4 排 16 个 10.9 级 M24 螺栓，螺栓孔型选为标准孔，根据《钢结构设计标准》（GB 50017—2017）表 11.5.1 查得孔径为 26mm。螺栓中心间距为 80mm，螺栓中心顺内力方向至上、下边缘的间距为 60mm，螺栓中心垂直内力方向至侧边缘的间距为 60mm。高强度螺栓按摩擦型连接计算，预拉力为 $P = 225\text{kN}$，接触面喷砂处理，取抗滑移系数为 $\mu = 0.45$。为满足《钢结构高强度螺栓连接技术规程》（JGJ 82—2011）表 4.3.3-2 中对于螺栓孔距和边距的要求，拼板尺寸为 360mm×400mm×16mm。

根据《建筑抗震设计规范（2016 年版）》（GB 50011—2010）第 8.3.4-3 条及《多、高层民用建筑钢结构节点构造详图》（16G519）绘制梁柱节点详图，如图 9-38 所示。

考虑地震作用效应时，以一层右边柱截面梁柱拼接处内力最为不利，内力 $M = 241\text{kN} \cdot \text{m}$，$V = 152\text{kN}$，$l_n = 6.3\text{m}$，$V_{Gn} = 77.9\text{kN}$。节点处柱截面尺寸为 HW350×350×12×19，梁截面尺寸为 HN450×151×8×14。

梁全截面塑性截面模量：

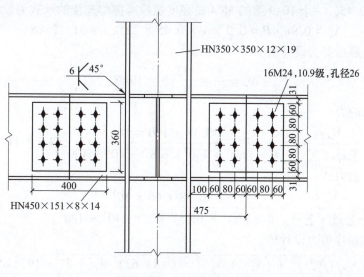

图 9-38　梁柱节点详图

$$W_p = 2 \times \left[151 \times 14 \times (450 - 14) + \frac{8 \times (450 - 2 \times 14)^2}{4} \right] mm^3 = 2.56 \times 10^6 \ mm^3$$

翼缘提供的塑性截面模量：

$$b_f t_f (h - t_f) = 151mm \times 14mm \times (450 - 14)mm$$

$$= 0.92 \times 10^6 mm^3 < 0.7 W_p = 1.79 \times 10^6 mm^3$$

因此采用全截面精确设计法进行计算。

梁翼缘净截面惯性矩：

$$I_f = 2 \times 151mm \times 14mm \times \left(\frac{450mm}{2} - \frac{14mm}{2} \right)^2 = 2.01 \times 10^8 mm^4$$

梁腹板净截面惯性矩：

$$I_w = \frac{1}{12} \times 8mm \times (450mm - 2 \times 14mm - 2 \times 35mm)^3 = 2.90 \times 10^7 mm^4$$

梁翼缘承担弯矩：

$$M_f = \frac{I_f}{I_f + I_w} M = \frac{2.01 \times 10^8 mm^4}{2.01 \times 10^8 mm^4 + 2.90 \times 10^7 mm^4} \times 241kN \cdot m = 210.61kN \cdot m$$

梁腹板承担弯矩：

$$M_w = \frac{I_w}{I_w + I_f} M = \frac{2.90 \times 10^7 mm^4}{2.90 \times 10^7 mm^4 + 2.01 \times 10^8 mm^4} \times 241kN \cdot m = 30.38kN \cdot m$$

1. 梁翼缘与柱翼缘对接焊缝强度验算

$$\sigma = \frac{M_f}{b_f t_f (h - t_f)} = \frac{210.61 \times 10^6 N \cdot mm}{151 \times 14 \times (450 - 14)mm^3} = 228.50 N/mm^2 < f_t^w = 295 N/mm^2$$

结论：梁翼缘与柱翼缘对接焊缝强度满足要求。

2. 梁腹板高强度螺栓群受剪承载力验算

在采用单剪连接且构件在连接处接触面的处理方法为喷砂时，传力摩擦面数量 $n_f = 1$，

抗滑移系数 $\mu = 0.45$，一个 10.9 级的 M24 高强度螺栓摩擦型连接的承载力设计值：
$$N_v^b = 0.9n_f\mu P = 0.9 \times 1 \times 0.45 \times 225\text{kN} = 91.125\text{kN}$$

一个高强度螺栓剪力设计值：
$$N_y^V = \frac{V}{n} = \frac{152}{8}\text{kN} = 19\text{kN}$$

螺栓 x 方向的力：
$$N_x^{M_w} = \frac{M_w y_1}{\sum x_i^2 + \sum y_i^2} = \frac{30.38 \times 120 \times 10^3}{8 \times (60^2 + 140^2) + 8 \times (40^2 + 120^2)}\text{kN} = 11.63\text{kN}$$

螺栓 y 方向的力：
$$N_y^{M_w} = \frac{M_w x_1}{\sum x_i^2 + \sum y_i^2} = \frac{30.38 \times 60 \times 10^3}{8 \times (60^2 + 140^2) + 8 \times (40^2 + 120^2)}\text{kN} = 5.81\text{kN}$$

一个高强度螺栓剪力设计值：
$$N = \sqrt{(N_x^{M_w})^2 + (N_y^{M_w} + N_y^V)^2} = \sqrt{(11.63)^2 + (5.81 + 19)^2}\text{kN}$$
$$= 27.40\text{kN} \leqslant 0.9N_v^b = 0.9 \times 91.125\text{kN} = 82.01\text{kN}$$

结论：梁腹板高强度螺栓群的受剪承载力满足要求。

3. 梁腹板连接板净截面强度验算

假定全部剪力由连接板均匀承受，连接板数量为 2，连接板高度 $h_s = 360\text{mm}$，螺栓的行数为 4，螺栓孔径 $d_0 = 26\text{mm}$。

1）连接板抗弯强度验算。
$$I_{nx} = [(16 \times 360^3)/12 - 4 \times 16 \times 26 \times 120^2 - 4 \times 16 \times 26 \times 40^2]\text{mm}^4 = 3.56 \times 10^7\text{mm}^4$$
$$W_{nx} = \frac{I_{nx}}{y} = \frac{3.56 \times 10^7}{360/2}\text{mm}^3 = 1.98 \times 10^5\text{mm}^3$$

连接板抗弯强度验算：
$$\sigma = \frac{M_w}{W_{nx}} = \frac{30.38 \times 10^6}{1.98 \times 10^5}\text{N/mm}^2 = 153.43\text{N/mm}^2 < f = 305\text{N/mm}^2$$

结论：连接板抗弯强度满足要求。

2）连接板抗剪强度验算。螺栓孔处连接板截面面积：
$$A_n = (h_2 - nd_0)t = (360 - 4 \times 26)\text{mm} \times 16\text{mm} = 4096\text{mm}^2$$

连接板抗剪强度验算：
$$\tau = \frac{1.5V}{2A_n} = \frac{1.5 \times 152 \times 10^3}{2 \times 4096}\text{N/mm}^2 = 27.83\text{N/mm}^2 < f_v = 175\text{N/mm}^2$$

结论：连接板抗剪强度满足要求。

3）短梁段与柱焊接的角焊缝强度验算。

根据《钢结构设计标准》（GB 50017—2017）表 11.3.5，角焊缝最小焊脚尺寸为 $h_{fmin} = 5\text{mm}$，当 $t > 20\text{mm}$ 时，$h_{fmax} = t - (1 \sim 2)\text{mm} = 8 - (1 \sim 2)\text{mm} = 6 \sim 7\text{mm}$。本设计中，取焊脚尺寸 $h_f = 6\text{mm}$，$l_w = h - 2 \times h_f = 450\text{mm} - 2 \times 6\text{mm} = 438\text{mm}$。

角焊缝强度验算：
$$\sigma_f = \frac{6M_w}{2 \times 0.7h_f l_w^2} = \frac{6 \times 30.38 \times 10^6}{2 \times 0.7 \times 6 \times 438^2}\text{N/mm}^2 = 113.11\text{N/mm}^2$$

$$\tau_f = \frac{V}{2 \times 0.7 h_f l_w} = \frac{152 \times 10^3}{2 \times 0.7 \times 6 \times 438} \text{N/mm}^2 = 41.31 \text{N/mm}^2$$

$$\sqrt{\left(\frac{\sigma_f}{\beta_f}\right)^2 + \tau_f^2} = \sqrt{\left(\frac{113.11}{1.22}\right)^2 + 41.31^2} \text{N/mm}^2 = 101.50 \text{N/mm}^2 \leqslant f_f^w = 200 \text{N/mm}^2$$

结论：连接板与柱焊接的角焊缝强度满足要求。

4. 梁柱节点的极限承载力验算

1）梁柱节点的极限受弯承载力验算。

梁翼缘钢材抗拉强度最小值：$f_{ub} = 470 \text{N/mm}^2$

梁翼缘连接的极限受弯承载力：

$$M_{uf}^j = A_f(h_b - t_{fb})f_{ub} = [151 \times 14 \times (450 - 14) \times 470] \text{N} \cdot \text{mm} = 433.2 \text{kN} \cdot \text{m}$$

工字形柱壁厚：$t_{fc} = 19\text{mm}$

柱上下水平加劲肋内侧之间的距离：$d_j = 450\text{mm} - 2 \times 14\text{mm} = 422\text{mm}$

工字形柱壁板内侧的宽度：$b_j = 350\text{mm} - 2 \times 19\text{mm} = 312\text{mm}$

梁腹板厚度：$t_{wb} = 8\text{mm}$

柱钢材屈服强度：$f_{yc} = 355 \text{N/mm}^2$

梁腹板钢材屈服强度：$f_{yw} = 355 \text{N/mm}^2$

梁腹板连接的受弯极限承载力系数：

$$m = \min\left\{1, \ 4\frac{t_{fc}}{d_j}\sqrt{\frac{b_j f_{yc}}{t_{wb} f_{yw}}}\right\} = \min\left\{1, \ 4 \times \frac{19}{422} \times \sqrt{\frac{312 \times 355}{8 \times 355}}\right\} = 1.12$$

梁截面高度：$h_b = 450\text{mm}$

梁翼缘厚度：$t_{fb} = 14\text{mm}$

连接板与梁翼缘间隙的距离：$S_r = (450 - 360 - 2 \times 14)\text{mm} \div 2 = 31\text{mm}$

梁腹板有效截面的塑性截面模量：

$$W_{wpe} = \frac{1}{4}(h_b - 2t_{fb} - 2S_r)^2 t_{wb}$$

$$= \frac{1}{4} \times (450 - 2 \times 14 - 2 \times 31)^2 \text{mm}^2 \times 8\text{mm} = 2.59 \times 10^5 \text{mm}^3$$

梁腹板连接的极限受弯承载力：

$$M_{uw}^j = mW_{wpe}f_{yw} = 1.12 \times 2.59 \times 10^5 \text{mm}^3 \times 355 \text{N/mm}^2 = 102.98 \text{kN} \cdot \text{m}$$

梁端连接的极限受弯承载力：

$$M_u^j = M_{uf}^j + M_{uw}^j = 433.2 \text{kN} \cdot \text{m} + 102.98 \text{kN} \cdot \text{m} = 536.18 \text{kN} \cdot \text{m}$$

梁的全塑性受弯承载力：

$$M_p = \left[2 \times 151 \times 14 \times \left(\frac{450}{2} - \frac{14}{2}\right) + 2 \times 8 \times \frac{(151 - 14)^2}{2}\right] \text{mm}^3 \times 355 \text{N/mm}^2 = 380.51 \text{kN} \cdot \text{m}$$

$$M_u^j = 536.18 \text{kN} \cdot \text{m} > \alpha M_p = 1.35 \times 380.51 \text{kN} \cdot \text{m} = 513.69 \text{kN} \cdot \text{m}$$

其中，α 为钢框架抗侧力结构构件连接系数，取 $\alpha = 1.35$，见表4-3。

结论：梁柱节点的极限受弯承载力满足要求。

2）梁柱节点的极限受剪承载力验算。

螺栓连接的剪切面数量：$n_f = 1$

螺栓螺纹处的有效截面面积：$A_e^b = 353mm^2$

螺栓钢材的抗拉强度最小值：$f_u^b = 1040N/mm^2$

1 个高强度螺栓的极限受剪承载力：

$$N_{vu}^b = 0.58n_f A_e^b f_u^b = 0.58 \times 1 \times 353mm^2 \times 1040N/mm^2 = 212.93kN$$

同一受力方向的钢板厚度之和：$\sum t = 8mm$

钢材抗拉强度设计值：$f_u = 470N/mm^2$

螺栓连接板件的极限承压强度：$f_{cu}^b = 1.5f_u = 705N/mm^2$

1 个高强度螺栓对应的板件极限承载力：

$$N_{cu}^b = d \sum t f_{cu}^b = 24mm \times 8mm \times 705N/mm^2 = 135.36kN$$

梁腹板的净截面面积：$A_{nw} = (422 - 4 \times 26)mm \times 8mm = 2544mm^2$

梁腹板净截面的极限受剪承载力：

$$V_{u1} = 0.58A_{nw}f_u = 0.58 \times 2544mm^2 \times 470N/mm^2 = 693.49kN$$

连接件的净截面面积：$A_{nw}^{PL} = (360 - 4 \times 26)mm \times 16mm = 4096mm^2$

连接件净截面的极限受剪承载力：

$$V_{u2} = 0.58A_{nw}^{PL}f_u = 0.58 \times 4096mm^2 \times 470N/mm^2 = 1116.57kN$$

焊缝的有效受力面积：$A_f^w = 2 \times 0.7 \times 6mm \times 422mm = 3544.8mm^2$

短梁段与柱焊接的角焊缝的极限受剪承载力：

$$V_{u3} = 0.58A_f^w f_u = 0.58 \times 3544.8mm^2 \times 470N/mm^2 = 966.31kN$$

故，梁柱连接的极限受剪承载力 V_u^j 应取以上各承载力的最小值：

$$V_u^j = \min\{nN_{vu}^b, nN_{cu}^b, V_{u1}, V_{u2}, V_{u3}\} = 693.49kN$$

梁的全塑性受弯承载力：

$$M_p = \left[2 \times 151 \times 14 \times (151 - \frac{14}{2}) + 2 \times 8 \times \frac{(151-14)^2}{2}\right]mm^3 \times 355N/mm^2$$

$$= 269.44kN \cdot m$$

$$V_u^j = 693.49kN > \alpha\left(\frac{2M_p}{l_n}\right) + V_{Gn} = 1.35 \times \frac{2 \times 269.44}{6.3}kN + 77.9kN = 193.37kN$$

结论：梁柱节点的极限受剪承载力满足要求。

9.6.4 主次梁连接节点设计

该项目中，主次梁连接为铰接。腹板连接采用 4 个 10.9 级 M20 摩擦型高强度螺栓连接，孔型采用标准孔，孔径为 22mm。螺栓采用如下布置：螺栓中心距为 70mm，螺栓中心顺内力方向至上、下边缘的间距为 45mm，螺栓中心垂直内力方向至侧边缘的间距为 45mm，次梁截面尺寸为 HN350×175×7×11，满足《钢结构高强度螺栓连接技术规程》（JGJ 82—2011）表 4.3.3-2 对于螺栓孔距和边距的要求。根据《多、高层民用建筑钢结构节点详图》（16G519）绘制主次梁连接详图，如图 9-39 所示。

摩擦面采用喷砂处理，参照《钢结构高强度螺栓连接技术规程》（JGJ 82—2011），根据表 3.2.4-1，取抗滑移系数为 0.45；根据表 3.2.5，预拉力 P 为 155kN。选一层楼面次梁为计算对象。

一层楼面荷载设计值：$(1.3 \times 3.81 + 1.5 \times 2.5)\text{kN/m}^2 = 8.70\text{kN/m}^2$

次梁自重标准值：0.494kN/m

次梁梁端剪力：$V = \dfrac{1}{2} \times (8.70 \times 8.1 \times$

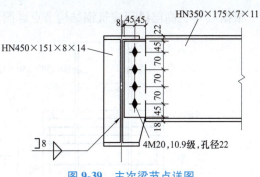

图 9-39　主次梁节点详图

$3.6 + 1.3 \times 0.494 \times 8.1)\text{kN} = 129.44\text{kN}$

在受剪摩擦型连接中，每个螺栓的受剪承载力设计值为

$$N_{\text{v}}^{\text{b}} = 0.9n_{\text{f}}\mu P = 0.9 \times 1 \times 0.45 \times 155\text{kN} = 62.78\text{kN}$$

$$\frac{(1.2 \sim 1.3)R}{n} = \frac{(1.2 \sim 1.3) \times 129.44}{4}\text{kN} = 38.83 \sim 42.07\text{kN} \leqslant N_{\text{v}}^{\text{b}} = 62.78\text{kN}$$

次梁端部截面

$$\tau_{\max} = \frac{RS}{It_{\text{w}}} \approx \frac{1.5R}{h_0 t_{\text{w}}}$$

$$= \frac{1.5 \times 129.44 \times 10^3}{(350 - 4 \times 22) \times 7}\text{N/mm}^2 = 105.87\text{N/mm}^2 \leqslant f_{\text{v}} = 175\text{N/mm}^2$$

计算连接时，偏安全地认为螺栓群承受剪力和偏心扭矩。

螺栓连接承受内力：

$$V = 129.44\text{kN}$$

$$T = Ve = 129.44\text{kN} \times 0.045\text{m} = 5.82\text{kN} \cdot \text{m}$$

螺栓受力：

$$N_y^V = \frac{V}{n} = \frac{129.44}{4}\text{kN} = 32.36\text{kN}$$

$$N_x^T = \frac{Ty_{\max}}{\sum y_i^2} = \frac{5.82 \times 10^3 \times 105}{2 \times (35^2 + 105^2)}\text{kN} = 24.94\text{kN}$$

$$N = \sqrt{(N_y^V)^2 + (N_x^T)^2} = \sqrt{32.36^2 + 24.94^2}\text{kN} = 40.86\text{kN} < N_{\text{v}}^{\text{b}} = 62.78\text{kN}$$

结论：主次梁连接强度验算满足要求。

9.6.5　柱脚设计

在该项目中柱采用热轧 H 型钢，截面尺寸为 HW350×350×12×19，钢材为 Q355B，E50 型焊条。柱脚采用外包式柱脚，柱脚底板尺寸为 650mm×500mm×20mm，中间加劲肋、边加劲肋以及支承加劲肋尺寸分别为 350mm×244mm×18mm、350mm×75mm×16mm、350mm×175mm×16mm，钢材均为 Q355B。基础混凝土强度等级为 C30，$f_{\text{c}} = 14.3\text{N/mm}^2$，$f_{\text{ck}} = 20.1\text{N/mm}^2$。外包混凝土强度等级为 C35，$f_{\text{c}} = 16.7\text{N/mm}^2$，$f_{\text{ck}} = 23.4\text{N/mm}^2$，$f_{\text{t}} = 1.57\text{N/mm}^2$，$f_{\text{tk}} = 2.2\text{N/mm}^2$。锚栓为 Q355B，$f_{\text{t}}^{\text{a}} = 180\text{N/mm}^2$。钢筋为 HRB400，$f_{\text{y}} = 360\text{N/mm}^2$（抗拉强度设计值），$f_{\text{yk}} = 400\text{N/mm}^2$（屈服强度标准值），钢材弹性模量 $E = 206 \times 10^3\text{N/mm}^2$，C30 混凝土弹性模量 $E_{\text{c}} = 3.0 \times 10^4\text{N/mm}^2$。

最不利组合内力：$M = 251.26\text{kN} \cdot \text{m}$，$V = 155.6\text{kN}$，$N = 83.2\text{kN}$。

根据《多、高层民用建筑钢结构节点详图》（16G519）绘制柱脚详图，如图9-40所示。

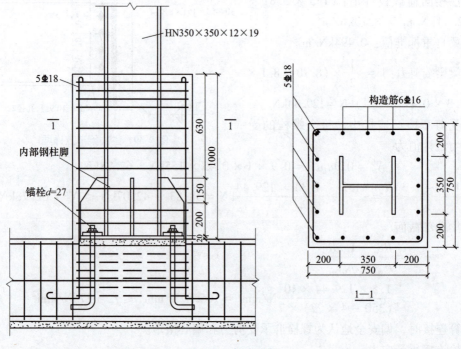

图 9-40　柱脚详图

1. 柱脚底板计算

底板尺寸取 650mm×500mm，底板对基础顶面的压应力（未考虑混凝土局部受压时的强度提高系数）：

$$\sigma_{max} = \frac{N}{BL} + \frac{6M}{BL^2} = \frac{83.2 \times 10^3}{500 \times 650} N/mm^2 + \frac{6 \times 251.26 \times 10^6}{500 \times 650^2} N/mm^2$$

$$= 7.39 N/mm^2 < f_c = 14.3 N/mm^2$$

$$\sigma_{min} = \frac{N}{BL} - \frac{6M}{BL^2} = \frac{83.2 \times 10^3}{500 \times 650} N/mm^2 - \frac{6 \times 251.26 \times 10^6}{500 \times 650^2} N/mm^2$$

$$= -6.88 N/mm^2 < f_c = 14.3 N/mm^2$$

结论：柱脚底板对基础顶面的压应力满足要求。

设基础反力为零的点至受压端的距离为 x，则得

$$x = \frac{\sigma_{max}}{\sigma_{max} - \sigma_{min}} L = \frac{7.39 \times 650}{7.39 + 6.88} mm = 336.61 mm$$

取为337mm。

柱脚底板支承加劲肋和边加劲肋反力为

$$\sigma_{c1} = \frac{\sigma_{max} x_1}{x} = \frac{7.39 \times 187}{337} N/mm^2 = 4.10 N/mm^2$$

柱脚底板中间加劲肋反力为

$$\sigma_{c2} = \frac{\sigma_{max} x_2}{x} = \frac{7.39 \times 12}{337} N/mm^2 = 0.26 N/mm^2$$

式中，x_1 为受压边支承加劲肋和边加劲肋到基础反力为 0 的点之间的距离；x_2 为受压边中间加劲肋到基础反力为 0 的点之间的距离。

底板计算弯矩按不同区格最大者计算：

$$\sigma_c = \max\{\sigma_{c1}, \sigma_{c2}\} = 4.10 N/mm^2$$

采用板 I 为三边支承板，具体区格划分如图 9-41 所示。

$$\frac{b_2^I}{a_2^I} = \frac{150}{200} = 0.75，查表 4-5 可得 \beta_2 = 0.0924$$

$$M_I = \beta_2 \sigma_c a_2^2 = 0.0924 \times 4.10 N/mm^2 \times 200^2 mm^2 = 15.15 \times 10^3 N \cdot mm$$

采用板 II 为邻边支承板，则

$$\frac{b_2^{II}}{a_2^{II}} = \frac{106}{212} = 0.5，查表 4-5 可得 \beta_2 = 0.0602$$

$$M_{II} = \beta_2 \sigma_c a_2^2 = 0.0602 \times 4.10 N/mm^2 \times 212^2 mm^2 = 11.09 \times 10^3 N \cdot mm$$

$$M_{max} = \max\{M_I, M_{II}\} = 15.15 \times 10^3 N \cdot mm$$

$$t = \sqrt{\frac{6 M_{max}}{f}} = \sqrt{\frac{6 \times 15.15 \times 10^3}{30}} mm \approx 17.26 mm < 20 mm$$

结论：底板尺寸验算满足要求。

2. 支承加劲肋计算

支承加劲肋采用−350×150×16（仅考虑支承加劲肋自身截面，不考虑底板作用）。

支承加劲肋截面承受底板区域内基础反力，支承加劲肋底板受力区域如图 9-42 所示。

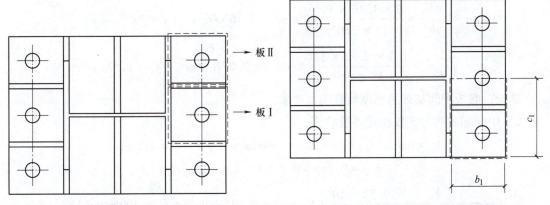

图 9-41　区格划分　　　　　　　　图 9-42　支承加劲肋底板受力区域

$$V_{s1} = \frac{\sigma_{c1} - \sigma_{c2}}{2} b_1 c_1 = \frac{4.10 + 0.26}{2} N/mm^2 \times 250 mm \times 150 mm = 81.75 \times 10^3 N$$

$$M_{s1} = \frac{2(\sigma_{c1} - \sigma_{c2}) + 3\sigma_{c2}}{6} b_1 c_1^2$$

$$= \frac{2 \times (4.10 - 0.26) + 3 \times 0.26}{6} \text{N/mm}^2 \times 250\text{mm} \times 150^2\text{mm}^2 = 7.93 \times 10^6 \text{N} \cdot \text{mm}$$

1）支承加劲肋强度验算：

$$\sigma_{s1} = \frac{6M_{s1}}{th^2} = \frac{6 \times 7.93 \times 10^6}{16 \times 350^2} \text{N/mm}^2 = 24.28\text{N/mm}^2 < f = 305\text{N/mm}^2$$

$$\tau_{s1} = \frac{1.5V_{s1}}{th} = \frac{1.5 \times 81.75 \times 10^3}{16 \times 350} \text{N/mm}^2 = 21.90\text{N/mm}^2 < f_v = 175\text{N/mm}^2$$

结论：支承加劲肋强度验算满足要求。

2）支承加劲肋与柱翼缘板连接焊缝计算：

连接焊缝采用两侧角焊缝，厚度取为 10mm。

$$l_{w0} = L - 2h_f = 350\text{mm} - 2 \times 10\text{mm} = 330\text{mm}, \quad h_{e0} = 0.7h_f = 0.7 \times 10\text{mm} = 7\text{mm}$$

$$\sigma_f = \frac{V_{s1}}{2h_{e0}l_{w0}} = \frac{81.75 \times 10^3}{2 \times 7 \times 330} \text{N/mm}^2 = 17.69\text{N/mm}^2 < f_f^w = 200\text{N/mm}^2$$

结论：支撑加劲肋焊缝验算满足要求。

3. 底板中间加劲肋计算

底板中间加劲肋采用 350mm×244mm×18mm。

$$V_s = \sigma_{c2}b_1\left(c_1 - \frac{t_w}{2}\right) = 0.26\text{N/mm}^2 \times 150\text{mm} \times (250\text{mm} - 6\text{mm}) = 9.52 \times 10^3 \text{N}$$

$$M_s = V_s \frac{c_1 - \frac{t_w}{2}}{2} = 9.52 \times 10^3 \text{N} \times \frac{244}{2}\text{mm} = 1.16 \times 10^6 \text{N} \cdot \text{mm}$$

1）加劲肋强度验算：

$$\sigma_s = \frac{6M_s}{th^2} = \frac{6 \times 1.16 \times 10^6}{18 \times 350^2} \text{N/mm}^2 = 3.16\text{N/mm}^2 < f = 295\text{N/mm}^2$$

$$\tau_s = \frac{1.5V_s}{th} = \frac{1.5 \times 9.52 \times 10^3}{18 \times 350} \text{N/mm}^2 = 2.27\text{N/mm}^2 < f_v = 175\text{N/mm}^2$$

结论：底板中间加劲肋强度验算满足要求。

2）中间加劲肋与底板连接焊缝验算：

$$h_f = 6\text{mm}, \quad l_{w1} = L - 2h_f = 244\text{mm} - 2 \times 6\text{mm} = 232\text{mm}$$

$$h_{e2} = 0.7h_f = 0.7 \times 6\text{mm} = 4.2\text{mm}$$

$$\tau_f = \frac{V_s}{2h_{e1}l_{w1}} = \frac{9.52 \times 10^3}{2 \times 4.2 \times 232} \text{N/mm}^2 = 4.89\text{N/mm}^2 < f_f^w = 200\text{N/mm}^2$$

结论：中间加劲肋与底板焊缝验算满足要求。

3）中间加劲肋与柱腹板连接焊缝验算：

$$h_f = 6\text{mm}, \quad l_{w2} = L - 2h_f = 350\text{mm} - 2 \times 6\text{mm} = 338\text{mm}$$

$$h_{e2} = 0.7h_f = 0.7 \times 6\text{mm} = 4.2\text{mm}$$

$$\tau_f = \frac{V_s}{2h_{e2}l_{w2}} = \frac{9.52 \times 10^3}{2 \times 4.2 \times 338} \text{N/mm}^2 = 3.35\text{N/mm}^2 < f_f^w = 200\text{N/mm}^2$$

结论：中间加劲肋与柱腹板焊缝验算满足要求。

4. 底板边加劲肋

边加劲肋厚度取柱翼缘厚度，采用 350mm×75mm×19mm，并与柱翼缘等强对接焊，焊缝质量等级为二级。与底板连接采用 7mm 角焊缝连接。柱下端与底板的连接焊缝采用全熔透焊接，无须验算。

5. 柱脚受弯承载力计算

计算钢柱脚受弯承载力时，考虑锚栓和混凝土基础的弹性性质，并假定基础符合平面假定。根据附表 B-2 锚栓选用 3 个 $d = 27$mm，$A_t = 459.4$mm^2。

$$N_t = nA_t f_t^a = 3 \times 459.4\text{mm}^2 \times 180\text{N/mm}^2 = 248.08 \times 10^3\text{N}$$

$$M_1 = N_t L_0 + \frac{NL}{2} - \frac{f_c EL_0}{3(f_t^a E_c + f_c E)}(N_t + N)$$

$$= 248.08 \times 10^3\text{N} \times 575\text{mm} + \frac{83.2 \times 10^3 \times 650}{2}\text{N} \cdot \text{mm} -$$

$$\frac{14.3 \times 206 \times 10^3 \times 575}{3 \times (180 \times 30 \times 10^3 + 14.3 \times 206 \times 10^3)}\text{mm} \times (248.08 + 83.2)\text{N} \times 10^3$$

$$= 147.27\text{kN} \cdot \text{m}$$

6. 柱脚外包混凝土配筋计算

外包混凝土承受的弯矩：

$$M_2 = M - M_1 = 251.26 \times 10^6\text{N} \cdot \text{mm} - 147.27 \times 10^6\text{N} \cdot \text{mm} = 103.99 \times 10^6\text{N} \cdot \text{mm}$$

外包混凝土受拉侧的钢筋面积：

$$A_s = \frac{M_2}{0.9f_y h_0} = \frac{103.99 \times 10^6}{0.9 \times 360 \times 705}\text{mm}^2 = 455.26\text{mm}^2，选用 \oplus 16 钢筋。$$

按《混凝土结构设计规范（2015 年版）》（GB 50010—2010）第 8.5.1 条的最小配筋率要求：

$$\rho_{\min} = \max\left\{0.2\%, \ 0.45\frac{f_t}{f_y}\right\} = \max\{0.002, \ 0.0019\} = 0.002$$

最小配筋面积：

$$A_{s1} = \rho_{\min}A_{cz} = 0.002 \times 750\text{mm} \times 750\text{mm} = 1125.00\text{mm}^2 > 455.26\text{mm}^2$$

所以满足最小配筋率要求即可，$n = \frac{1125}{254.5} = 4.42$（根），选用 5 根 $\oplus$18 钢筋。

结论：柱脚受弯承载力验算满足要求。

外包层混凝土截面受剪承载力计算：

选用箍筋 $\oplus$12@125，$f_{yv} = 360\text{mm}^2$，$A_{sh} = 113.1\text{mm}^2$。

$$b_e h_0(0.7f_t + 0.5f_{yv}\rho_{sh}) = 200\text{mm} \times 2 \times 705\text{mm} \times \left(0.7 \times 1.57 + 0.5 \times 360 \times \frac{113.1 \times 4}{2 \times 200 \times 125}\right)\text{N/mm}^2$$

$$= 769.19 \times 10^3 \text{kN} > 155.64 \times 10^3 \text{kN}$$

箍筋选用 4 肢Φ12@ 125。

7. 外包式柱脚极限受弯承载力验算

考虑轴力影响，外包混凝土顶部箍筋处钢柱弯矩达到全塑性弯矩 M_{pc} 时，按比例放大的外包混凝土底部弯矩计算：

$$\frac{N}{N_y} = \frac{N}{Af_y} = \frac{83.2 \times 10^3}{17190 \times 335} = 0.014 < 0.13, \quad f_{tk}^a = \frac{f_t^a}{0.38} = \frac{180}{0.38} \text{N/mm}^2 = 473.68 \text{N/mm}^2$$

$$W_p = bt(h_0 + t) + \frac{1}{4}h_0^2 t_w$$

$$= 350\text{mm} \times 19\text{mm} \times (350 - 38 + 19)\text{mm} + \frac{1}{4} \times 12\text{mm} \times (350 - 38)^2\text{mm}^2 = 2.50 \times 10^6 \text{mm}^3$$

$$M_{pc} = M_p = W_p f_y = 2.5 \times 10^6 \text{mm}^3 \times 335 \text{N/mm}^2 = 837.5 \times 10^6 \text{N} \cdot \text{mm}$$

$$M_{u1} = \frac{M_{pc}}{1 - \frac{l_r}{l}} = \frac{837.5 \times 10^6}{1 - \frac{1000}{2400}} \text{N} \cdot \text{mm} = 1435.71 \times 10^6 \text{N} \cdot \text{mm}$$

钢柱脚的极限受弯承载力：

$$f_y^a = 180 \text{N/mm}^2 \times 1.125 = 202.5 \text{N/mm}^2 \text{（其中，1.125 是 Q345 钢锚栓的抗力分项系数）}$$

$$M_{u3} = A_t f_y^a \left(L_0 - \frac{A_t f_y^a + Af_y}{2Bf_{ck}}\right) + Af_y\left(\frac{L}{2} - \frac{A_t f_y^a + Af_y}{2Bf_{ck}}\right)$$

$$= 3 \times 459.4\text{mm}^2 \times 202.5\text{N/mm}^2 \times \left(575 - \frac{3 \times 459.4 \times 202.5 + 17190 \times 335}{2 \times 500 \times 20.1}\right)\text{mm} +$$

$$17190\text{mm}^2 \times 335\text{N/mm}^2 \times \left(\frac{650}{2} - \frac{3 \times 459.4 \times 202.5 + 17190 \times 335}{2 \times 500 \times 20.1}\right)\text{mm}$$

$$= 218.39 \times 10^6 \text{N} \cdot \text{mm}$$

外包钢筋混凝土钢柱脚的极限受弯承载力：

$$M_{u2} = 0.9A_s f_{yk} h_0 + M_{u3} = 0.9 \times (5 \times 254.5)\text{mm}^2 \times 400\text{N/mm}^2 \times 705\text{mm} + 218.39 \times 10^6 \text{N} \cdot \text{mm}$$

$$= 541.35 \times 10^6 \text{N} \cdot \text{mm} < M_{u1} = 1435.71 \times 10^6 \text{N} \cdot \text{mm}$$

$$M_u = \max\{M_{u1}, M_{u2}\} = 1435.71 \times 10^6 \text{N} \cdot \text{mm}$$

$$1.2M_{pc} = 1.2 \times 837.5 \times 10^6 \text{N} \cdot \text{mm} = 1005.0 \times 10^6 \text{N} \cdot \text{mm} < M_u = 1435.71 \times 10^6 \text{N} \cdot \text{mm}$$

结论：柱脚极限受弯承载力验算满足要求。

8. 外包式柱脚极限受剪承载力验算

$$V_{pw} = 0.58 t_w h_w f_y = 0.58 \times 12\text{mm} \times 312\text{mm} \times 335\text{N/mm}^2 = 727.46 \times 10^3 \text{N}$$

$$V_u = b_e h_0 (0.7f_{tk} + 0.5f_{vck}\rho_{sh}) + M_{u3}/l_r$$

$$= 2 \times 200\text{mm} \times 705\text{mm} \times \left(0.7 \times 2.2\text{N/mm}^2 + 0.5 \times 400\text{N/mm}^2 \times \frac{113.1 \times 4}{2 \times 200 \times 125}\right) + \frac{218.39 \times 10^6}{1000}\text{N}$$

$$= 1162.98 \times 10^3 \text{N} > 727.46 \times 10^3 \text{N}$$

$$V_u = 1162.98 \times 10^3 \text{N} < M_u/l_r = 1435.71 \times 10^6 \text{N} \cdot \text{mm}/(1000\text{mm}) = 1435.71 \times 10^3 \text{N}$$

此时受剪承载力不满足要求，将箍筋ⅆ12改为ⅆ16。

$$V_u = b_e h_0 (0.7 f_{tk} + 0.5 f_{vck} \rho_{sh}) + M_{u3}/l_r$$

$$= 2 \times 200\text{mm} \times 705\text{mm} \times \left(0.7 \times 2.2 + 0.5 \times 400 \times \frac{201.1 \times 4}{2 \times 200 \times 125} \right) \text{N/mm}^2 + \frac{218.39 \times 10^6}{1000} \text{N}$$

$$= 1560.03 \times 10^3 \text{N} > 1435.71 \times 10^3 \text{N}$$

结论：柱脚极限受剪承载力验算满足要求。

9. 混凝土局部承压验算

混凝土强度影响系数 $\beta_c = 1.0$，混凝土局部受压强度提高系数 $\beta_l = 1.0$。

$$F_l = N = 83.2\text{kN}, \quad A_{ln} = 650\text{mm} \times 500\text{mm} = 3.25 \times 10^5 \text{mm}^2$$

$$1.35 \beta_c \beta_l f_c A_{ln} = 1.35 \times 1.0 \times 1.0 \times 14.3 \text{N/mm}^2 \times 3.25 \times 10^5 \text{mm}^2$$

$$= 6274.13\text{kN} > F_l = 83.2\text{kN}$$

结论：混凝土局部承压验算满足要求。

■ 9.7　施工图绘制

该项目结构纵向柱距为 6.3m，横向柱距为 5.7m 和 6.9m；地上四层，每层层高为 3.6m。首层结构平面布置图和结构立面图分别如图 9-43 和图 9-44 所示。框架梁与柱采用柱外悬臂梁段与中间梁端的栓焊混合连接，均采用 10.9 级高强度螺栓连接，具体节点详图如图 9-45 和图 9-46 所示。柱脚采用外包式刚接柱脚，使用 $d = 27\text{mm}$ 的 Q355B 锚栓与基础连接，外包式柱脚详图如图 9-47 所示。

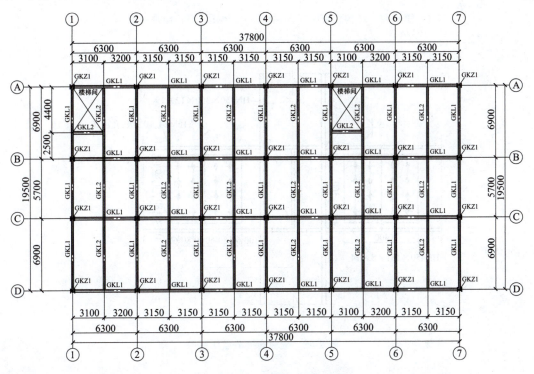

图 9-43　首层结构平面布置图

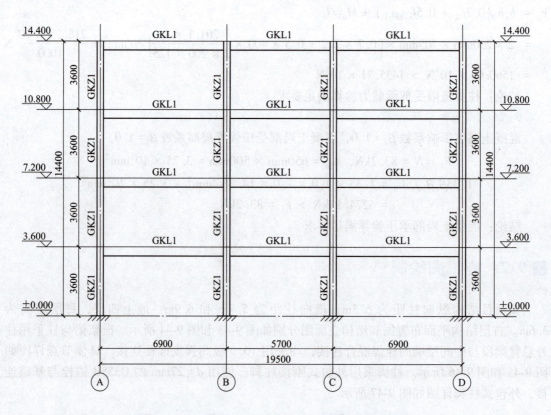

图 9-44　结构立面图（梁顶标高＝结构层标高－楼板厚度）

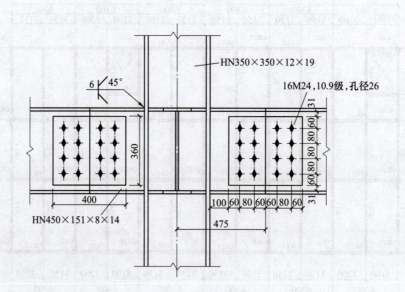

图 9-45　梁柱连接节点详图

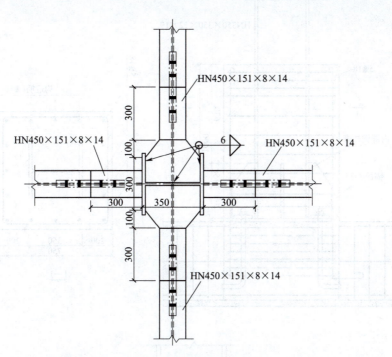

图 9-45　梁柱连接节点详图（续）

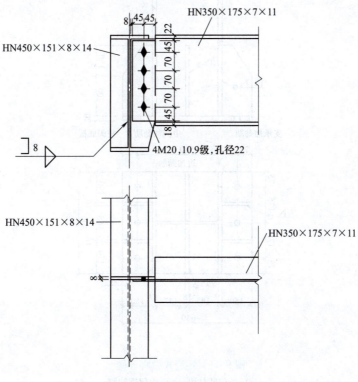

图 9-46　主次梁连接节点详图

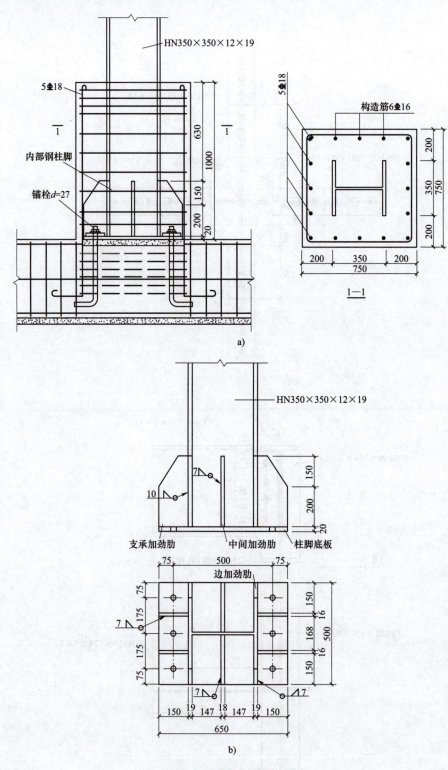

图 9-47 外包式柱脚详图

a）外包式柱脚　b）内部钢柱脚

第 10 章

钢框架-防屈曲钢板剪力墙结构设计算例

■ 10.1 项目概况

本章以某高层钢结构住宅楼为例，选址位于北京市大兴区，建筑面积为 $355.31m^2$，地上共 12 层，层高均为 2.9m。当地抗震设防烈度为 8 度（0.2g），地震分组为第二组，场地类别为 Ⅱ 类。建筑平面图如图 10-1 所示。

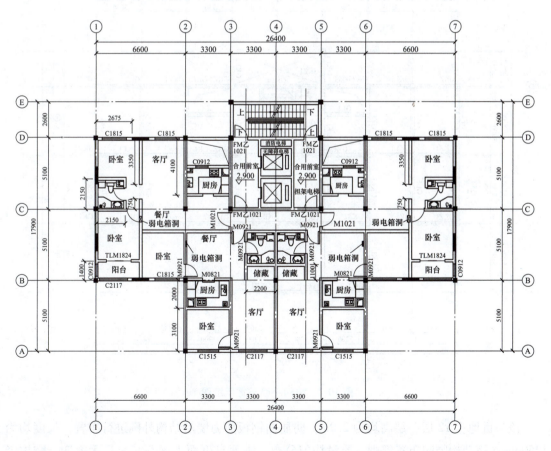

图 10-1　建筑平面图

10.2 结构选型与结构布置

10.2.1 结构选型

综合考虑建筑使用功能、抗震性能及用钢量等指标，该项目选用钢框架-防屈曲钢板剪力墙结构体系。相较于钢框架-中心支撑结构体系和钢框架-组合钢板剪力墙结构体系，该结构体系布置更加灵活，更适用于门窗洞口较多的高层装配式钢结构住宅建筑，材料成本更低，并且防屈曲钢板剪力墙的布置对结构的抗扭转更有利。

10.2.2 结构布置

结构布置主要包括平面布置与竖向布置。由建筑设计方案可知，结构纵向柱距为 3.3m 和 6.6m，横向柱距为 2.6m 和 5.1m，结构平面布置示意图如图 10-2 所示。

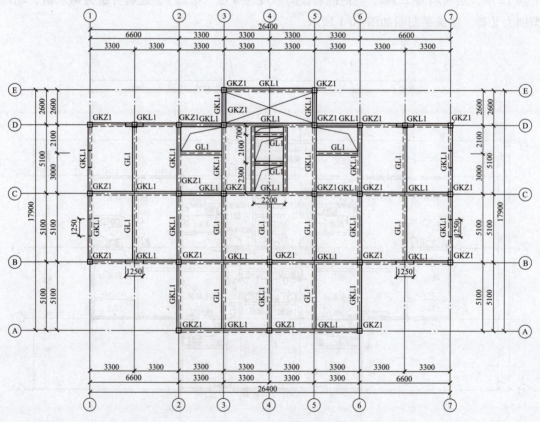

图 10-2　结构平面布置示意图

该项目地上 12 层，层高均为 2.9m。防屈曲钢板剪力墙沿结构外围进行布置，长度均为 1250mm。该结构竖向布置规则，质量均匀分布，刚度自下而上逐渐减小且无突变，结构竖向布置示意图如图 10-3 所示。

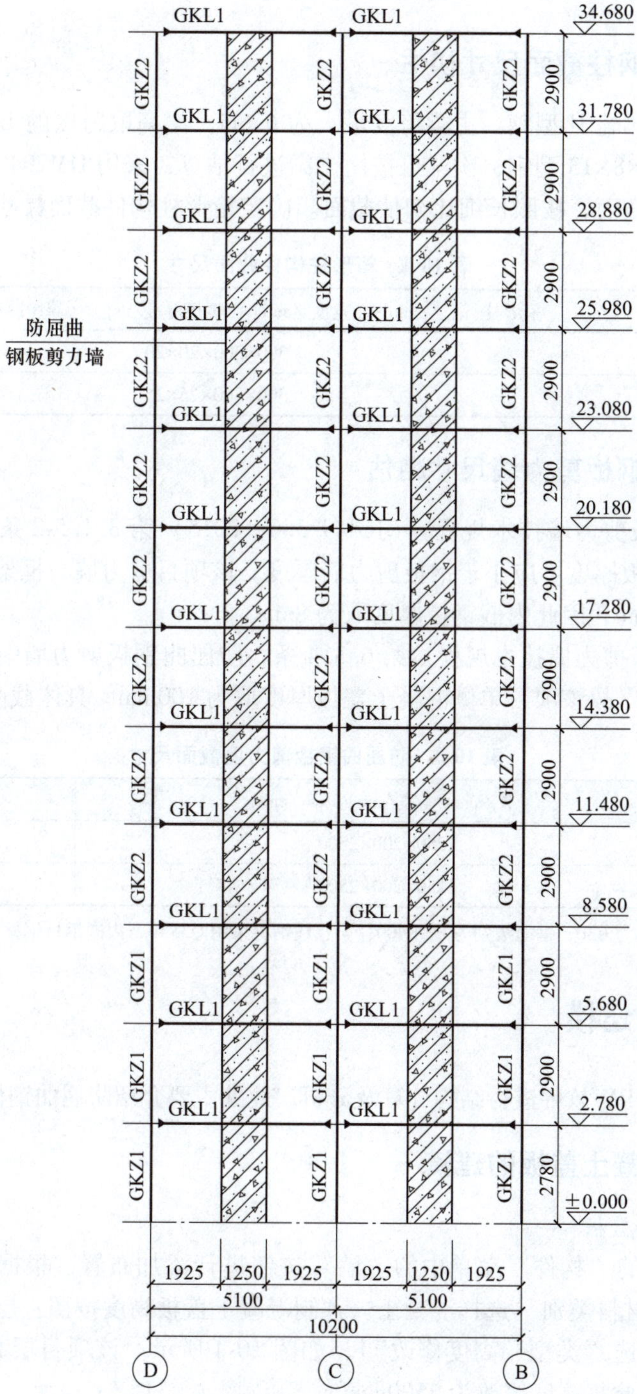

图 10-3 结构竖向布置示意图

■ 10.3　结构基本信息

10.3.1　钢梁与钢柱截面尺寸初估

钢梁采用国标热轧 H 型钢。主梁跨度最大为 6.6m，梁高取跨度的 1/20~1/12。初定主梁采用 HN400×200×8×13 型钢；次梁可按简支梁进行估算，采用 HM294×200×8×12 型钢。

钢柱采用箱形截面，按照长细比初估截面。确定箱形柱构件截面尺寸见表 10-1。

表 10-1　箱形柱构件截面尺寸

层号	箱形柱（高度/mm）×（宽度 /mm）×（腹板厚度/mm）×（翼缘厚度/mm）截面
4~12 层	300×300×20×20
1~3 层	300×300×25×25

10.3.2　防屈曲钢板剪力墙尺寸粗估

1）根据《钢板剪力墙技术规程》（JGJ/T 380—2015）第 3.1.5-2 条，与钢板剪力墙相连周边框架梁柱腹板厚度不应小于钢板剪力墙厚度。该项目剪力墙与框架采用两边连接，框架梁腹板厚度为 8mm，因此内嵌钢板厚度取为 8mm。

2）根据《钢板剪力墙技术规程》第 6.3.4 条，防屈曲钢板剪力墙中单侧混凝土盖板厚度不宜小于 100mm。故该项目单侧混凝土盖板厚度取为 100mm。具体截面尺寸见表 10-2。

表 10-2　防屈曲钢板剪力墙截面尺寸

层号	（长/mm）×（宽/mm）×（高/mm）	内嵌钢板厚度/mm
4~12 层	1250×200×2500	8
1~3 层	1250×200×2500	8

注：混凝土强度等级为 C30，钢筋级别为 HRB400；梁、柱钢材采用 Q355B，内嵌钢板钢材采用 Q235B。

■ 10.4　模型建模

该项目采用 PKPM 软件进行结构计算及分析。此处主要介绍防屈曲钢板剪力墙建模过程。

10.4.1　预制混凝土盖板的建模

1. 布置混凝土盖板

单击菜单栏中的"构件"菜单中的"墙"按钮进行添加布置，根据设计信息将墙厚度修改为 200mm，"材料类别"选择混凝土。预制混凝土盖板高度按照：层高减去主梁高度进行计算（必须先勾选"类型、高度修改"），如图 10-4 所示。该项目层高为 2900mm，主梁高度为 400mm，因此将高度修改为 2500mm。

2. 定义预制属性

单击"预制构件"下拉菜单中的"预制墙"命令，如图 10-5 所示。在平面中选择需要布置预制属性的墙，即可完成定义。

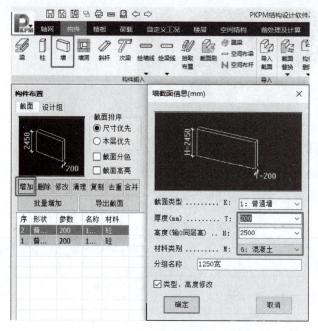

图 10-4　预制混凝土盖板建模过程

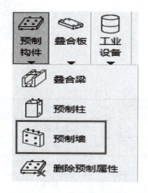

图 10-5　预制属性的定义

10.4.2　内置钢板的布置

单击"构件"菜单中的"钢板墙"按钮，在下拉菜单中选择"内置钢板"命令。由于本设计钢板墙为单片墙，中间无洞口，因此只需对"左墙柱附加钢板"中的相关信息进行修改。"钢号"修改为"Q235"，"钢板厚度"为"8"。"钢板高度比例"一般不需要调整，按照默认为 1 进行设计即可，如图 10-6 和图 10-7 所示。

10.4.3　荷载输入

构件布置完成后进行荷载的输入，荷载主要包括楼面、屋面上均布恒荷载、均布活荷载及梁上的线荷载。楼面和屋面活荷载标准值根据《工程结构通用规范》（GB 55001—2021）第 4.2.2 条取值，该项目板厚为 120mm。楼面均布恒荷载自重为 $1.86kN/m^2$，屋面均布恒荷载为 $3.22kN/m^2$，楼梯恒荷载取 $7.0kN/m^2$。该项目外墙厚 300mm，自重为 $1.88kN/m^2$；内墙厚 200mm，自重为 $1.25kN/m^2$。输入的恒荷载与活荷载见表 10-3 与表 10-4。

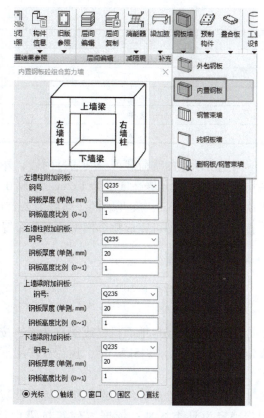

图 10-6　内置钢板操作过程图示

图 10-7　防屈曲钢板剪力墙模型

表 10-3　楼面与屋面恒荷载

荷载类型	恒荷载/（kN/m²）
上人屋面	3.22
楼面	1.86
楼梯间	7.0
内墙	1.25
外墙	1.88
女儿墙	1.88

表 10-4　活荷载

楼面用途	活荷载/（kN/m²）
居室、客厅、厨房	2.0
卫生间	2.5
阳台	2.5
楼梯	3.5
上人屋面	2.0

　　梁上所承担的线荷载可分别通过内墙、外墙以及女儿墙的自重乘以层高算得。该项目层高均为 2.9m，女儿墙高度定为 1.2m，墙厚 0.3m，最终外墙的线荷载为 4.70kN/m，内墙的线荷载为 3.26kN/m，女儿墙的线荷载为 2.25kN/m，再通过"荷载复制""层间复制"等命令直接进行修改即可完成整个模型的荷载布置。

10.4.4　前处理

　　主要结构参数汇总如下：

1. 风荷载信息

　　该项目建筑场地地面粗糙度类别为 C，按照《建筑结构荷载规范》（GB 50009—2012）规定，基本风压为 0.45kN/m²，风荷载作用下结构阻尼比取 0.02。

2. 地震信息

　　该项目设计地震分组为第二组、抗震设防烈度为 8 度（0.2g）；场地类别依据地质勘察报告确定为 Ⅲ 类场地；依据《建筑抗震设计规范（2016 年版）》（GB 50011—2010）表 5.1.4-2 条规定可知，该项目特征周期为 0.55s；振型数量取 15；根据《高层民用建筑钢结构技术规程》（JGJ 99—2015）第6.1.6条周期折减系数取0.90；结构抗震等级为三级；根据《高层民用建筑钢结构技术规程》第5.4.6条规定要求该项目结构阻尼比取0.04。

该项目为高层钢结构建筑，抗震设防烈度为8度（0.2g），结构平面布置规则，质量和刚度分布均匀，该项目只需要计算单向水平地震作用，并考虑偶然偏心影响。

3. 设计信息

该项目安全等级为三级，结构重要性系数取1.0。

在结构设计过程中，采用强制刚性楼板假定进行整体指标计算，采用非强制刚性楼板假定计算其他结果。

4. 结构体系、材料

该项目结构类型为钢框架-延性墙板结构，材料信息为钢结构，如图10-8所示。

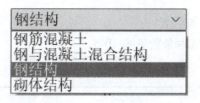

a)　　　　　　　　　　　b)

图 10-8　结构体系和材料信息

a）结构体系　b）结构材料信息

5. 墙倾覆力矩计算方法

PKPM中提供3种"墙倾覆力矩计算方法"，分别为"考虑墙的所有内力贡献""只考虑腹板和有效翼缘，其余计入框架"和"只考虑面内贡献，面外贡献计入框架"，如图10-9所示。本设计采用第二种方法进行计算。

图 10-9　墙倾覆力矩计算方法

（1）考虑墙的所有内力贡献　一般用于与旧版软件对比，来保证程序的条件相同。2010之前的版本无后两种方式，只有"考虑墙的所有内力贡献"这一种计算方法。

（2）只考虑腹板和有效翼缘，其余计入框架　该方法原则上适用于所有结构。该方法旨在将剪力墙的设计概念与有限元分析的结果相结合，对在水平侧向力作用下的剪力墙的面外作用进行折减，并确定结构中剪力墙所承担的倾覆力矩。在确定折减系数时，同时考虑了腹板长度、翼缘长度、墙肢总高度和翼缘的厚度等因素。勾选该项后，软件每一种方法得到的墙所承担的倾覆力矩均进行折减，因此，对于框剪结构或者框筒结构中框架承担的倾覆力矩比例会增加，但短肢墙承担的作用一般会变小。

（3）只考虑面内贡献，面外贡献计入框架 当需要界定结构是否为单向少墙结构体系时，建议选择"只考虑面内贡献，面外贡献计入框架"。对于单向少墙结构，剪力墙的面外刚度及其抗侧力能力不能忽略，它在性质上类似于框架柱，宜看作一种独立的抗侧力构件。

10.5 结构模型分析

10.5.1 结构模型基本参数

1. 材料选择

该项目中钢柱、梁和柱脚螺栓均采用 Q355B 钢材。高强度螺栓性能等级为 10.9 级。高强度螺栓连接钢材的摩擦面应进行喷砂处理，抗滑移系数 $\mu = 0.45$；焊缝连接处采用的焊条为 E50。

2. 结构基本参数

建筑结构基本参数见表 10-5。

表 10-5 建筑结构基本参数

项目		结构特性	规范要求	备 注
结构体系		钢框架-延性墙板结构	—	《建筑抗震设计规范（2016 年版）》（GB 50011—2010）
抗震设防烈度		8 度（0.2g）	8 度（0.2g）	
层数	地下	2 层	—	
	地上	12 层	—	
地上高度		34.8m	200m	《建筑抗震设计规范（2016 年版）》表 8.1.1
高宽比		1.32	6.0	《建筑抗震设计规范（2016 年版）》表 8.1.2
抗震等级		三级	三级	《建筑抗震设计规范（2016 年版）》表 8.1.3

3. 结构布置规则性判断

结构布置规则性参数见表 10-6，本建筑结构主要考虑平面规则性和竖向不规则性，其中平面规则性包括凹凸不规则、楼板局部不连续和扭转不规则。竖向不规则包括侧向刚度不规则、竖向抗侧力构件不连续和楼层承载力突变。其判断标准主要参考《高层民用建筑钢结构技术规程》（JGJ 99—2015）。

表 10-6 结构布置规则性参数

项目		不规则程度	规范要求	备注
平面规则性	凹凸不规则	无	≤30%	JGJ 99—2015 表 3.3.2-1
	楼板局部不连续	开洞 9.2%	≤30%	JGJ 99—2015 表 3.3.2-1
	扭转不规则	1.02	≤1.2	JGJ 99—2015 表 3.3.2-1

（续）

项目		不规则程度	规范要求	备注
竖向不规则性	侧向刚度不规则	无	不小于相邻上一层的70%，或不小于其上相邻三个楼层侧向刚度平均值的80%	JGJ 99—2015 表 3.3.2-2
	竖向抗侧力构件不连续	无	宜上下贯通	JGJ 99—2015 表 3.3.2-2
	楼层承载力突变	无	小于相邻上一层的80%	JGJ 99—2015 表 3.3.2-2

结论：由以上数据可得，该项目不存在平面不规则、竖向不规则。

4. 分析模型

结构在竖向荷载、风荷载和多遇地震作用下的内力和变形均按弹性方法分析，结构分析模型如图 10-10 所示。

10.5.2　结构指标汇总

1. 结构质量

楼层质量沿高度均匀分布，且楼层质量不大于相邻下部楼层的 1.5 倍，结构全部楼层满足规范要求，楼层质量及质量比见表 10-7，质量比分布曲线如图 10-11 所示。

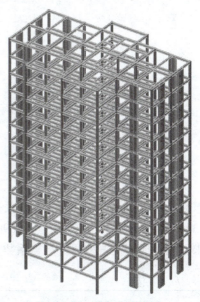

图 10-10　结构分析模型

表 10-7　楼层质量及质量比

层号	恒荷载质量/t	活荷载质量/t	质量比	比值判断
12	266.8	34.1	0.88	满足
11	305.4	34.9	1	满足
10	305.4	34.9	1	满足
9	305.4	34.9	1	满足
8	305.4	34.9	1	满足
7	305.4	34.9	1	满足
6	305.4	34.9	1	满足
5	305.4	34.9	1	满足
4	305.4	34.9	0.99	满足
3	307.9	34.9	1	满足
2	307.9	34.9	1	满足
1	307.9	34.9	1	满足
合计	3633.7	418		

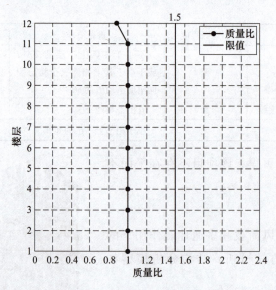

图 10-11   质量比分布曲线

2. 振型与周期

X 向平动振型质量参与系数总计 95.17% > 90%，Y 向平动振型质量参与系数总计 95.33% > 90%，第 1 扭转周期（1.0903）/第 1 平动周期（1.6081）= 0.678 < 0.85，满足规范要求，结构周期及振型质量参与系数见表 10-8，前三阶振型示意图如图 10-12 所示。

表 10-8   周期及振型质量参与系数

振型	周期 T/s	振型质量参与系数	
		累积 U_X(%)	累积 U_Y(%)
1	1.6081	76.91	0.00
2	1.5340	76.91	77.41
3	1.0903	77.81	77.41
4	0.5103	88.55	77.41
5	0.4857	88.55	88.88
6	0.4168	88.56	88.88
7	0.3637	88.61	88.88
8	0.3161	88.66	88.88
9	0.2806	92.61	88.88
10	0.2644	92.61	93.03
11	0.2528	92.79	93.03
12	0.1942	93.28	93.03
13	0.1852	93.37	93.03
14	0.1787	95.17	93.03
15	0.1737	95.17	95.33

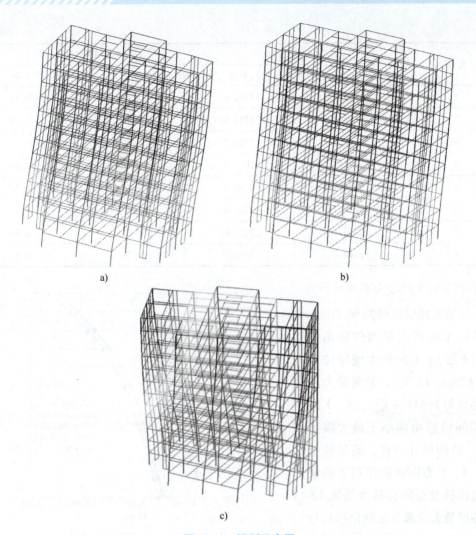

a)

b)

c)

图 10-12　振型示意图

a）一阶平动　b）二阶平动　c）三阶扭转

3. 楼层剪力及剪重比

该项目位于 8 度（0.2g）设防地区，水平地震影响系数最大值为 0.16，X、Y 方向地震作用下楼层剪力及剪重比见表 10-9，各层剪重比分布如图 10-13 所示。由表 10-9 和图 10-13 可以看出，X、Y 向楼层剪重比均大于 3.20%，满足规范要求。

表 10-9　楼层剪力及剪重比

楼层	楼层剪力/kN		剪重比（%）	
	X 向	Y 向	X 向	Y 向
12	413.4	435.1	13.74	14.46
11	786.6	826.7	12.27	12.90
10	1075.4	1129	10.96	11.50
9	1305.7	1371.2	9.88	10.38

（续）

楼层	楼层剪力/kN		剪重比（%）	
	X 向	Y 向	X 向	Y 向
8	1495.1	1571.8	9.00	9.46
7	1656.6	1742.6	8.27	8.70
6	1806.6	1900.7	7.71	8.11
5	1951.7	2053.7	7.28	7.66
4	2088.4	2196.9	6.91	7.27
3	2212.2	2325.8	6.57	6.91
2	2305.5	2423.6	6.22	6.54
1	2344.4	2465.1	5.79	6.08

4. 楼层最大位移与层间位移角

X 向最大楼层位移为 66.86mm（12 层），X 向最大层间位移角为 1/369（4 层）；Y 向最大楼层位移为 58.62mm（12 层），Y 向最大层间位移角为 1/434（4 层）。X、Y 向最大层间位移角均小于最大限值 1/250，结构设计合理，满足规范要求。X、Y 方向地震作用下的楼层最大位移及层间位移角见表 10-10，各层最大位移及层间位移角分布如图 10-14、图 10-15 所示。

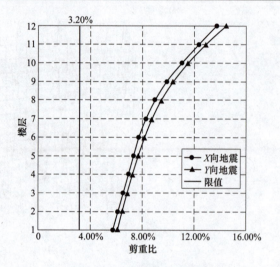

图 10-13　各层剪重比简图

表 10-10　地震作用下楼层最大位移及层间位移角

楼层	楼层最大位移/mm		层间位移角	
	X 向	Y 向	X 向	Y 向
12	66.86	58.62	1/1037	1/1097
11	64.43	56.24	1/781	1/846
10	61.20	53.19	1/622	1/686
9	57.09	49.39	1/527	1/591
8	52.13	44.92	1/468	1/531
7	46.40	39.83	1/428	1/491
6	39.98	34.22	1/399	1/462
5	32.97	28.15	1/379	1/443
4	25.46	21.73	1/369	1/434

（续）

楼层	楼层最大位移/mm		层间位移角	
	X 向	Y 向	X 向	Y 向
3	17.68	15.12	1/381	1/450
2	10.10	8.69	1/436	1/510
1	3.46	3.01	1/838	1/962

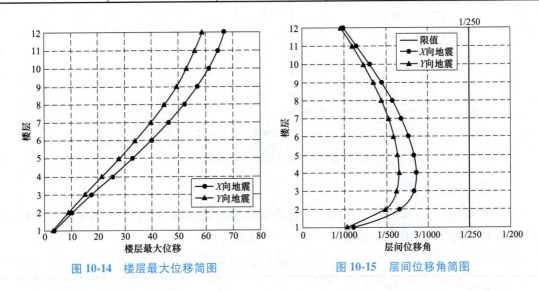

图 10-14 楼层最大位移简图   图 10-15 层间位移角简图

5. 位移比

结构最大层间位移比为 1.11<1.20，满足规范要求。结构位移比计算结果见表 10-11，各楼层最大位移比分布如图 10-16 所示。

表 10-11 结构位移比

楼层	位移比	
	X 向	Y 向
12	1.11	1.09
11	1.11	1.1
10	1.11	1.1
9	1.1	1.1
8	1.1	1.11
7	1.1	1.11
6	1.1	1.11
5	1.1	1.11
4	1.1	1.11
3	1.1	1.11
2	1.1	1.11
1	1.1	1.11

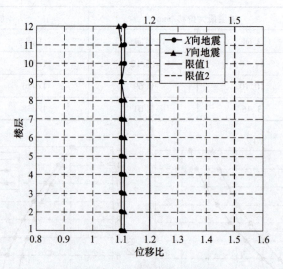

图 10-16　楼层最大位移比简图

6. 楼层侧向刚度比

楼层侧向刚度比计算结果见表 10-12，各楼层侧向刚度比分布如图 10-17 所示。由表 10-12 可知，结构无刚度突变现象，楼层刚度比均满足规范要求。

表 10-12　楼层侧向刚度比

楼层	R_{X1}	R_{Y1}	R_{X2}	R_{Y2}
12	1.00	1.00	1.00	1.00
11	1.99	2.07	1.39	1.45
10	1.55	1.58	1.08	1.11
9	1.47	1.50	1.03	1.05
8	1.32	1.37	1.01	1.03
7	1.29	1.33	1.01	1.03
6	1.29	1.32	1.02	1.03
5	1.30	1.33	1.02	1.03
4	1.33	1.35	1.04	1.05
3	1.41	1.43	1.09	1.09
2	1.60	1.59	1.19	1.18
1	2.79	2.74	1.95	1.92

注：1. R_{X1}、R_{Y1}：X、Y 方向本层塔侧向刚度与上一层相应塔侧向刚度 70% 的比值或上三层平均侧向刚度 80% 的比值中之较小者。

　　2. R_{X2}、R_{Y2}：X、Y 方向本层塔侧向刚度与本层层高的乘积与上一层相应塔侧向刚度与上层层高的乘积的比值。

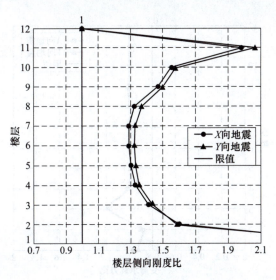

图 10-17 楼层侧向刚度比简图

7. 楼层受剪承载力比值

楼层受剪承载力比值计算结果见表 10-13，各层受剪承载力比分布如图 10-18 所示。由表 10-13 可知，各层受剪承载力比值均大于 0.80，结构无楼层承载力突变的情况，满足规范要求。

表 10-13 楼层受剪承载力比值

楼层	楼层受剪承载力/kN		受剪承载力比值	
	X 向	Y 向	X 向	Y 向
12	15108.37	14342.26	1	1
11	14308.85	14301.1	0.95	1
10	14300.39	14288.47	1	1
9	14188.79	14388.69	0.99	1.01
8	14119.17	14431.46	1	1
7	14045.74	14372.04	0.99	1
6	13914.95	14242.63	0.99	0.99
5	13745.41	14048.42	0.99	0.99
4	13920.63	14117.95	1.01	1
3	16404.59	16549.37	1.18	1.17
2	14507.04	14842.01	0.88	0.9
1	13865.21	13864.05	0.96	0.93

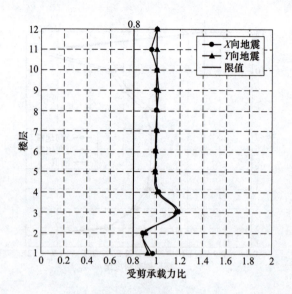

图 10-18　结构受剪承载力比简图

10.6　防屈曲钢板剪力墙节点设计

选取第一层 B-C 轴×①轴位置处钢板剪力墙为例，进行构件的截面设计及计算，用于截面设计及计算的防屈曲钢板剪力墙立面与剖面图如图 10-19、图 10-20 所示。

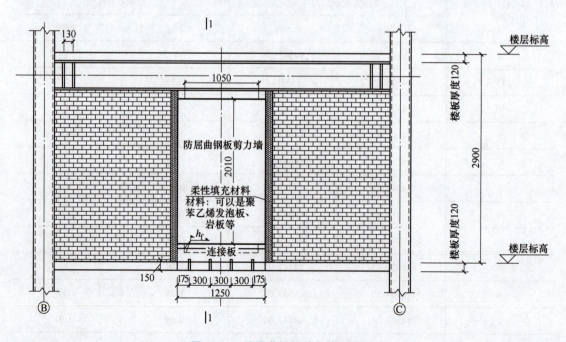

图 10-19　防屈曲钢板剪力墙立面图

10.6.1 高厚比要求

根据《钢板剪力墙技术规程》（JGJ/T 380—2015）第6.1.6 条，防屈曲钢板剪力墙的高厚比应满足下式要求：

$$100 \leqslant \lambda = \frac{H_e}{t_w \varepsilon_k} \leqslant 600 \tag{10-1}$$

式中 λ——钢板剪力墙的相对高厚比；

H_e——钢板剪力墙的净高度（mm）；

t_w——钢板剪力墙的厚度（mm）；

ε_k——钢号修正系数，取$\sqrt{235/f_y}$；其中f_y为钢材的屈服强度。

本设计中钢板剪力墙净高度为 2500mm，厚度为 8mm，钢材牌号为 Q235B。

计算可得，$\varepsilon_k = \sqrt{235/235} = 1$，$\lambda = \frac{2500}{8 \times 1} = 312.5$。

因此，高厚比符合设计要求。

10.6.2 受剪承载力验算

该项目采用的是两边连接的防屈曲钢板剪力墙，内墙钢板厚度为 8mm。根据《钢板剪力墙技术规程》（JGJ/T 380—2015）第6.2.2条，内嵌钢板受剪承载力应符合下式要求：

当 $0.5 \leqslant L_e/H_e \leqslant 1.0$ 时，

$$\tau_u = \left[0.45\ln\left(\frac{L_e}{H_e} + 0.69\right)\right] f_v \varepsilon_k \tag{10-2}$$

当 $1.0 < L_e/H_e \leqslant 2.0$ 时，

$$\tau_u = \left[0.76\ln\left(\frac{L_e}{H_e}\right) - 0.36\left(\frac{L_e}{H_e}\right) + 1.05\right] f_v \varepsilon_k \tag{10-3}$$

式中 L_e——钢板剪力墙的净跨度（mm）；

H_e——钢板剪力墙的净高度（mm）；

f_v——钢材的抗剪强度设计值（N/mm²）；

ε_k——钢号修正系数，取$\sqrt{235/f_y}$，该项目$f_y = 235$N/mm²，因此 ε_k 为 1。

本设计示例中，由于 $0.5 \leqslant L_e/H_e = 1250/(2900 - 400) = 0.5 \leqslant 1.0$，因此

$$\tau_u = \left[0.45\ln\left(\frac{L_e}{H_e} + 0.69\right)\right] f_v \varepsilon_k = \left[0.45 \times \ln(0.5 + 0.69)\right] \times 125\text{N/mm}^2 = 9.78\text{N/mm}^2$$

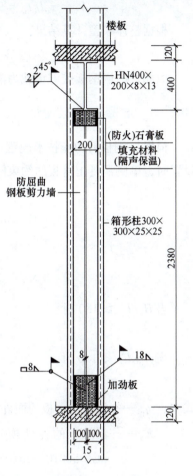

图 10-20   1—1 剖面图

$$V_u = \tau_u L_e t_w = 9.78 \text{N/mm}^2 \times 1250 \text{mm} \times 8 \text{mm} = 97800 \text{N}$$

根据整体模型计算结果：

$$V = 84.36 \text{kN} \leqslant V_u = 97.8 \text{kN}$$

因此，内嵌钢板受剪承载力满足设计要求。

10.6.3 混凝土盖板设计

根据《钢板剪力墙技术规程》第 6.3.3 条，约束钢板平面外屈曲的混凝土盖板按两面设置时，单侧混凝土盖板的约束刚度比应符合下列公式规定：

$$\eta_c \geqslant \begin{cases} 1.15 & \lambda \leqslant 200 \\ 0.45 + \dfrac{\lambda}{285} & \lambda > 200 \end{cases} \tag{10-4}$$

$$\eta_c = \frac{1.48 k_s E_c t_c^3}{f t_w H_e^2} \tag{10-5}$$

当 $H_e / L_e \geqslant 1.0$ 时，

$$k_s = 4.0 + 5.34 (H_e / L_e)^2 \tag{10-6}$$

当 $H_e / L_e < 1.0$ 时，

$$k_s = 5.34 + 4.0 (H_e / L_e)^2 \tag{10-7}$$

式中 η_c——混凝土盖板的面外约束刚度比；

      E_c——混凝土的弹性模量（N/mm^2），按《混凝土结构设计规范（2015 年版）》（GB 50010—2010）执行，该项目为 $3 \times 10^4 \text{N/mm}^2$；

      t_c——单侧混凝土盖板厚度（mm）；

      k_s——四边简支板的弹性抗剪屈曲系数。

本设计示例中，由于 $H_e / L_e = (2900 - 400)/1250 = 2 \geqslant 1.0$，因此

$$k_s = 4.0 + 5.34 (H_e / L_e)^2 = 4 + 5.34 \times 2^2 = 25.36$$

$$\eta_c = \frac{1.48 \times 25.36 \times 3 \times 10^4 \times 100^3}{215 \times 8 \times 2500^2} = 104.74 > 0.45 + \frac{312.5}{285} = 1.55$$

因此，混凝土盖板设计满足刚度要求。

■ 10.7 施工图绘制

该项目结构纵向柱距为 3.3m 和 6.6m，横向柱距为 2.6m 和 5.1m；地上 12 层，每层层高均为 2.9m。结构平、立面布置示意图如图 10-21 和图 10-22 所示。防屈曲钢板剪力墙连接形式采用两边连接，内嵌钢板厚度为 8mm，钢板剪力墙边框梁与框架梁均采用 H 型钢，具体构造如图 10-23 和图 10-24 所示。

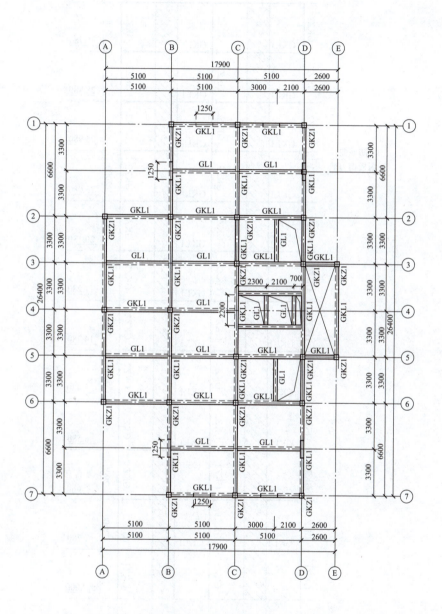

图 10-21 首层平面布置图

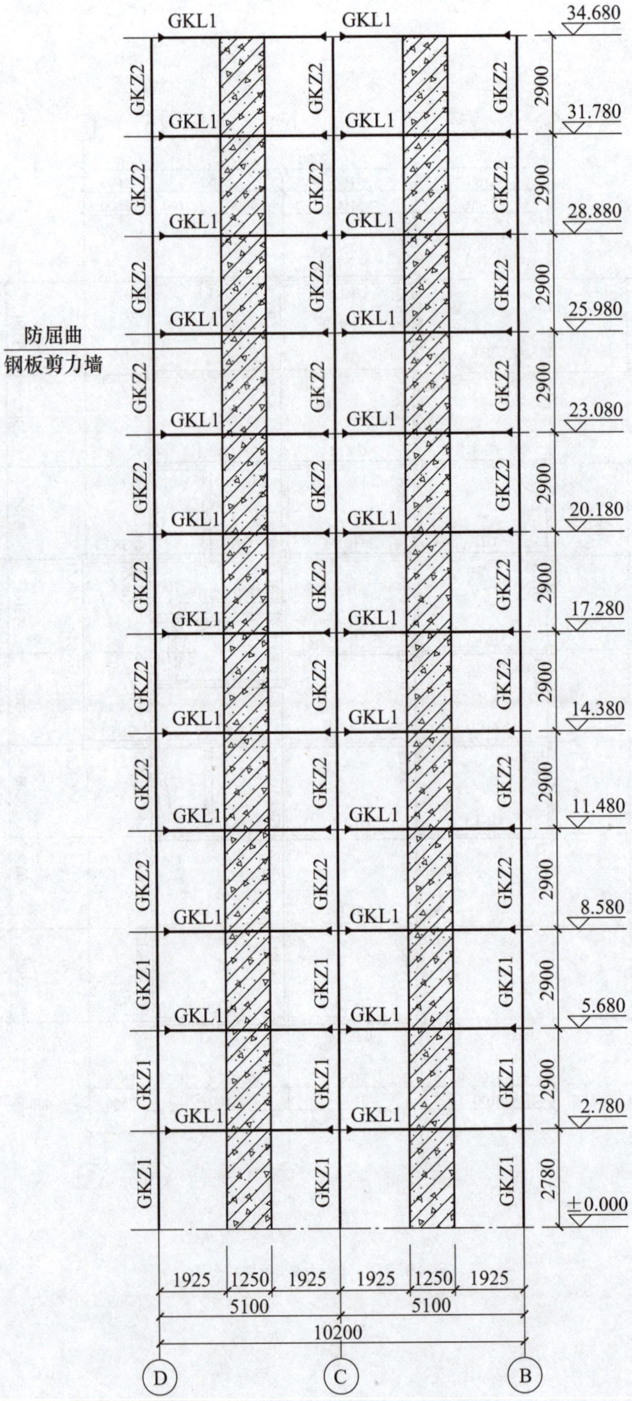

防屈曲钢板剪力墙

图 10-22 结构立面图

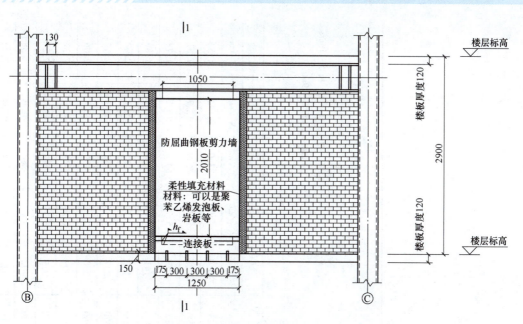

图 10-23　防屈曲钢板剪力墙立面图

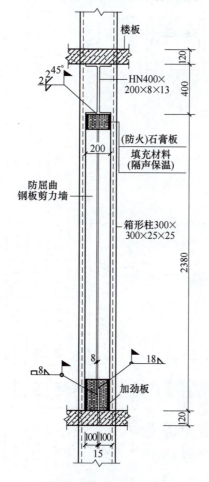

图 10-24　1—1 剖面图

附　录

附录 A　常用型钢规格表

符号：h—高度
b—翼缘宽度
t_w—腹板厚度
t—翼缘平均厚度
I—惯性矩
W—截面模量
R—圆角半径

表 A-1　普通工字钢 [摘自《热轧型钢》(GB/T 706—2016)]

i—回转半径
长度：型号 10~18，长 5~19m；
型号 20~63，长 6~19m

型号		尺寸/mm					截面面积/cm²	理论质量/(kg/m)	x—x 轴			y—y 轴		
		h	b	t_w	t	R			I_x/cm⁴	W_x/cm³	i_x/cm	I_y/cm⁴	W_y/cm³	i_y/cm
10		100	68	4.5	7.6	6.5	14.33	11.3	245	49.0	4.14	33.0	9.72	1.52
12.6		126	74	5.0	8.4	7.0	18.10	14.2	488	77.5	5.20	46.9	12.7	1.61
14		140	80	5.5	9.1	7.5	21.50	16.9	712	102	5.76	64.4	16.1	1.73
16		160	88	6.0	9.9	8.0	26.11	20.5	1130	141	6.58	93.1	21.2	1.89
18		180	94	6.5	10.7	8.5	30.74	24.1	1660	185	7.36	122	26.0	2.00
20	a	200	100	7.0	11.4	9.0	35.55	27.9	2370	237	8.15	158	31.5	2.12
	b		102	9.0	11.4	9.0	39.55	31.1	2500	250	7.96	169	33.1	2.06
22	a	220	110	7.5	12.3	9.5	42.10	33.1	3400	309	8.99	225	40.9	2.31
	b		112	9.5	12.3	9.5	46.50	36.5	3570	325	8.78	239	42.7	2.27
25	a	250	116	8.0	13.0	10.0	48.51	38.1	5020	402	10.2	280	48.3	2.38
	b		118	10.0	13.0	10.0	53.51	42.0	5280	423	9.94	309	52.4	2.40

（续）

型号		尺寸/mm					截面面积/cm²	理论质量/(kg/m)	x—x轴			y—y轴		
		h	b	t_w	t	R			I_x/cm⁴	W_x/cm³	i_x/cm	I_y/cm⁴	W_y/cm³	i_y/cm
28	a	280	122	8.5	13.7	10.5	55.37	43.5	7110	508	11.3	345	56.6	2.50
	b		124	10.5	13.7	10.5	60.97	47.9	7480	534	11.1	379	61.2	2.49
32	a	320	130	9.5	15.0	11.5	67.12	52.7	11100	692	12.8	460	70.8	2.62
	b		132	11.5	15.0	11.5	73.52	57.7	11600	726	12.6	502	76.0	2.61
	c		134	13.5	15.0		79.92	62.7	12200	760	12.3	544	81.2	2.61
36	a	360	136	10.0	15.8	12.0	76.44	60.0	15800	875	14.4	552	81.2	2.69
	b		138	12.0	15.8		83.64	65.7	16500	919	14.1	582	84.3	2.64
	c		140	14.0	15.8		90.84	71.3	17300	962	13.8	612	87.4	2.60
40	a	400	142	10.5	16.5	12.5	86.07	67.6	21700	1090	15.9	660	93.2	2.77
	b		144	12.5	16.5		94.07	73.8	22800	1140	15.6	692	96.2	2.71
	c		146	14.5	16.5		102.0	80.1	23900	1190	15.2	727	99.6	2.65
45	a	450	150	11.5	18.0	13.5	102.4	80.4	32200	1430	17.7	855	114	2.89
	b		152	13.5	18.0		111.4	87.4	33800	1500	17.4	894	118	2.84
	c		154	15.5	18.0		120.4	94.5	35300	1570	17.1	938	122	2.79
50	a	500	158	12.0	20.0	14.0	119.2	93.6	46500	1860	19.7	1120	142	3.07
	b		160	14.0	20.0		129.2	101	48600	1940	19.4	1170	146	3.01
	c		162	16.0	20.0		139.2	109	50600	2080	19.0	1220	151	2.96
56	a	560	166	12.5	21.0	14.5	135.4	106	65600	2340	22.0	1370	165	3.18
	b		168	14.5	21.0		146.6	115	68500	2450	21.6	1490	174	3.16
	c		170	16.5	21.0		157.8	124	71400	2550	21.3	1560	183	3.16
63	a	630	176	13.0	22.0	15.0	154.6	122	93900	2980	24.5	1700	193	3.31
	b		178	15.0	22.0		167.2	131	98100	3160	24.2	1810	204	3.29
	c		180	17.0	22.0		179.8	141	102000	3300	23.8	1920	214	3.27

表A-2 热轧H型钢[摘自《热轧H型钢和剖分T型钢》(GB/T 11263—2017)]

符号：h—高度
b—翼缘宽度
t_1—腹板厚度
t_2—翼缘厚度
I—惯性矩
W—截面模量
r—圆角半径
i—回转半径

类别	型号 (高度/mm)×(宽度/mm)	H型钢规格 $(h/mm)\times(b/mm)\times(t_1/mm)\times(t_2/mm)\times(r/mm)$	截面面积 /cm²	质量 /(kg/m)	x—x轴			y—y轴		
					I_x/cm⁴	W_x/cm³	i_x/cm	I_y/cm⁴	W_y/cm³	i_y/cm
HW	100×100	100×100×6×8×8	21.58	16.9	378	75.6	4.18	134	26.7	2.48
	125×125	125×125×6.5×9×8	30.00	23.6	839	134	5.28	293	46.9	3.12
	150×150	150×150×7×10×8	39.64	31.1	1620	216	6.39	563	75.1	3.76
	175×175	175×175×7.5×11×13	51.42	40.4	2900	331	7.50	984	112	4.37
	200×200	200×200×8×12×13	63.53	49.9	4720	472	8.61	1600	160	5.02
		*200×204×12×12×13	71.53	56.2	4980	498	8.34	1700	167	4.87
	250×250	*244×252×11×11×13	81.31	63.8	8700	713	10.3	2940	233	6.01
		250×250×9×14×13	91.43	71.8	10700	860	10.8	3650	292	6.31
		*250×255×14×14×13	103.9	81.6	11400	912	10.5	3880	304	6.10
	300×300	294×302×12×12×13	106.3	83.5	16600	1160	12.5	5510	365	7.20
		300×300×10×15×13	118.5	93.0	20200	1350	13.1	6750	450	7.55
		*300×305×15×15×13	133.5	105	21300	1420	12.6	7100	466	7.29
	350×350	*338×351×13×13×13	133.3	105	27700	1640	14.4	9380	534	8.38
		*344×348×10×16×13	144	113	32800	1910	—5.1	11200	646	8.83
		*344×354×16×16×13	164.7	129	34900	2030	14.6	11800	669	8.48

（续）

类别	型号 (高度/mm)×(宽度/mm)	H型钢规格 (h/mm)×(b/mm)×(t₁/mm)×(t₂/mm)×(r/mm)	截面面积 /cm²	质量 /(kg/m)	I_x/cm⁴	W_x/cm³	i_x/cm	I_y/cm⁴	W_y/cm³	i_y/cm
HW	350×350	350×350×12×19×13	171.9	135	39800	2280	15.2	13600	776	8.88
		*350×357×19×19×13	196.4	154	42300	2420	14.7	14400	808	8.57
	400×400	388×402×15×15×22	178.5	140	49000	2520	16.6	16300	809	9.54
		*394×398×11×18×22	186.8	147	56100	2850	17.3	18900	951	10.1
		*394×405×18×18×22	214.4	168	59700	3030	16.7	20000	985	9.64
		400×400×13×21×22	218.7	172	66600	3330	17.5	22400	1120	10.1
		*400×408×21×21×22	250.7	197	70900	3540	16.8	23800	1170	9.74
		*414×405×18×28×22	295.4	232	92800	4480	17.7	31000	1530	10.2
		*428×407×20×35×22	360.7	283	119000	5570	18.2	39400	1930	10.4
		*458×417×30×50×22	528.6	415	187000	8170	18.8	60500	2900	10.7
		*498×432×45×70×22	770.1	604	298000	12000	19.7	94400	4370	11.1
	500×500	*492×465×15×20×22	258.0	202	117000	4770	21.3	33500	1440	11.4
		*502×465×15×25×22	304.5	239	146000	5810	21.9	41900	1800	11.7
		*502×470×20×25×22	329.6	259	151000	6020	21.4	43300	1840	11.5
HM	150×150	148×100×6×9×8	26.34	20.7	1000	135	6.16	150	30.1	2.38
	200×150	194×150×6×9×8	38.10	29.9	2630	271	8.30	507	67.6	3.64
	250×175	244×175×7×11×13	55.49	43.6	6040	495	10.4	984	112	4.21
	320×200	294×200×8×12×13	71.05	55.8	11100	756	12.5	1600	160	4.74
		*298×201×9×14×13	82.03	64.4	13100	878	12.6	1900	189	4.80
	350×250	340×250×9×14×13	99.53	78.1	21200	1250	14.6	3650	292	6.05
	400×300	390×300×10×16×13	133.3	105	37900	1940	16.9	7200	480	7.35
	450×300	440×300×11×18×13	153.9	121	54700	2490	18.9	8110	540	7.25

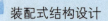

（续）

类别	型号 (高度/mm)×(宽度/mm)	H型钢规格 (h/mm)×(b/mm)×(t₁/mm)×(r/mm)× (t₂/mm)×(r/mm)	截面面积 /cm²	质量 /(kg/m)	I_x/cm^4	W_x/cm^3	i_x/cm	I_y/cm^4	W_y/cm^3	i_y/cm
HM	500×300	*482×300×11×15×13	141.2	111	58300	2420	20.3	6760	450	6.91
		488×300×11×18×13	159.2	125	68900	2820	20.8	8110	540	7.13
	550×300	*544×300×11×15×13	148.0	116	76400	2810	22.7	6760	450	6.75
		*550×300×11×18×13	166.0	130	89800	3270	23.3	8110	540	6.98
	600×300	582×300×12×17×13	169.2	133	98900	3400	24.2	7660	511	6.72
		588×300×12×20×13	187.2	147	114000	3890	24.7	9010	601	6.93
		*594×302×14×23×13	217.1	170	134000	4500	24.8	10600	700	6.97
HN	100×50	*100×50×5×7×8	11.84	9.3	187	37.5	3.97	14.8	5.91	1.11
	125×60	*125×60×6×8×8	16.68	13.1	409	65.4	4.95	29.1	9.71	1.32
	150×75	150×75×5×7×8	17.84	14.0	666	88.8	6.10	49.5	13.2	1.66
	175×90	175×90×5×8×8	22.89	18.0	1210	138	7.25	97.5	21.7	2.06
	200×100	*198×99×4.5×7×8	22.68	17.8	1540	156	8.24	113	22.9	2.23
		200×100×5.5×8×8	26.66	20.9	1810	181	8.22	134	26.7	2.23
	250×125	*248×124×5×8×8	31.98	25.1	3450	278	10.4	255	41.1	2.82
		250×125×6×9×8	36.96	29.0	3960	317	10.4	294	47.0	2.81
	300×150	*298×149×5.5×8×13	40.80	32.0	6320	424	12.4	442	59.3	3.29
		300×150×6.5×9×13	46.78	36.7	7210	481	12.4	508	67.7	3.29
	350×175	*346×174×6×9×13	52.45	41.2	11000	638	14.5	791	91.0	3.88
	350×175	350×175×7×11×13	62.91	49.4	13500	771	14.6	984	112	3.95
	400×150	400×150×8×13×13	70.37	55.2	18600	929	16.3	734	97.8	3.22
	400×200	*396×199×7×11×13	71.41	56.1	19800	999	16.6	1450	145	4.50
		400×200×8×13×13	83.37	65.4	23500	1170	16.8	1740	174	4.56

（续）

类别	型号 (高度/mm)×(宽度/mm)	H型钢规格 $(h/mm)×(b/mm)×(t_1/mm)×(t_2/mm)×(r/mm)$	截面面积 /cm²	质量 /(kg/m)	$x—x$轴			$y—y$轴		
					I_x/cm^4	W_x/cm^3	i_x/cm	I_y/cm^4	W_y/cm^3	i_y/cm
HN	450×150	*446×150×7×12×13	66.99	52.6	22000	985	18.1	677	90.3	3.17
	450×150	450×151×8×14×13	77.49	60.8	25700	1140	18.2	806	107	3.22
	450×200	*446×199×8×12×13	82.97	65.1	28100	1260	18.4	1580	159	4.36
	450×200	450×200×9×14×13	95.43	74.9	32900	1460	18.6	1870	187	4.42
	470×150	*470×150×7×13×13	71.53	56.2	26200	1110	19.1	733	97.8	3.20
	470×150	*475×151.5×8.5×15.5×13	86.15	67.6	31700	1330	19.2	901	119	3.23
	470×150	482×153.5×10.5×19×13	106.4	83.5	39600	1640	19.3	1150	150	3.28
	500×150	*492×150×7×12×13	70.21	55.1	27500	1120	19.8	677	90.3	3.10
	500×150	*500×152×9×16×13	92.21	72.4	37000	1480	20.0	940	124	3.19
	500×150	504×153×10×18×13	103.3	81.1	41900	1660	20.1	1080	141	3.23
	500×200	*496×199×9×14×13	99.29	77.9	40800	1650	20.3	1840	185	4.30
	500×200	500×200×10×16×13	112.3	88.1	46800	1870	20.4	2140	214	4.36
	500×200	*506×201×11×19×13	129.3	102	55500	2190	20.7	2580	257	4.46
	550×200	*546×199×9×14×13	103.8	81.5	50800	1860	22.1	1840	185	4.21
	550×200	550×200×10×16×13	117.3	92	58200	2120	22.3	2140	214	4.27
	600×200	*596×199×10×15×13	117.8	92.4	66600	2240	23.8	1980	199	4.09
	600×200	600×200×11×17×13	131.7	103	75600	2520	24.0	2270	227	4.15
	600×200	*606×201×12×20×13	149.8	118	88300	2910	24.3	2720	270	4.25
	700×300	*692×300×13×20×18	207.5	163	168000	4870	28.5	9020	601	6.59
	700×300	700×300×13×24×18	231.5	182	197000	5640	29.2	10800	721	6.83

注："*"表示的规格为非常用规格。

表 A-3　普通槽钢［摘自《热轧型钢》(GB/T 706—2016)］

符号：h—高度
b—翼缘宽度
t_w—腹板厚
t—翼缘平均厚度
R—圆角半径
Z_0—重心距离

长度：
型号 5~8，长 5~12m；型号 10~18，长 5~19m；型号 20~40，长 6~19m。

型号		尺寸/mm					截面面积/cm²	理论质量/(kg/m)	x-x轴			y-y轴			y₁-y₁轴	Z_0/cm
		h	b	t_w	t	R			I_x/cm⁴	W_x/cm³	i_x/cm	I_y/cm⁴	W_y/cm³	i_y/cm	I_{y1}/cm⁴	
5		50	37	4.5	7.0	7.0	6.925	5.44	26.0	10.4	1.94	8.30	3.55	1.10	20.9	1.35
6.3		63	40	4.8	7.5	7.5	8.446	6.63	50.8	16.1	2.45	11.9	4.50	1.19	28.4	1.36
6.5		65	40	4.3	7.5	7.5	8.292	6.51	55.2	17.0	2.54	12.0	4.59	1.19	28.3	1.38
8		80	43	5.0	8.0	8.0	10.24	8.04	101	25.3	3.15	16.6	5.79	1.27	37.4	1.43
10		100	48	5.3	8.5	8.5	12.74	10.0	198	39.7	3.95	25.6	7.80	1.41	54.9	1.52
12		120	53	5.5	9.0	9.0	15.36	12.1	346	57.7	4.75	37.4	10.2	1.56	77.7	1.62
12.6		126	53	5.5	9.0	9.0	15.69	12.3	391	62.1	4.95	38.0	10.2	1.57	77.1	1.59
14	a	140	58	6.0	9.5	9.5	18.51	14.5	564	80.5	5.52	53.2	13.0	1.70	107	1.71
	b		60	8.0	9.5	9.5	21.31	16.7	609	87.1	5.35	61.1	14.1	1.69	121	1.67
16	a	160	63	6.5	10.0	10.0	21.95	17.2	866	108	6.28	73.3	16.3	1.83	144	1.80
	b		65	8.5	10.0	10.0	25.15	19.8	935	117	6.10	83.4	17.6	1.82	161	1.75
18	a	180	68	7.0	10.5	10.5	25.69	20.2	1270	141	7.04	98.6	20.0	1.96	190	1.88
	b		70	9.0	10.5	10.5	29.29	23.0	1370	152	6.84	111	21.5	1.95	210	1.84
20	a	200	73	7.0	11.0	11.0	28.83	22.6	1780	178	7.86	128	24.2	2.11	244	2.01
	b		75	9.0	11.0	11.0	32.83	25.8	1910	191	7.64	144	25.9	2.09	268	1.95

（续）

型号		h	b	t_w	t	R	截面面积 /cm²	理论质量 /(kg/m)	x—x轴			y—y轴			y—y₁轴	Z₀
			尺寸/mm						I_x/cm⁴	W_x/cm³	i_x/cm	I_y/cm⁴	W_y/cm³	i_y/cm	I_{y1}/cm⁴	/cm
22	a	220	77	7.0	11.5	11.5	31.83	25.0	2390	218	8.67	158	28.2	2.23	298	2.10
	b	220	79	9.0	11.5	11.5	36.23	28.5	2570	234	8.42	176	30.1	2.21	326	2.03
24	a	240	78	7.0	12.0	12.0	34.21	26.9	3050	254	9.45	174	30.5	2.25	325	2.10
	b	240	80	9.0	12.0	12.0	39.01	30.6	3280	274	9.17	194	32.5	2.23	355	2.03
	c	240	82	11.0	12.0	12.0	43.81	34.4	3510	293	8.96	213	34.4	2.21	388	2.00
25	a	250	78	7.0	12.0	12.0	34.91	27.4	3370	270	9.82	176	30.6	2.24	322	2.07
	b	250	80	9.0	12.0	12.0	39.91	31.3	3530	282	9.41	196	32.7	2.22	353	1.98
	c	250	82	11.0	12.0	12.0	44.91	35.3	3690	295	9.07	218	35.9	2.21	384	1.92
27	a	270	82	7.5	12.5	12.5	39.27	30.8	4360	323	10.5	216	35.5	2.34	393	2.13
	b	270	84	9.5	12.5	12.5	44.67	35.1	4690	347	10.3	239	37.7	2.31	428	2.06
	c	270	86	11.5	12.5	12.5	50.07	39.3	5020	372	10.1	261	39.8	2.28	467	2.03
28	a	280	82	7.5	12.5	12.5	40.02	31.4	4760	340	10.9	218	35.7	2.33	388	2.10
	b	280	84	9.5	12.5	12.5	45.62	35.8	5130	366	10.6	242	37.9	2.3	428.5	2.02
	c	280	86	11.5	12.5	12.5	51.22	40.2	5500	393	10.4	268	40.3	2.27	467.3	1.95
30	a	300	85	7.5	13.5	13.5	43.89	34.5	6050	403	11.7	260	41.1	2.43	467	2.17
	b	300	87	9.5	13.5	13.5	49.89	39.2	6500	433	11.4	289	44.0	2.41	515	2.13
	c	300	89	11.5	13.5	13.5	55.89	43.9	6950	463	11.2	316	46.4	2.38	560	2.09
32	a	320	88	8.0	14.0	14.0	48.50	38.1	7600	475	12.5	305	46.5	2.50	552	2.24
	b	320	90	10.0	14.0	14.0	54.90	43.1	8140	509	12.2	336	49.2	2.47	593	2.16
	c	320	92	12.0	14.0	14.0	61.30	48.1	8690	543	11.9	374	52.6	2.47	643	2.09
36	a	360	96	9.0	16.0	16.0	60.89	47.8	11900	660	14.0	455	63.5	2.73	818	2.44
	b	360	98	11.0	16.0	16.0	68.09	53.5	12700	703	13.6	497	66.9	2.7	880	2.37
	c	360	100	13.0	16.0	16.0	75.29	59.1	13400	746	13.4	536	70.0	2.67	948	2.34
40	a	400	100	10.5	18.0	18.0	75.04	58.9	17600	879	15.3	592	78.8	2.81	1070	2.49
	b	400	102	12.5	18.0	18.0	83.04	65.2	18600	932	15.0	640	82.5	2.78	1140	2.44
	c	400	104	14.5	18.0	18.0	91.04	71.5	19700	986	14.7	688	86.2	2.75	1220	2.42

表 A-4　等边角钢［摘自《热轧型钢》（GB/T 706—2016）］

型号		圆角 R/mm	重心距离 Z_0/mm	截面面积 A/cm²	质量 /(kg/m)	惯性矩 I_x/cm⁴	截面模量/cm³		回转半径/cm			双角钢 i_y/cm 当 a 为下列数值				
							$W_{x\max}$	$W_{x\min}$	i_x	i_{x0}	i_{y0}	6mm	8mm	10mm	12mm	14mm
L20×	3	3.5	6.0	1.13	0.89	0.40	0.66	0.29	0.59	0.75	0.39	1.08	1.17	1.25	1.34	1.13
	4		6.4	1.46	1.15	0.50	0.78	0.36	0.58	0.73	0.38	1.11	1.19	1.28	1.37	1.46
L25×	3	3.5	7.3	1.43	1.12	0.82	1.12	0.46	0.76	0.95	0.49	1.27	1.36	1.44	1.53	1.61
	4		7.6	1.86	1.46	1.03	1.34	0.59	0.74	0.93	0.48	1.30	1.38	1.47	1.55	1.64
L30×	3	4.5	8.5	1.75	1.37	1.46	1.72	0.68	0.91	1.15	0.59	1.47	1.55	1.63	1.71	1.80
	4		8.9	2.28	1.79	1.84	2.08	0.87	0.90	1.13	0.58	1.49	1.57	1.65	1.74	1.82
L36×	3	4.5	10.0	2.11	1.66	2.58	2.59	0.99	1.11	1.39	0.71	1.70	1.78	1.86	1.94	2.03
	4		10.4	2.76	2.16	3.29	3.18	1.28	1.09	1.38	0.70	1.73	1.80	1.89	1.97	2.05
	5		10.7	2.38	2.65	3.95	3.68	1.56	1.08	1.36	0.70	1.75	1.83	1.91	1.99	2.08
L40×	3	5	10.9	2.36	1.85	3.59	3.28	1.23	1.23	1.55	0.79	1.86	1.94	2.01	2.09	2.18
	4		11.3	3.09	2.42	4.60	4.05	1.60	1.22	1.54	0.79	1.88	1.96	2.04	2.12	2.20
	5		11.7	3.79	2.98	5.53	4.72	1.96	1.21	1.52	0.78	1.90	1.98	2.06	2.14	2.23
L45×	3	5	12.2	2.66	2.09	5.17	4.25	1.58	1.39	1.76	0.90	2.06	2.14	2.21	2.29	2.37
	4		12.6	3.49	2.74	6.65	5.29	2.05	1.38	1.74	0.89	2.08	2.16	2.24	2.32	2.40
	5		13.0	4.29	3.37	8.04	6.20	2.51	1.37	1.72	0.88	2.10	2.18	2.26	2.34	2.42
	6		13.3	5.08	3.99	9.33	6.99	2.95	1.36	1.71	0.88	2.12	2.20	2.28	2.36	2.44
L50×	3	5.5	13.4	2.97	2.33	7.18	5.36	1.96	1.55	1.96	1.00	2.26	2.33	2.41	2.48	2.56
	4		13.8	3.90	3.06	9.26	6.70	2.56	1.54	1.94	0.99	2.28	2.36	2.43	2.51	2.59
	5		14.2	4.80	3.77	11.21	7.90	3.13	1.53	1.92	0.98	2.30	2.38	2.45	2.53	2.61

单角钢

双角钢

（续）

型号	圆角 R/mm	重心距离 Z_0/mm	截面面积 A/cm²	质量 /(kg/m)	惯性矩 I_x/cm⁴	截面模量/cm³		回转半径/cm			i_y/cm 当 a 为下列数值				
						$W_{x\max}$	$W_{x\min}$	i_x	i_{x0}	i_{y0}	6mm	8mm	10mm	12mm	14mm
L50×6	5.5	14.6	5.69	4.46	13.05	8.95	3.68	1.51	1.91	0.98	2.32	2.40	2.48	2.56	2.64
L56×3	6	14.8	3.34	2.62	10.19	6.86	2.48	1.75	2.20	1.13	2.50	2.57	2.64	2.72	2.80
L56×4		15.3	4.39	3.45	13.18	8.63	3.24	1.73	2.18	1.11	2.52	2.59	2.67	2.74	2.82
L56×5		15.7	5.42	4.25	16.02	10.22	3.97	1.72	2.17	1.10	2.54	2.61	2.69	2.77	2.85
L56×8		16.8	8.37	6.57	23.63	14.06	6.03	1.68	2.11	1.09	2.60	2.67	2.75	2.83	2.91
L63×4	7	17.0	4.98	3.91	19.03	11.22	4.13	1.96	2.46	1.26	2.79	2.87	2.94	3.02	3.09
L63×5		17.4	6.14	4.82	23.17	13.33	5.08	1.94	2.45	1.25	2.82	2.89	2.96	3.04	3.12
L63×6		17.8	7.29	5.72	27.12	15.26	6.00	1.93	2.43	1.24	2.83	2.91	2.98	3.06	3.14
L63×8		18.5	9.51	7.47	34.45	18.59	7.75	1.90	2.39	1.23	2.87	2.95	3.03	3.10	3.18
L63×10		19.3	11.66	9.15	41.09	21.34	9.39	1.88	2.36	1.22	2.91	2.99	3.07	3.15	3.23
L70×4	8	18.6	5.57	4.37	26.39	14.16	5.14	2.18	2.74	1.40	3.07	3.14	3.21	3.29	3.36
L70×5		19.1	6.88	5.40	32.21	16.89	6.32	2.16	2.73	1.39	3.09	3.16	3.24	3.31	3.39
L70×6		19.5	8.16	6.41	37.77	19.39	7.48	2.15	2.71	1.38	3.11	3.18	3.26	3.33	3.41
L70×7		19.9	9.42	7.40	43.09	21.68	8.59	2.14	2.69	1.38	3.13	3.20	3.28	3.36	3.43
L70×8		20.3	10.67	8.37	48.17	23.79	9.68	2.13	2.68	1.37	3.15	3.22	3.30	3.38	3.46
L75×5	9	20.3	7.41	5.82	39.96	19.73	7.30	2.32	2.92	1.50	3.29	3.36	3.43	3.50	3.58
L75×6		20.7	8.80	6.91	46.91	22.69	8.63	2.31	2.91	1.49	3.31	3.38	3.45	3.53	3.60
L75×7		21.1	10.16	7.98	53.57	25.42	9.93	2.30	2.89	1.48	3.33	3.40	3.47	3.55	3.63
L75×8		21.5	11.50	9.03	59.96	27.93	11.20	2.28	2.87	1.47	3.35	3.42	3.50	3.57	3.65
L75×10		22.2	14.13	11.09	71.98	32.40	13.64	2.26	2.84	1.46	3.38	3.46	3.54	3.61	3.69
L80×5	9	21.5	7.91	6.21	48.79	22.70	8.34	2.48	3.13	1.60	3.49	3.56	3.63	3.71	3.78
L80×6		21.9	9.40	7.38	57.35	26.16	9.87	2.47	3.11	1.59	3.51	3.58	3.65	3.73	3.80
L80×7		22.3	10.86	8.53	65.58	29.38	11.37	2.46	3.10	1.58	3.53	3.60	3.67	3.75	3.83

装配式结构设计

（续）

型号	圆角 R/mm	重心距离 Z_0/mm	截面面积 A/cm²	质量 /(kg/m)	惯性矩 I_x/cm⁴	截面模量 $W_{x\max}$/cm³	截面模量 $W_{x\min}$/cm³	回转半径 i_x	回转半径 i_{x0}	回转半径 i_{y0}/cm	i_y/cm 当 a 为下列数值 6mm	8mm	10mm	12mm	14mm
L80×8	9	22.7	12.30	9.66	73.50	32.36	12.83	2.44	3.08	1.57	3.55	3.62	3.70	3.77	3.85
L80×10	9	23.5	15.13	11.87	88.43	37.68	15.64	2.42	3.04	1.56	3.58	3.66	3.74	3.81	3.89
L90×6	10	24.4	10.64	8.35	82.77	33.99	12.61	2.79	3.51	1.8	3.91	3.98	4.05	4.12	4.20
L90×7	10	24.8	12.30	9.66	94.83	38.28	14.54	2.78	3.50	1.78	3.93	4.00	4.07	4.14	4.22
L90×8	10	25.2	13.94	10.95	106.5	42.30	16.42	2.76	3.48	1.78	3.95	4.02	4.09	4.17	4.24
L90×10	10	25.9	17.17	13.48	128.6	49.57	20.07	2.74	3.45	1.76	3.98	4.06	4.13	4.21	4.28
L90×12	10	26.7	20.31	15.94	149.2	55.93	23.57	2.71	3.41	1.75	4.02	4.09	4.17	4.25	4.32
L100×6	12	26.7	11.93	9.37	115.0	43.04	15.68	3.10	3.91	2.00	4.30	4.37	4.44	4.51	4.58
L100×7	12	27.1	13.80	10.83	131.0	48.57	18.10	3.09	3.89	1.99	4.32	4.39	4.46	4.53	4.61
L100×8	12	27.6	15.64	12.28	148.2	53.78	20.47	3.08	3.88	1.98	4.34	4.41	4.48	4.55	4.63
L100×10	12	28.4	19.26	15.12	179.5	63.29	25.06	3.05	3.84	1.96	4.38	4.45	4.52	4.60	4.67
L100×12	12	29.1	22.80	17.90	208.9	71.72	29.47	3.03	3.81	1.95	4.41	4.49	4.56	4.64	4.71
L100×14	12	29.9	26.26	20.61	236.5	79.19	33.73	3.00	3.77	1.94	4.45	4.53	4.60	4.68	4.75
L100×16	12	30.6	29.63	23.26	262.5	85.81	37.82	2.98	3.74	1.93	4.49	4.56	4.64	4.72	4.80
L110×7	12	29.6	15.20	11.93	177.2	59.78	22.05	3.41	4.30	2.20	4.72	4.79	4.86	4.94	5.01
L110×8	12	30.1	17.24	13.53	199.5	66.36	24.95	3.40	4.28	2.19	4.74	4.81	4.88	4.96	5.03
L110×10	12	30.9	21.26	16.69	242.2	78.48	30.60	3.38	4.25	2.17	4.78	4.85	4.92	5.00	5.07
L110×12	12	31.6	25.20	19.78	282.6	89.34	36.05	3.35	4.22	2.15	4.82	4.89	4.96	5.04	5.11
L110×14	12	32.4	29.06	22.81	320.7	99.07	41.31	3.32	4.18	2.14	4.85	4.93	5.00	5.08	5.15
L125×8	14	33.7	19.75	15.50	297.0	88.2	32.52	3.88	4.88	2.50	5.34	5.41	5.48	5.55	5.62
L125×10	14	34.5	24.37	19.13	361.7	104.8	39.97	3.85	4.85	2.48	5.38	5.45	5.52	5.59	5.66
L125×12	14	35.3	28.91	22.70	423.2	119.9	47.17	3.83	4.82	2.46	5.41	5.48	5.56	5.63	5.70
L125×14	14	36.1	33.37	26.19	481.7	133.6	54.16	3.8	4.78	2.45	5.45	5.52	5.59	5.67	5.74

（续）

型号	圆角 R/mm	重心距离 Z_0/mm	截面面积 A/cm²	质量 /(kg/m)	惯性矩 I_x/cm⁴	截面模量/cm³		回转半径/cm			i_y/cm 当a为下列数值				
						W_{xmax}	W_{xmin}	i_x	i_{x_0}	i_{y_0}	6mm	8mm	10mm	12mm	14mm
L140×10	14	38.2	27.37	21.49	514.7	134.6	50.58	4.34	5.46	2.78	5.98	6.05	6.12	6.20	6.27
12		39.0	32.51	25.52	603.7	154.6	59.80	4.31	5.43	2.77	6.02	6.09	6.16	6.23	6.31
14		39.8	37.57	29.49	688.8	173.0	68.75	4.28	5.40	2.75	6.06	6.13	6.20	6.27	6.34
16		40.6	42.54	33.39	770.2	189.9	77.46	4.26	5.36	2.74	6.09	6.16	6.23	6.31	6.38
L160×10	16	43.1	31.50	24.73	779.5	180.8	66.70	4.97	6.27	3.20	6.78	6.85	6.92	6.99	7.06
12		43.9	37.44	29.39	916.6	208.6	78.98	4.95	6.24	3.18	6.82	6.89	6.96	7.03	7.10
14		44.7	43.30	33.99	1048.0	234.4	90.95	4.92	6.20	3.16	6.86	6.93	7.00	7.07	7.14
16		45.5	49.07	38.52	1175.0	258.3	102.60	4.89	6.17	3.14	6.89	6.96	7.03	7.10	7.18
L180×12	16	48.9	42.24	33.16	1321.0	270.0	100.80	5.59	7.05	3.58	7.63	7.70	7.77	7.84	7.91
14		49.7	48.90	38.38	1514.0	304.6	116.30	5.57	7.02	3.57	7.67	7.74	7.81	7.88	7.95
16		50.5	55.47	43.54	1701.0	336.9	131.40	5.54	6.98	3.55	7.7	7.77	7.84	7.91	7.98
18		51.3	61.95	48.63	1881.0	367.1	146.10	5.51	6.94	3.53	7.73	7.80	7.87	7.95	8.02
L200×14	18	54.6	54.64	42.89	2104.0	385.1	144.70	6.20	7.82	3.98	8.47	8.54	8.61	8.67	8.75
16		55.4	62.01	48.68	2366.0	427.0	163.70	6.18	7.79	3.96	8.50	8.57	8.64	8.71	8.78
18		56.2	69.30	54.40	2621.0	466.5	182.20	6.15	7.75	3.94	8.53	8.60	8.67	8.75	8.82
20		56.9	76.50	60.06	2867.0	503.6	200.40	6.12	7.72	3.93	8.57	8.64	8.71	8.78	8.85
24		58.4	90.66	71.17	3338.0	571.5	235.80	6.07	7.64	3.90	8.63	8.71	8.78	8.85	8.92

表A-5　不等边角钢 [摘自《热轧型钢》（GB/T 706—2016）]

型号 (B/mm)×(b/mm)×(t/mm)	圆角 R/mm	重心矩 Z_x/mm	重心矩 Z_y/mm	截面面积 A/cm²	理论质量 /(kg/m)	回转半径/cm i_x	回转半径/cm i_y	回转半径/cm i_{y0}	双角钢 i_y/cm, 当a为下列数值 6mm	8mm	10mm	12mm	双角钢 i_y/cm, 当a为下列数值 6mm	8mm	10mm	12mm
L25×16×3	3.5	4.2	8.6	1.16	0.91	0.44	0.78	0.34	0.84	0.93	1.02	1.11	1.4	1.48	1.57	1.65
L25×16×4	3.5	4.6	9.0	1.50	1.18	0.43	0.77	0.34	0.87	0.96	1.05	1.14	1.42	1.51	1.60	1.68
L32×20×3	3.5	4.9	10.8	1.49	1.17	0.55	1.01	0.43	0.97	1.05	1.14	1.23	1.71	1.79	1.88	1.96
L32×20×4	3.5	5.3	11.2	1.94	1.52	0.54	1.00	0.43	0.99	1.08	1.16	1.25	1.74	1.82	1.90	1.99
L40×25×3	4	5.9	13.2	1.89	1.48	0.70	1.28	0.54	1.13	1.21	1.30	1.38	2.07	2.14	2.23	2.31
L40×25×4	4	6.3	13.7	2.47	1.94	0.69	1.26	0.54	1.16	1.24	1.32	1.41	2.09	2.17	2.25	2.34
L45×28×3	5	6.4	14.7	2.15	1.69	0.79	1.44	0.61	1.23	1.31	1.39	1.47	2.28	2.36	2.44	2.52
L45×28×4	5	6.8	15.1	2.81	2.20	0.78	1.43	0.60	1.25	1.33	1.41	1.5	2.31	2.39	2.47	2.55
L50×32×3	5.5	7.3	16.0	2.43	1.91	0.91	1.60	0.70	1.38	1.45	1.53	1.61	2.49	2.56	2.64	2.72
L50×32×4	5.5	7.7	16.5	3.18	2.49	0.90	1.59	0.69	1.40	1.47	1.55	1.64	2.51	2.59	2.67	2.75
L56×36×3	6	8.0	17.8	2.74	2.15	1.03	1.8	0.79	1.51	1.59	1.66	1.74	2.75	2.82	2.90	2.98
L56×36×4	6	8.5	18.2	3.59	2.82	1.02	1.79	0.78	1.53	1.61	1.69	1.77	2.77	2.85	2.93	3.01
L56×36×5	6	8.8	18.7	4.42	3.47	1.01	1.77	0.78	1.56	1.63	1.71	1.79	2.80	2.88	2.96	3.04
L63×40×4	7	9.2	20.4	4.06	3.19	1.14	2.02	0.88	1.66	1.74	1.81	1.89	3.09	3.16	3.24	3.32
L63×40×5	7	9.5	20.8	4.99	3.92	1.12	2.00	0.87	1.68	1.76	1.84	1.92	3.11	3.19	3.27	3.35
L63×40×6	7	9.9	21.2	5.91	4.64	1.11	1.99	0.86	1.71	1.78	1.86	1.94	3.13	3.21	3.29	3.37
L63×40×7	7	10.3	21.6	6.80	5.34	1.10	1.96	0.86	1.73	1.8	1.88	1.97	3.15	3.23	3.3	3.39

（续）

型号 (B/mm)× (b/mm)×(t/mm)		圆角 R/mm	重心距 Z_x/mm	重心距 Z_y/mm	截面面积 A/cm²	理论质量 /(kg/m)	回转半径/cm i_x	回转半径/cm i_y	回转半径/cm i_{y_0}	i_y/cm，当 a 为下列数值 6mm	i_y/cm，当 a 为下列数值 8mm	i_y/cm，当 a 为下列数值 10mm	i_y/cm，当 a 为下列数值 12mm	i_y/cm，当 a 为下列数值 6mm	i_y/cm，当 a 为下列数值 8mm	i_y/cm，当 a 为下列数值 10mm	i_y/cm，当 a 为下列数值 12mm
L70×45×	4	7.5	10.2	22.3	4.55	3.57	1.29	2.25	0.99	1.84	1.91	1.99	2.07	3.39	3.46	3.54	3.62
	5		10.6	22.8	5.61	4.40	1.28	2.23	0.98	1.86	1.94	2.01	2.09	3.41	3.49	3.57	3.64
	6		11.0	23.2	6.64	5.22	1.26	2.22	0.97	1.88	1.96	2.04	2.11	3.44	3.51	3.59	3.67
	7		11.3	23.6	7.66	6.01	1.25	2.2	0.97	1.90	1.98	2.06	2.14	3.46	3.54	3.61	3.69
L75×50×	5	8	11.7	24.0	6.13	4.81	1.43	2.39	1.09	2.06	2.13	2.20	2.28	3.60	3.68	3.76	3.83
	6		12.1	24.4	7.26	5.70	1.42	2.38	1.08	2.08	2.15	2.23	2.30	3.63	3.7	3.78	3.86
	8		12.9	25.2	9.47	7.43	1.40	2.35	1.07	2.12	2.19	2.27	2.35	3.67	3.75	3.83	3.91
	10		13.6	26.0	11.60	9.10	1.38	2.33	1.06	2.16	2.24	2.31	2.40	3.71	3.79	3.87	3.96
L80×50×	5	8	11.4	26.0	6.38	5.00	1.42	2.57	1.10	2.02	2.09	2.17	2.24	3.88	3.95	4.03	4.10
	6		11.8	26.5	7.56	5.93	1.41	2.55	1.09	2.04	2.11	2.19	2.27	3.90	3.98	4.05	4.13
	7		12.1	26.9	8.72	6.85	1.39	2.54	1.08	2.06	2.13	2.21	2.29	3.92	4.00	4.08	4.16
	8		12.5	27.3	9.87	7.75	1.38	2.52	1.07	2.08	2.15	2.23	2.31	3.94	4.02	4.10	4.18
L90×56×	5	9	12.5	29.1	7.21	5.66	1.59	2.90	1.23	2.22	2.29	2.36	2.44	4.32	4.39	4.47	4.55
	6		12.9	29.5	8.56	6.72	1.58	2.88	1.22	2.24	2.31	2.39	2.46	4.34	4.42	4.5	4.57
	7		13.3	30.0	9.88	7.76	1.57	2.87	1.22	2.26	2.33	2.41	2.49	4.37	4.44	4.52	4.60
	8		13.6	30.4	11.20	8.78	1.56	2.85	1.21	2.28	2.35	2.43	2.51	4.39	4.47	4.54	4.62
L100×63×	6	10	14.3	32.4	9.62	7.55	1.79	3.21	1.38	2.49	2.56	2.63	2.71	4.77	4.85	4.92	5.00
	7		14.7	32.8	11.1	8.72	1.78	3.20	1.37	2.51	2.58	2.65	2.73	4.80	4.87	4.95	5.03
	8		15.0	33.2	12.6	9.88	1.77	3.18	1.37	2.53	2.60	2.67	2.75	4.82	4.90	4.97	5.05
	10		15.8	34.0	15.5	12.10	1.75	3.15	1.35	2.57	2.64	2.72	2.79	4.86	4.94	5.02	5.10
L100×80×	6	10	19.7	29.5	10.6	8.35	2.40	3.17	1.73	3.31	3.38	3.45	3.52	4.54	4.62	4.69	4.76
	7		20.1	30.0	12.3	9.66	2.39	3.16	1.71	3.32	3.39	3.47	3.54	4.57	4.64	4.71	4.79
	8		20.5	30.4	13.9	10.90	2.37	3.15	1.71	3.34	3.41	3.49	3.56	4.59	4.66	4.73	4.81

（续）

型号(B/mm)×(b/mm)×(t/mm)	圆角 R/mm	重心矩 Z_x/mm	重心矩 Z_y/mm	截面面积 A/cm²	理论质量 /(kg/m)	i_x	i_y	i_{x0}	i_y/cm, 当a为下列数值 6mm	8mm	10mm	12mm	i_y/cm, 当a为下列数值 6mm	8mm	10mm	12mm
L100×80×10	10	21.3	31.2	17.2	13.500	2.35	3.12	1.69	3.38	3.45	3.53	3.60	4.63	4.70	4.78	4.85
L110×70×6	10	15.7	35.3	10.6	8.35	2.01	3.54	1.54	2.74	2.81	2.88	2.96	5.21	5.29	5.36	5.44
L110×70×7		16.1	35.7	12.3	9.66	2.00	3.53	1.53	2.76	2.83	2.90	2.98	5.24	5.31	5.39	5.46
L110×70×8		16.5	36.2	13.9	10.9	1.98	3.51	1.53	2.78	2.85	2.92	3.00	5.26	5.34	5.41	5.49
L110×70×10		17.2	37.0	17.2	13.50	1.96	3.48	1.51	2.82	2.89	2.96	3.04	5.30	5.38	5.46	5.53
L125×80×7	11	18.0	40.1	14.1	11.10	2.30	4.02	1.76	3.11	3.18	3.25	3.33	5.90	5.97	6.04	6.12
L125×80×8		18.4	40.6	16.0	12.60	2.29	4.01	1.75	3.13	3.20	3.27	3.35	5.92	5.99	6.07	6.14
L125×80×10		19.2	41.4	19.7	15.50	2.26	3.98	1.74	3.17	3.24	3.31	3.39	5.96	6.04	6.11	6.19
L125×80×12		20.0	42.2	23.4	18.30	2.24	3.95	1.72	3.21	3.28	3.35	3.43	6.00	6.08	6.16	6.23
L140×90×8	12	20.4	45.0	18.0	14.20	2.59	4.50	1.98	3.49	3.56	3.63	3.7	6.58	6.65	6.73	6.80
L140×90×10		21.2	45.8	22.3	17.50	2.56	4.47	1.96	3.52	3.59	3.66	3.73	6.62	6.70	6.77	6.85
L140×90×12		21.9	46.6	26.4	20.70	2.54	4.44	1.95	3.56	3.63	3.70	3.77	6.66	6.74	6.81	6.89
L140×90×14		22.7	47.4	30.5	23.90	2.51	4.42	1.94	3.59	3.66	3.74	3.81	6.70	6.78	6.86	6.93
L160×100×10	13	22.8	52.4	25.3	19.9	2.85	5.14	2.19	3.84	3.91	3.98	4.05	7.55	7.63	7.7	7.78
L160×100×12		23.6	53.2	30.1	23.6	2.82	5.11	2.18	3.87	3.94	4.01	4.09	7.6	7.67	7.75	7.82
L160×100×14		24.3	54	34.7	27.2	2.8	5.08	2.16	3.91	3.98	4.05	4.12	7.64	7.71	7.79	7.86
L160×100×16		25.1	54.8	39.3	30.8	2.77	5.05	2.15	3.94	4.02	4.09	4.16	7.68	7.75	7.83	7.9
L180×110×10	14	24.4	58.9	28.4	22.3	3.13	8.56	5.78	2.42	4.16	4.23	4.3	4.36	8.49	8.72	8.71
L180×110×12		25.2	59.8	33.7	26.5	3.1	8.6	5.75	2.4	4.19	4.33	4.33	4.4	8.53	8.76	8.75
L180×110×14		25.9	60.6	39	30.6	3.08	8.64	5.72	2.39	4.23	4.26	4.37	4.44	8.57	8.63	8.79
L180×110×16		26.7	61.4	44.1	34.6	3.05	8.68	5.81	2.37	4.26	4.3	4.4	4.47	8.61	8.68	8.84
L200×125×12	14	28.3	65.4	37.9	29.8	3.57	6.44	2.75	4.75	4.82	4.88	4.95	9.39	9.47	9.54	9.62
L200×125×14		29.1	66.2	43.9	34.4	3.54	6.41	2.73	4.78	4.85	4.92	4.99	9.43	9.51	9.58	9.66
L200×125×16		29.9	67.8	49.7	39	3.52	6.38	2.71	4.81	4.88	4.95	5.02	9.47	9.55	9.62	9.7
L200×125×18		30.6	67	55.5	43.6	3.49	6.35	2.7	4.85	4.92	4.99	5.06	9.51	9.59	9.66	9.74

注：一个角钢的惯性矩 $I_x=Ai_x^2$，$I_y=Ai_y^2$；一个角钢的截面模量 $W_{xmax}=I_x/Z_x$，$W_{xmin}=I_x/(b-Z_x)$；$W_{ymax}=I_y/Z_y$，$W_{xmin}=I_y/Z_y$，$W_{xmin}=I_y/(b-Z_y)$。

附录 B 螺栓和锚栓规格表

表 B-1 普通螺栓规格表

螺栓直径 d/mm	螺距 p/mm	螺栓有效直径 d_e/mm	螺栓有效面积 A_e/mm²	备注
16	2	14.12	156.7	
18	2.5	15.65	192.5	
20	2.5	17.65	244.8	
22	2.5	19.65	303.4	
24	3	21.19	352.5	
27	3	24.19	459.4	
30	3.5	26.72	560.6	螺栓有效面积 A_e 按下式算得:
33	3.5	29.72	693.6	$A_e = \dfrac{\pi}{4}(d - 0.9382p)^2$
36	4	32.25	816.7	
39	4	35.25	975.8	
42	4.5	37.78	1121.0	
45	4.5	40.78	1306.0	
48	5	43.31	1473.0	
52	5	47.31	1758.0	
56	5.5	50.84	2030.0	
60	5.5	54.84	2362.0	

装配式结构设计

表 B-2　Q235、Q345 钢锚栓选用表

钢材牌号	锚栓直径 d /mm	锚栓截面有效面积 A_c /cm²	连接尺寸				锚固长度及纳部尺寸						锚板尺寸	
			单螺母		双螺母		锚固长度 L /mm　当混凝土的强度等级为							
							I型		II型		III型			
			a/mm	b/mm	a/mm	b/mm	C20	C25	C20	C25	C20	C25	c/mm	t/mm
Q235	20	2.448	45	75	60	90	400	340						
	22	3.034	45	75	65	95	440	375						
	24	3.525	50	80	70	100	480	410						
	27	4.594	50	80	75	105	540	460						
	30	5.606	55	85	80	110	600	510						
	33	6.936	55	90	85	120	660	565						
	36	8.167	60	95	90	125	720	615						
	39	9.758	65	100	95	130	780	665						
	42	11.21	70	105	100	135			840	715	505	440	140	20
	45	13.06	75	110	105	140			900	765	540	475	140	20
	48	14.73	80	120	110	150			960	815	575	505	200	20
	52	17.58	85	125	120	160			1040	885	625	545	200	20
	56	20.30	90	130	130	170			1120	950	670	590	200	20
	60	23.62	95	135	140	180			1200	1020	720	630	240	25
	64	26.76	100	145	150	195			1280	1090	770	670	240	25

（续）

连接尺寸

锚固长度及细部尺寸

钢材牌号	锚栓直径 d/mm	锚栓截面有效面积 A_e/cm²	单螺母 a/mm	单螺母 b/mm	双螺母 a/mm	双螺母 b/mm	I型 C20	I型 C25	II型 C20	II型 C25	III型 C20	III型 C25	锚板 c/mm	锚板 t/mm
Q235	68	30.55	105	150	160	205			1360	1155	815	715	280	30
	72	34.60	110	155	170	215			1440	1225	865	755	280	30
	76	38.89	115	160	180	225			1520	1290	910	800	320	30
	80	43.44	120	165	190	235			1600	1360	960	840	350	40
	85	49.48	130	180	200	250			1700	1445	1020	895	350	40
	90	55.91	140	190	210	260			1800	1530	1080	945	400	40
	95	62.73	150	200	220	270			1900	1615	1140	1000	450	45
	100	69.95	160	210	230	280			2000	1700	1200	1050	500	45
Q345	20	2.448	45	75	60	90	500	440						
	22	3.034	45	75	65	95	550	485						
	24	3.525	50	80	70	100	600	530						
	27	4.594	50	80	75	105	675	595						
	30	5.606	55	85	80	110	750	660						
	33	6.936	55	90	85	120	825	725						
	36	8.167	60	95	90	125	900	790						

（续）

连接尺寸：垫板顶面标高▽，基础顶面标高▽
锚固长度及细部尺寸：I型（4d）、II型（6~20，3d）、III型（0.7c）
锚固长度 L/mm 当混凝土的强度等级为

钢材牌号	锚栓直径 d /mm	锚栓截面有效面积 A_e /cm²	单螺母 a/mm	单螺母 b/mm	双螺母 a/mm	双螺母 b/mm	I型 C20	I型 C25	II型 C20	II型 C25	III型 C20	III型 C25	锚板尺寸 c/mm	锚板尺寸 t/mm
Q345	39	9.758	65	100	95	130	1000	860						
	42	11.21	70	105	100	135			1050	925	630	545	140	20
	45	13.06	75	110	105	140			1125	990	675	585	140	20
	48	14.73	80	120	110	150			1200	1055	720	625	200	20
	52	17.58	85	125	120	160			1300	1145	780	675	200	20
	56	20.30	90	130	130	170			1400	1230	840	730	200	20
	60	23.62	95	135	140	180			1500	1320	900	780	240	25
	64	26.76	100	145	150	195			1600	1410	960	830	240	25
	68	30.55	105	150	160	205			1700	1495	1020	855	280	30
	72	34.60	110	155	170	215			1800	1585	1080	935	280	30
	76	38.89	115	160	180	225			1900	1675	1140	990	320	30
	80	43.44	120	165	190	235			2000	1760	1200	1040	350	40
	85	49.48	130	180	200	250			2125	1870	1275	1105	350	40
	90	55.91	140	190	210	260			2250	1980	1350	1170	400	40
	95	62.73	150	200	220	270			2375	2090	1425	1235	450	45
	100	69.95	160	210	230	280			2500	2200	1500	1300	500	45

附录 C 钢材、焊缝和螺栓连接强度设计值

表 C-1 钢材的设计用强度指标　　　　（单位：N/mm²）

钢材牌号		钢材厚度或直径/mm	强度设计值			屈服强度 f_y	抗拉强度 f_u
			抗拉、抗压、抗弯强度 f	抗剪强度 f_v	端面承压强度（刨平顶紧）f_{ce}		
碳素结构钢	Q235	≤16	215	125	320	235	370
		>16～≤40	205	120		225	
		>40～≤100	200	115		215	
低合金高强度结构钢	Q355	≤16	305	175	400	355	470
		>16～≤40	295	170		345	
		>40～≤63	290	165		335	
		>63～≤80	280	160		325	
		>80～≤100	270	155		315	
	Q390	≤16	345	200	415	390	490
		>16～≤40	330	190		380	
		>40～≤63	310	180		360	
		>63～≤100	295	170		340	
	Q420	≤16	375	215	440	420	520
		>16～≤40	355	205		410	
		>40～≤63	320	185		390	
		>63～≤100	305	175		370	
	Q460	≤16	410	235	470	460	550
		>16～≤40	390	225		450	
		>40～≤63	355	205		430	
		>63～≤100	340	195		410	

注：1. 表中数据参考《低合金高强度结构钢》（GB/T 1591—2018）和《钢结构通用规范》（GB 55006—2021）。

2. 表中直径是指实芯棒材的直径；厚度是指计算点的钢材或钢管壁厚度，对轴心受拉和受压杆件是指截面中较厚板件的厚度。

3. 冷弯型材和冷弯钢管，其强度设计值应按现行有关国家标准的规定采用。

表 C-2　焊缝的强度指标　　　　　　（单位：N/mm²）

焊接方法和焊条型号	构件钢材		对接焊缝强度设计值				角焊缝强度设计值	对接焊缝抗拉抗压强度 f_u^w	角焊缝抗拉、抗压和抗剪强度 f_u^f
	牌号	厚度或直径 /mm	抗压强度 f_c^w	焊缝质量为下列等级时，抗拉强度 f_t^w		抗剪强度 f_v^w	抗拉、抗压和抗剪强度 f_f^w		
				一级、二级	三级				
自动焊、半自动焊和 E43 型焊条电弧焊	Q235	≤16	215	215	185	125	160	415	240
		>16~≤40	205	205	175	120			
		>40~≤100	200	200	170	115			
自动焊、半自动焊和 E50、E55 型焊条电弧焊	Q355	≤16	305	305	260	175	200	480（E50） 540（E55）	280（E50） 315（E55）
		>16~≤40	295	295	250	170			
		>40~≤63	290	290	245	165			
		>63~≤80	280	280	240	160			
		>80~≤100	270	270	230	155			
	Q390	≤16	345	345	295	200	200（E50） 220（E55）		
		>16~≤40	330	330	280	190			
		>40~≤63	310	310	265	180			
		>63~≤100	295	295	250	170			
自动焊、半自动焊和 E55、E60 型焊条电弧焊	Q420	≤16	375	375	320	215	220（E55） 240（E60）	540（E55） 590（E60）	315（E55） 340（E60）
		>16~≤40	355	355	300	205			
		>40~≤63	320	320	270	185			
		>63~≤100	305	305	260	175			
自动焊、半自动焊和 E55、E60 型焊条电弧焊	Q460	≤16	410	410	350	235	220（E55） 240（E60）	540（E55） 590（E60）	315（E55） 340（E60）
		>16~≤40	390	390	330	225			
		>40~≤63	355	355	300	205			
		>63~≤100	340	340	290	195			
自动焊、半自动焊和 E50、E55 型焊条电弧焊	Q345GJ	>16~≤35	310	310	265	180	200	480（E50） 540（E55）	280（E50） 315（E55）
		>35~≤50	290	290	245	170			
		>50~≤100	285	285	240	165			

注：1. 表中厚度是指计算点的钢材厚度，对轴心受拉和轴心受压构件是指截面中较厚板件的厚度。

　　2. 电弧焊用焊条、自动焊和半自动焊所采用的焊丝和焊剂，应保证其熔敷金属的力学性能不低于母材的性能。

　　3. 焊缝质量等级应符合《钢结构焊接规范》（GB 50661—2011）的规定，其检验方法应符合《钢结构工程施工质量验收标准》（GB 50205—2020）的规定。其中厚度小于 6mm 钢材的对接焊缝，不应采用超声波探伤确定焊缝质量等级。

　　4. 对接焊缝在受压区的抗弯强度设计值取 f_c^w，在受拉区的抗弯强度设计值取 f_t^w。

表 C-3　螺栓连接的强度指标　　　　　　　　　　　（单位：N/mm）

螺栓的性能等级、锚栓和构件的钢材牌号		强度设计值											高强度螺栓的抗拉强度 f_u^b
		普通螺栓						锚栓	承压型连接或网架用高强度螺栓			
		C 级螺栓			A 级、B 级螺栓							
		抗拉 f_t^b	抗剪 f_v^b	承压 f_c^b	抗拉 f_t^b	抗剪 f_v^b	承压 f_c^b	抗拉 f_t^b	抗拉 f_t^b	抗剪 f_v^b	承压 f_c^b	
普通螺栓	4.6 级、4.8 级	170	140	—	—	—	—	—	—	—	—	—
	5.6 级	—	—	—	210	190	—	—	—	—	—	—
	8.8 级	—	—	—	400	320	—	—	—	—	—	—
锚栓	Q235	—	—	—	—	—	—	140	—	—	—	—
	Q355	—	—	—	—	—	—	180	—	—	—	—
	Q390	—	—	—	—	—	—	185	—	—	—	—
承压型连接高强度螺栓	8.8 级	—	—	—	—	—	—	—	400	250	—	830
	10.9 级	—	—	—	—	—	—	—	500	310	—	1040
螺栓球节点用高强度螺栓	9.8 级	—	—	—	—	—	—	—	385	—	—	—
	10.9 级	—	—	—	—	—	—	—	430	—	—	—
构件钢材牌号	Q235	—	—	305	—	—	405	—	—	—	470	—
	Q355	—	—	385	—	—	510	—	—	—	590	—
	Q390	—	—	400	—	—	530	—	—	—	615	—
	Q420	—	—	425	—	—	560	—	—	—	655	—
	Q460	—	—	450	—	—	595	—	—	—	695	—
	Q345GJ	—	—	400	—	—	530	—	—	—	615	—

注：1. A 级螺栓用于 $d \leqslant 24$mm 和 $L \leqslant 10d$ 或 $L \leqslant 150$mm（按较小值）的螺栓；B 级螺栓用于 $d > 24$mm 和 $L > 10d$ 或 $L > 150$mm（按较小值）的螺栓；d 为公称直径，L 为螺杆公称长度。

2. A、B 级螺栓孔的精度和孔壁表面粗糙度，C 级螺栓孔的允许偏差和孔壁表面粗糙度，均应符合《钢结构工程施工质量验收标准》（GB 50205—2020）的要求。

3. 用于螺栓球节点网架的高强度螺栓，M12~M36 为 10.9 级，M39~M64 为 9.8 级。

附录 D 混凝土和钢筋材料力学指标

表 D-1 混凝土强度标准值 （单位：N/mm^2）

强度	混凝土强度等级												
	C20	C25	C30	C35	C40	C45	C50	C55	C60	C65	C70	C75	C80
f_{ck}	13.4	16.7	20.1	23.4	26.8	29.6	32.4	35.5	38.5	41.5	44.5	47.4	50.3
f_{tk}	1.54	1.78	2.01	2.20	2.39	2.51	2.64	2.74	2.85	2.93	2.99	3.05	3.11

表 D-2 混凝土强度设计值 （单位：N/mm^2）

强度	混凝土强度等级												
	C20	C25	C30	C35	C40	C45	C50	C55	C60	C65	C70	C75	C80
f_c	9.6	11.9	14.3	16.7	19.1	21.1	23.1	25.3	27.5	29.7	31.8	33.8	35.9
f_t	1.10	1.27	1.43	1.57	1.71	1.80	1.89	1.96	2.04	2.09	2.14	2.18	2.22

表 D-3 混凝土弹性模量 E_c （单位：$\times 10^4 N/mm^2$）

强度等级	C20	C25	C30	C35	C40	C45	C50	C55	C60	C65	C70	C75	C80
E_c	2.55	2.80	3.00	3.15	3.25	3.35	3.45	3.55	3.60	3.65	3.70	3.75	3.80

表 D-4 普通钢筋强度标准值 （单位：N/mm^2）

牌号	符号	公称直径 d/mm	屈服强度标准值 f_{yk}	极限强度标准值 f_{stk}
HPB300	ϕ	6~14	300	420
HRB400	Φ			
HRBF400	Φ^F	6~50	400	540
RRB400	Φ^R			
HRB500	Φ			
HRBF500	Φ^F	6~50	500	630

表 D-5 普通钢筋强度设计值 （单位：N/mm^2）

牌号	抗拉强度设计值 f_y	抗压强度设计值 f'_y
HPB300	270	270
HRB400、HRBF400、RRB400	360	360
HRB500、HRBF500	435	435

表 D-6 钢筋弹性模量 E_s （单位：$\times 10^5 N/mm^2$）

牌号或种类	弹性模量 E_s
HPB300	2.10
HRB400、HRB500 HRBF400、HRBF500、RRB400	2.00

附录 E　A 型钢筋桁架楼承板选用表

模板型号	桁架高度/mm	上弦、腹杆、下弦直径/mm	中和轴高度 Y_0/mm	惯性矩 i_0/×10^5mm^4	楼承板厚度/mm	最大适用跨度/m 板简支	最大适用跨度/m 板连续
		钢筋桁架楼承板				最大适用跨度/m	
TDA1-70	70		47.65	1.059	100	1.8	1.8
TDA1-80	80	8, 4, 6	52.35	1.421	110	1.9	2.0
TDA1-90	90		57.06	1.837	120	2.0	2.0
TDA1-100	100		61.77	2.305	130	2.0	2.0
TDA1-110	110	8, 4.5, 6	66.47	2.826	140	2.1	2.2
TDA1-120	120		71.18	3.401	150	2.1	2.2
TDA2-70	70	8, 4, 8	39.67	1.294	100	1.8	2.6
TDA2-80	80		43	1.743	110	1.9	2.6
TDA2-90	90	8, 4.5, 8	46.33	2.259	120	2.0	2.8
TDA2-100	100		49.67	2.842	130	2.0	2.8
TDA2-110	110		53	3.492	140	2.1	3.0
TDA2-120	120		56.33	4.21	150	2.1	3.0
TDA2-130	130	8, 5, 8	59.67	4.994	160	2.2	3.0
TDA2-140	140		63	5.845	170	2.2	3.2
TDA2-150	150		66.33	6.763	180	2.2	3.2
TDA2-160	160	8, 5.5, 8	59.68	7.748	190	2.3	3.2
TDA2-170	170		73	8.8	200	2.3	3.2
TDA3-70	70		45.75	1.65	100	2.5	3.2
TDA3-80	80	10, 4.5, 8	50.14	2.232	110	2.7	3.2
TDA3-90	90		54.53	2.902	120	2.9	3.4
TDA3-100	100		58.91	3.66	130	3.0	3.4
TDA3-110	110		63.3	4.507	140	3.2	3.6
TDA3-120	120	10, 5, 8	67.68	5.442	150	3.4	3.6
TDA3-130	130		72.07	6.465	160	3.5	4.0
TDA3-140	140		76.46	7.576	170	3.6	4.0
TDA3-150	150	10, 5.5, 8	80.84	8.775	180	3.7	4.0
TDA3-160	160		85.23	10.062	190	3.7	4.0
TDA3-170	170	10, 6, 8	89.61	11.438	200	3.8	4.2
TDA4-70	70		40	1.9	100	2.6	3.2
TDA4-80	80	10, 4.5, 10	43.33	2.58	110	2.8	3.4
TDA4-90	90		46.67	3.366	120	3.1	3.6

（续）

模板型号	钢筋桁架楼承板					最大适用跨度/m	
	桁架高度/mm	上弦、腹杆、下弦直径/mm	中和轴高度 Y_0/mm	惯性矩 i_0/$\times 10^5 mm^4$	楼承板厚度/mm	板简支	板连续
TDA4-100	100		50	4.256	130	3.3	3.8
TDA4-110	110	10、5、10	53.33	5.251	140	3.4	3.8
TDA4-120	120		56.67	6.35	150	3.5	4.0
TDA4-130	130		60	7.555	160	3.6	4.0
TDA4-140	140		63.33	8.864	170	3.6	4.0
TDA4-150	150	10、5.5、10	66.67	10.277	180	3.7	4.2
TDA4-160	160		70	11.796	190	3.7	4.2
TDA4-170	170		73.33	13.419	200	3.8	4.2
TDA4-180	180	10、6、10	76.67	15.147	210	3.8	4.4
TDA4190	190		80	16.979	220	3.8	4.4
TDA4-200	200		83.33	18.917	230	3.9	4.4
TDA4-210	210	10、6.5、10	86.67	20.959	240	3.9	4.4
TDA4-220	220		90	23.105	250	3.9	4.4
TDA4-230	230	10、7、10	93.33	25.357	260	4.0	4.6
TDA4-240	240		96.67	27.713	270	4.0	4.6
TDA4-250	250		100	30.174	280	4.0	4.6
TDA4-260	260	10、7.5、10	103.33	32.74	290	4.0	4.6
TDA4-270	270		106.67	35.41	300	4.0	4.6
TDA5-70	70		50.77	1.93	100	2.6	3.0
TDA5-80	80	12、4.5、8	56.06	2.622	110	2.8	3.4
TDA5-90	90		61.35	3.42	120	3.0	3.4
TDA5-100	100		66.65	4.325	130	3.2	3.4
TDA5-110	110		71.94	5.336	140	3.4	3.6
TDA5-120	120	12、5、8	77.24	6.454	150	3.6	3.6
TDA5-130	130		82.53	7.678	160	3.7	3.6
TDA5-140	140	12、5.5、8	87.82	9.009	170	3.8	3.8
TDA5-150	150		93.12	10.446	180	4.0	3.8
TDA5-160	160	12、6、8	9.841	11.989	190	4.0	4.0
TDA5-170	170		103.71	13.639	200	4.0	4.2
TDA6-70	70	12、4.5、10	44.7	2.309	100	2.8	3.8
TDA6-8	80		48.88	3.151	110	3.0	4.0
TDA6-90	90		53.07	4.124	120	3.3	4.2
TDA6-100	100	12、5、10	57.26	5.228	130	3.5	4.4
TDA6-110	110		61.44	6.465	140	3.6	4.6

（续）

钢筋桁架楼承板						最大适用跨度/m	
模板型号	桁架高度 /mm	上弦、腹杆、下弦直径/mm	中和轴高度 Y_0/mm	惯性矩 i_0 /×10^5 mm^4	楼承板厚度 /mm	板简支	板连续
TDA6-120	120	12, 5.5, 10	65.63	7.832	150	3.8	4.8
TDA6-130	130		69.81	9.331	160	3.9	4.8
TDA6-140	140		74	10.962	170	4.0	5.0
TDA6-150	150	12, 6, 10	78.19	12.724	180	4.2	5.0
TDA6-160	160		82.37	14.618	190	4.2	5.2
TDA6-170	170		86.56	16.643	200	4.4	5.2
TDA6-180	180		90.74	18.8	210	4.4	5.2
TDA6190	190	12, 6.5, 10	94.93	21.088	220	4.5	5.4
TDA6-200	200		99.12	23.508	230	4.6	5.4
TDA6-210	210		103.3	26.059	240	4.6	5.4
TDA6-220	220	12, 7, 10	107.49	28.742	250	4.8	5.4
TDA6-230	230		111.67	31.556	260	4.8	5.4
TDA6-240	240	12, 7.5, 10	115.86	34.502	270	4.8	5.6
TDA6-250	250		120.05	37.579	280	5.0	5.6
TDA6-260	260	12, 8, 10	124.23	40.788	290	5.0	5.6
TDA6-270	270		128.42	44.129	300	5.0	5.6
TDA7-70	70	12, 4.5, 12	40.33	2.567	100	2.9	3.8
TDA7-80	80		43.67	3.517	110	3.2	3.8
TDA7-90	90	12, 5, 12	47	4.618	120	3.4	4.2
TDA7-100	100		50.33	5.869	130	3.6	4.4
TDA7-110	110		53.67	7.272	140	3.8	4.6
TDA-120	120		57	8.825	150	3.9	4.8
TDA7-130	130	12, 5.5, 12	60.33	10.529	160	4.0	4.8
TDA7-140	140		63.67	12.384	170	4.2	5.0
TDA7-150	150		67	14.389	180	4.3	5.0
TDA7-160	160	12, 6, 12	70.33	16.546	190	4.4	5.2
TDA7-170	170		73.67	18.853	200	4.5	5.2
TDA7-180	180		77	21.311	210	4.6	5.2
TDA7-190	190	12, 6.5, 12	80.33	23.92	220	4.7	5.4
TDA7-200	200		83.67	26.679	230	4.8	5.4
TDA7-210	210		87	29.59	240	4.9	5.4
TDA7-220	220	12, 7, 12	90.33	32.651	250	5.0	5.4
TDA7-230	230		93.67	35.863	260	5.1	5.6
TDA7-240	240	12, 7.5, 12	97	39.226	270	5.2	5.6
TDA7-250	250		100.33	42.739	280	5.2	5.6
TDA7-260	260	12, 8, 12	103.67	46.403	290	5.3	5.6
TDA7-270	270		107	50.219	300	5.4	5.6

参 考 文 献

[1] 中华人民共和国住房和城乡建设部．工程结构通用规范：GB 55001—2021 [S]．北京：中国建筑工业出版社，2021．

[2] 中华人民共和国住房和城乡建设部．建筑与市政工程抗震通用规范：GB 55002—2021 [S]．北京：中国建筑工业出版社，2021．

[3] 中华人民共和国住房和城乡建设部．钢结构通用规范：GB 55006—2021 [S]．北京：中国建筑工业出版社，2021．

[4] 中华人民共和国住房和城乡建设部，钢结构设计标准：GB 50017—2017 [S]．北京：中国建筑工业出版社，2017．

[5] 中华人民共和国住房和城乡建设部．建筑结构可靠性设计统一标准：GB 50068—2018 [S]．北京：中国建筑工业出版社，2018．

[6] 中华人民共和国住房和城乡建设部．建筑结构荷载规范：GB 50009—2012 [S]．北京：中国建筑工业出版社，2012．

[7] 中华人民共和国住房和城乡建设部．建筑抗震设计规范（2016 年版）：GB 50011—2010 [S]．北京：中国建筑工业出版社，2016．

[8] 中国钢铁工业协会．碳素结构钢：GB/T 700—2006 [S]．北京：中国标准出版社，2006．

[9] 中国钢铁工业协会．低合金高强度结构钢：GB/T 1591—2018 [S]．北京：中国标准出版社，2018．

[10] 中国钢铁工业协会．建筑结构用钢板：GB/T 19879—2023 [S]．北京：中国标准出版社，2023．

[11] 中国钢铁工业协会．金属材料力学性能试验术语：GB/T 10623—2008 [S]．北京：中国标准出版社，2008．

[12] 中国钢铁工业协会．热轧 H 型钢和剖分 T 型钢：GB/T 11263—2017 [S]．北京：中国标准出版社，2017．

[13] 中国钢铁工业协会．热轧型钢：GB/T 706—2016 [S]．北京：中国标准出版社，2016．

[14] 中华人民共和国建设部．冷弯薄壁型钢结构技术规范：GB 50018—2002 [S]．北京：中国计划出版社，2002．

[15] 中华人民共和国住房和城乡建设部．钢结构工程施工质量验收标准：GB 50205—2020 [S]．北京：中国计划出版社，2020．

[16] 中华人民共和国住房和城乡建设部．门式刚架轻型房屋钢结构技术规范：GB 51022—2015 [S]．北京：中国建筑工业出版社，2015．

[17] 中华人民共和国住房和城乡建设部．高层民用建筑钢结构技术规程：JGJ 99—2015 [S]．北京：中国建筑工业出版社，2015．

[18] 中华人民共和国住房和城乡建设部．建筑工程抗震设防分类标准：GB 50223—2008 [S]．北京：中国建筑工业出版社，2008．

[19] 中华人民共和国住房和城乡建设部．高层建筑混凝土结构技术规程：JGJ 3—2010 [S]．北京：中国建筑工业出版社，2010．

[20] 中华人民共和国住房和城乡建设部．混凝土结构设计规范（2015 年版）：GB 50010—2010 [S]．北京：中国建筑工业出版社，2015．

[21] 但泽义．钢结构设计手册 [M]．4 版．北京：中国建筑工业出版社，2019．

[22] 王立军．17 钢标疑难解析 [M]．北京：中国建筑工业出版社，2021．

［23］朱炳寅．钢结构设计标准理解与应用［M］．北京：中国建筑工业出版社，2020.

［24］陈绍蕃，顾强．钢结构：上册 钢结构基础［M］．4版．北京：中国建筑工业出版社，2018.

［25］陈绍蕃，顾强．钢结构：下册 房屋建筑钢结构设计［M］．4版．北京：中国建筑工业出版社，2018.

［26］姚谏，夏志斌．钢结构原理［M］．北京：中国建筑工业出版社，2020.

［27］沈祖炎，陈以一，陈扬骥，等．钢结构基本原理［M］.3版．北京：中国建筑工业出版社，2018.